Albert Einsteins Relativitätstheorie
Herausgegeben und erläutert
von Karl von Meyenn

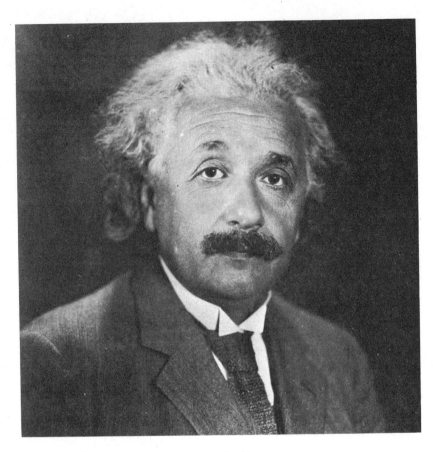

Albert Einstein
1879–1955

Albert Einsteins Relativitätstheorie

Die grundlegenden Arbeiten

Herausgegeben und erläutert
von Karl von Meyenn

Dieses Buch enthält Beiträge aus verschiedenen Quellen, die jeweils auf der Titelseite des betreffenden Beitrags sowie im Inhaltsverzeichnis angegeben sind. Herausgeber und Verlag danken den American Friends of the Hebrew University, Inc., New York, für die Genehmigung zur Wiedergabe der Arbeiten A. Einsteins sowie der ETH Zürich (Prof. Dr. K. Chandrasekharan) zur Wiedergabe des Beitrages von H. Weyl.

Das Bild des Schutzumschlags zeigt Albert Einstein etwa im Jahre 1905 (Bildstelle des Deutschen Museums, München).

Herausgeber: Prof. Dr. Karl von Meyenn
　　　　　　　Seminari d'Història de les Ciències,
　　　　　　　Facultat de Ciències,
　　　　　　　Universitat Autònoma de Barcelona
　　　　　　　E-Bellaterra (Barcelona)
　　　　　　　Spanien

Der Verlag Vieweg ist ein Unternehmen der Verlagsgruppe Bertelsmann International.

Alle Rechte vorbehalten
© Friedr. Vieweg & Sohn Verlagsgesellschaft mbH, Braunschweig 1990

Das Werk einschließlich aller seiner Teile ist urheberrechtlich geschützt. Jede Verwertung außerhalb der engen Grenzen des Urheberrechtsgesetzes ist ohne Zustimmung des Verlags unzulässig und strafbar. Das gilt insbesondere für Vervielfältigungen, Übersetzungen, Mikroverfilmungen und die Einspeicherung und Verarbeitung in elektronischen Systemen.

Druck: Lengericher Handelsdruckerei, Lengerich
Buchbinderische Verarbeitung: W. Langelüddecke, Braunschweig
Umschlaggestaltung: Schrimpf und Partner, Wiesbaden
Printed in the Federal Republic of Germany

ISBN   3-528-06336-X

Inhaltsverzeichnis

Vorwort: Albert Einsteins grundlegende Arbeiten zur
Relativitätstheorie   1
(Karl von Meyenn)

Einleitung: 50 Jahre Relativitätstheorie 69
[Hermann Weyl, Die Naturwissenschaften 38, 73–85 (1951)]

Erster Teil: Die Abhandlungen zur Speziellen Relativität . . 109

Abhandlung [1]: Äther und Relativitätstheorie 111
[Albert Einstein, Rede, gehalten am 5. Mai 1920 an
der Reichsuniversität zu Leiden. Springer, Berlin 1920]

Abhandlung [2]: Zur Elektrodynamik bewegter Körper 124
[Albert Einstein, Annalen der Physik 17, 891–921 (1905)]

Abhandlung [3]: Ist die Trägheit eines Körpers von seinem Energieinhalt
abhängig? 156
[Albert Einstein, Annalen der Physik 18, 639–641 (1905)]

Abhandlung [4]: Über das Relativitätsprinzip und die aus demselben
gezogenen Folgerungen 160
[Albert Einstein, Jahrbuch der Radioaktivität und Elektronik
4, 411–462 (1907) und 5, 98–99 (1908)]

Zweiter Teil: Die Abhandlungen über Gravitation und
Allgemeine Relativität 215

Abhandlung [5]: Einiges über die Entstehung der Allgemeinen
Relativitätstheorie 217
[Albert Einstein, Forum Philosophicum, 1930. Gekürzte Fassung
in „Mein Weltbild", hrsg. von Carl Seelig, Europa Verlag, Zürich,
2. Auflage 1953. Taschenbuch-Ausgabe: Ullstein, Berlin 1974.
Dort S. 134–138]

Abhandlung [6]:	Über den Einfluß der Schwerkraft auf die Ausbreitung des Lichtes	222
	[Albert Einstein, Annalen der Physik **35**, 898–908 (1911)]	
Abhanldung [7]:	Erklärung der Perihelbewegung des Merkur aus der allgemeinen Relativitätstheorie	234
	[Albert Einstein, Sitzungsberichte der Preußischen Akademie der Wissenschaften 1915, 831–839]	
Abhandlung [8]:	Die Feldgleichungen der Gravitation	243
	[Albert Einstein, Sitzungsberichte der Preußischen Akademie der Wissenschaften 1915, 844–847]	
Abhandlung [9]:	Die Grundlage der allgemeinen Relativitätstheorie	247
	[Albert Einstein, Annalen der Physik **49**, 769–822 (1916)]	
Abhandlung [10]:	Lense-like action of a star by deviation of light in the gravitational field	302
	[Albert Einstein, Science **84**, 506–507 (1936)]	
Abhandlung [11]:	On gravitational waves	304
	[Albert Einstein und Nathan Rosen, Journal of the Franklin Institute **223**, 43–54 (1937)]	
Abhandlung [12]	Generalized theory of gravitation	317
	[Albert Einstein, Reviews of Modern Physics **20**, 35–39 (1948)]	

Vorwort
Albert Einsteins grundlegende Arbeiten zur Relativitätstheorie
Karl von Meyenn

Unter der ungewöhnlich großen Anzahl hervorragender Gelehrter und Naturwissenschaftler, die das 20. Jahrhundert in seinem Verlaufe hervorgebracht hat, nimmt Albert Einstein weiterhin eine einzigartige Sonderstellung ein. Seine drei berühmten Abhandlungen aus dem Jahre 1905, von denen eine die Relativitätstheorie begründete, hatten ihn innerhalb von wenigen Jahren sprungartig von seiner Berner Außenseiterstellung in den Mittelpunkt des allgemeinen wissenschaftlichen Lebens der damaligen Zeit versetzt. Internationalen Ruhm erlangte er aber erst durch die Bestätigung seiner aufgrund der allgemeinen Relativitätstheorie vorhergesagten Lichtablenkung im Gravitationsfeld der Sonne, die während einer totalen Sonnenfinsternis im Mai 1919 beobachtet werden konnte.

Aber schon im September 1906, während der Naturforscherversammlung in Stuttgart, hatte der angesehenste Physiker des Deutschen Reiches Max Planck Partei für die „Lorentz-Einsteinsche Theorie" des deformierbaren Elektrons ergriffen. Obwohl die bei dieser Gelegenheit diskutierten Kaufmannschen Ablenkbarkeitsmessungen von Elektronen eher zugunsten der konkurrierenden Kugel-Theorie des starren Elektrons von Max Abraham (1903) ausgelegt werden konnten, war Planck (1906a) „wegen der großartigen Vereinfachung aller Probleme der Elektrodynamik" von der Richtigkeit des Einsteinschen Gedankens überzeugt. Die „experimentelle Bestätigung der Lorentz-Ensteinschen Theorie" wurde dann tatsächlich zwei Jahre später durch Alfred Bucherer (1908) erbracht.

---

* Angaben über die im Text aufgeführte Originalliteratur und die wichtigste weiterführende historische Sekundärliteratur sind in der angefügten Bibliographie enthalten. (Bei Hinweisen auf dieses Verzeichnis wurde die dort angegebene Zitierweise benutzt.)

Max von Laue war einer der ersten deutschen Physiker,
die eine Verbindung mit Einstein aufnahmen.
Er verfaßte auch das erste Lehrbuch über Relativitätstheorie,
das 1911 in erster Auflage bei Vieweg in Braunschweig erschien.

(Bildstelle des Deutschen Museums, München)

Berühmte Physiker wie Arnold Sommerfeld, Wilhelm Wien, Rudolf Ladenburg und Max von Laue suchten schon in den folgenden Jahren die Verbindung mit dem ungewöhnlichen Mann im Berner Patentamt aufzunehmen, um sich aus erster Hand informieren und inspirieren zu lassen. Von Laue berichtet in seinem „Werdegang" (1961, S. XXI), wie er bereits im Herbst 1905 durch einen Vortrag Plancks auf Einsteins Relativitätstheorie aufmerksam geworden sei. Im neuen Jahr steht er schon mit ihm im Briefverkehr. Bald war er mit dem Gedankengut der Relativitätstheorie so vertraut, daß er das erste zusammenfassende Lehrbuch über diesen Gegenstand [von Laue, 1911] zu schreiben begann.

Einen ersten Höhepunkt erlangte das öffentliche Interesse für Einsteins Auffassungen im Jahre 1908 während der Kölner Naturforscherversammlung. Hermann Minkowski hatte der Theorie in seinem Vortrag über „Raum und Zeit" eine so elegante Einkleidung verliehen, daß sie nun besonders bei den mathematisch geschulten Gelehrten großen Anklang fand. Der erste persönliche Auftritt Einsteins erfolgte dann im Herbst 1909 während der Naturforscherversammlung in Salzburg. Hier sprach Einstein allerdings nicht mehr über Relativität, sondern über seine Lichtquantenhypothese. Damit lenkte er das allgemeine Interesse auf ein weiteres Forschungsgebiet, das ihn gleichermaßen für die nächsten Jahrzehnte beschäftigen sollte.

Nach einer Pause von zwei weiteren Jahren – Einstein war inzwischen nach einer kurzen Zwischenstation in Prag ordentlicher Professor in Zürich geworden und stand gerade im Begriff, nach Berlin überzusiedeln – konnte er im September 1913 in Wien vor etwa 350 Zuhörern bereits über seine ersten Erfolge bei der Suche nach einer verallgemeinerten Relativitätstheorie berichten (Einstein, 1913). In Berlin schließlich, wo Einstein bis zu seiner Emigration nach den Vereinigten Staaten im Jahre 1933 blieb, ist er als hauptamtliches Mitglied der Preußischen Akademie der Wissenschaften auf dem Höhepunkt seiner wissenschaftlichen Laufbahn angelangt. Ohne Lehr- und Verwaltungsverpflichtungen und von einer großen Zahl erstrangiger Forscher und wohlausgestatteter Institutionen umgeben, fand er hier die idealen Voraussetzungen für seine wissenschaftliche Arbeit.

Doch der Ausbruch des Ersten Weltkrieges und die damit einsetzenden politischen und später zunehmend auch antisemitischen Haßkampagnen führten in zunehmendem Maße zu einer Entfremdung mit seiner unmittelbaren Umgebung. Das hinderte Einstein jedoch nicht, sein bereits

Max Planck

begonnenes Forschungsprogramm weiterführen. Ende 1915 kann er eine logisch in sich geschlossene und mit der Erfahrung überenstimmende allgemeine Relativitätstheorie vorlegen, die seitdem als das Muster einer umfassenden physikalischen Theorie gilt, welche aus wenigen einsichtigen Postulaten die Gesamtheit der physikalischen Erscheinungen zu erklären versucht. Ein erster Erfolg der neuen Theorie ist die Deutung der bisher vom Standpunkt der Newtonschen Mechanik unverstandenen Periheldrehung des Merkurs (Einstein, 1915b) und die Vorhersage zweier weiterer Effekte wie die Krümmung der Lichtstrahlen und die Rotverschiebung der Spektrallinien in einem starken Gravitationsfelde.

Ein besonderer Triumph für die Einsteinsche Gravitationstheorie bedeutete aber nach Kriegsende die schon erwähnte Bestätigung durch die Beobachtung der Lichtablenkung am Sonnenrande. Sein Name machte jetzt Schlagzeilen in der Tagespresse, und er erlangte Ruhm auch in der allgemeinen Öffentlichkeit wie kein Wissenschafter zuvor (Elton, 1986).

Allerdings häuften sich jetzt auch die ideologisch, nationalistisch und rassistisch motivierten Angriffe (vgl. Einstein, 1920). Einsteins öffentliches Eintreten für den Pazifismus schon während der Kriegsjahre schien den meisten deutschen Gelehrten jener Zeit mit dem Pflichtbewußtsein gegenüber dem Vaterlande unvereinbar. Jedoch bittere jugendliche Erfahrungen und Mißgeschicke hatten Einstein frühzeitig die Sinnlosigkeit eines übertriebenen Nationalgefühls vor Augen geführt, und so hatte er auch hier nicht verfehlt, daraus die entsprechenden Konsequenzen zu ziehen. Einen großen Teil seiner Zeit während der Weimarer Republik widmete er den Bemühungen, die anhaltenden internationalen Spannungen abbauen zu helfen, die in wissenschaftlichen Kreisen besonders stark ausgeprägt waren. Sein Beitrag zu diesem wichtigen Kapitel menschlicher Geistesgeschichte wird in dem von seinem ehemaligen Freund und Mitarbeiter Otto Nathan gemeinsam mit Heinz Norden [1975] herausgegebenen Werk detailliert dokumentiert.

Die neuen Quellen zur Geschichte der Relativitätstheorie

Jede der drei berühmten Arbeiten aus dem Jahre 1905 behandelte und förderte in entscheidender Weise ein zentrales Problem der theoretischen Physik der Jahrhundertwende. Der vielfach geäußerten Meinung, daß die darin enthaltenen Ideen nahezu im Alleingang und ohne direkten Bezug auf die Vorarbeiten seiner Zeitgenossen entstanden seien, muß jedoch im

Hendrik Antoon Lorentz
während der Volta-Feier in Como
im September 1927

Hinblick auf die neueste Einstein-Forschung widersprochen werden. Andererseits bedeutet wohl gerade die Erfassung und Verarbeitung der damaligen Forschungproblematik Einsteins wesentliche Leistung, und nur sie erklärt die unmittelbare Wirkung, welche seine Arbeiten hervorrief.

Der Eindruck des Einzelgängers war vor allem durch die spärlichen Literaturangaben in Einsteins frühen Publikationen und durch seine späteren Äußerungen erweckt worden. Viele Beispiele belegen jedoch, daß die nachträglichen Rekonstruktionen auch der hervorragendsten Wissenschaftler oft sehr unzuverlässig sind. Wissenschaftler neigen ebenso wie andere Menschen zur Überbetonung ihres eigenen Standpunktes. Man sollte deshalb bei der wissenschaftshistorischen Forschung ihre Erinnerungen trotz ihres wertvollen Informationsgehaltes nur mit großen Vorbehalten verwenden und bei historischen Fragestellungen stets den zeitgenössischen Quellen den Vorrang geben.

In diesem Sinne kommt der inzwischen erschienenen Einstein-Biographie von Abraham Pais [1986] und dem ersten Band der großen, etwa auf 40 Bände konzipierten Einstein-Edition [1987] eine herrausragende Bedeutung für die Einstein-Forschung zu. Während in dem Werk von Pais besonders die begriffliche Entwicklung auf der Grundlage einer umfassenden Quellenkenntnis dargestellt ist, enthält der erste Band der Werkedition die entsprechenden Quellen der frühen Jahre von 1879 bis 1902. Neben Einsteins Jugendschriften sind darin auch zahlreiche bisher unbekannte Quellen aus der vorrelativistischen Periode enthalten, welche in einzigartiger Weise Aufschlüsse über die frühe Gedankenentwicklung vermitteln. Eine ähnliche Bereicherung des Einstein-Bildes läßt natürlich auch das Erscheinen der weiteren Bände dieser Edition erwarten.

Unter anderem weist der erste Band auch auf umfangreiche Literaturstudien und Vorarbeiten hin, die der Veröffentlichung von Einsteins drei klassischen Abhandlungen im Band 17 der Annalen der Physik vorausgegangen waren. So hatte Einstein zu diesem Zeitpunkt nicht nur, wie oft angenommen, die entsprechenden Arbeiten von Hendrik Antoon Lorentz, Heinrich Hertz, August Föppl, Ludwig Boltzmann, Hermann von Helmholtz und Gustav Kirchhoff studiert, sondern insbesondere auch Schriften von Paul Drude, Max Planck, Wilhelm Wien und Woldemar Voigt gelesen.

Eine jede von Einsteins drei Abhandlungen aus dem Jahre 1905 behandelte einen zentralen Forschungsbereich der damaligen Physik: In der ersten (Einstein, 1905b), welche an die kurz zuvor von Planck begründete und noch keineswegs anerkannte Quantentheorie der Strahlung anknüpfte, postulierte er die Existenz der noch lange Jahre die Forschung beschäftigenden Lichtquanten; die zweite (Einstein, 1905c) zeigte die Möglichkeit eines direkten Nachweises der in Gelehrtenkreisen noch umstrittenen Atome; in der dritten schließlich (Einstein, 1905d; Abhandlung [2] der vorliegenden Ausgabe) wurde die uns hier interessierende und zunächst noch ungetaufte Relativitätstheorie eingeführt.

Ihren endgültigen Namen erhielt die Relativitätstheorie nämlich erst im folgenden Jahr. Planck (1906a) hatte sich schon gleich nach Erscheinen der Einsteinschen Abhandlung mit ihr auseinandergesetzt. In seinem Referat (1906b) über die Kaufmannschen Ablenkbarkeitsmessungen von Elektronenstrahlen (Kaufmann, 1906) während der Stuttgarter Naturforscherversammlung im September 1906 hatte er sie zunächst noch als Relativtheorie bezeichnet. Einer anschließenden Diskussionsbemerkung von Alfred Bucherer folgend, bürgerte sich dann die Bezeichnung „Einsteinsche Relativitätstheorie" ein. Einstein (1907c) selbst benutzte diese Bezeichnung erst ab 1907.

Einsteins Lichtquantenhypothese war für die weitere Entwicklung der Physik unseres Jahrhunderts vielleicht noch folgenreicher als die Relativitätstheorie. Doch die langwierig andauernde Begriffsklärung, die bis zur Aufstellung der Quantentheorie noch notwendig war, erstreckte sich über eine längere Zeitspanne und erforderte die Mitwirkung vieler anderer Forscher. Die Relativitätstheorie blieb dagegen im wesentlichen mit dem Namen Einsteins verhaftet und konnte in einer relativ kurzen Zeit abgeschlossen werden. Trotz anderer Beteiligung hat Einstein ohne Zweifel ihre wesentlichen Züge am klarsten erkannt und herausgearbeitet, so daß man diese Theorie zu Recht mit seinem Namen verknüpft.

Deshalb vermag auch eine Auswahl wie die vorliegende Sammlung von Einsteins grundlegenden Schriften zur Gravitations- und Relativitätstheorie die Entwicklung dieses Gedankengebäudes bis zu seinem Todesjahr 1955 in einer gewissen Vollständigkeit zu umspannen, was in ähnlicher Weise für die Quantentheorie natürlich nicht möglich wäre.

Die grundlegenden Abhandlungen

Das besonders durch Hermann Minkowskis Vortrag über Raum und Zeit während der Kölner Naturforscherversammlung von 1908 geweckte Interesse an der speziellen Relativitätstheorie war im Jahre 1913 schon so groß, daß der Leipziger Verlag von B. G. Teubner die Anregung von Arnold Sommerfeld aufgriff und eine Ausgabe der grundlegenden Originalarbeiten über das Relativitätsprinzip herausgab. Diese Publikation ist seitdem mit einigen weiteren, der Entwicklung Rechnung tragenden Änderungen in mehreren Auflagen und Übersetzungen erschienen [Lorentz, Einstein, Minkowski, 1913] und diente als hauptsächlicher Zugang zur Originalliteratur der frühen Relativitätstheorie. Obwohl das Buch ausdrücklich als eine „Sammlung von Urkunden zur Geschichte des Relativitätsprinzips" ausgewiesen war, hatten die Herausgeber ohne Bedenken gewisse Textänderungen gegenüber dem Original vorgenommen und auch ohne ausdrücklichen Hinweis zusätzliche Erläuterungen, besonders in den Anmerkungen, hinzugefügt. Vor allem bei dem vorwiegend historischen Interesse, das diese Arbeiten auch heute noch genießen, sind solche Textveränderungen natürlich sehr hinderlich. Außerdem ist die Zusammenstellung der Arbeiten äußerst unvollständig, so daß gerade das Verständnis der Einsteinschen Beiträge dadurch stark beeinträchtigt ist. Abraham Pais [1986, S. 193] hat beispielsweise angemerkt, daß das Fehlen einer wichtigen Passage aus Einsteins frühem Übersichtsreferat (1907a) über das Relativitätspostulat das Verständnis des der Sammlung beigefügten Aufsatzes (1911) über den Einfluß der Schwerkraft auf die Ausbreitung des Lichtes unmöglich macht.

Solche Unvollkommenheiten sind auch in die englische Übersetzung des Büchleins eingegangen und haben den amerikanischen Wissenschaftshistoriker Arthur I. Miller veranlaßt, seinem Werk [1981] zur Entstehungsgeschichte der speziellen Relativitätstheorie eine Neuübersetzung der Einsteinschen Abhandlung von 1905 anzufügen.

Daß leichtfertige Textänderungen zuweilen auch gravierende inhaltliche Fehldeutungen bewirken können, wurde von dem bisherigen Herausgeber der Einstein Edition John Stachel (1987) an Hand von einem Übersetzungsbeispiel illustriert. Das Prinzip der Konstanz der Lichtgeschwindigkeit lautet in der gedruckten deutschen Fassung von Einstein (1919, S. 129): *„Das Licht hat im Vakuum stets eine bestimmte Ausbreitungsgeschwindigkeit, unabhängig vom Bewegungszustand und von der Lichtquelle."* Der englische Übersetzer gab ihm daraufhin folgende Interpretation: *„Light in vacuo always has a definite velocity of propagation independent of the state of motion (of the observer) or of the source of the light."* Einstein meinte natürlich den Bewegungszustand der Lichtquelle, wie in einem erhaltenen Manuskript ausdrücklich von ihm hervorgehoben worden ist.

Zürich. 25. VI. 13.

Hochgeehrter Herr Kollege!

Dieser Tage haben Sie wohl meine neue Arbeit über Relativität und Gravitation erhalten, die nach unendlicher Mühe und quälenden Zweifeln nun endlich fertig geworden ist. Nächstes Jahr bei der Sonnenfinsternis soll sich zeigen, ob die Lichtstrahlen an der Sonne gekrümmt werden, ob m. a. W. die zugrunde gelegte fundamentale Annahme von der Aequivalenz von Beschleunigung des Bezugssystems einerseits und Schwerefeld andererseits wirklich zutrifft.

Wenn ja, so erfahren Ihre genialen Untersuchungen über die Grundlagen der Mechanik – Planck's ungerechtfertigter Kritik zum Trotz – eine glänzende Bestätigung. Denn es ergibt sich mit Notwendigkeit, dass die Trägheit in einer Art Wechselwirkung der Körper ihren Ursprung hat, ganz im Sinne Ihrer Überlegungen zum Newton'schen Eimer-Versuch.

Eine erste Konsequenz in diesem
Sinne finden Sie oben auf Seite 6
der Arbeit. Es hat sich ferner folgendes
ergeben:
1) Beschleunigt man
eine träge Kugelschale
S, so erfährt nach
der Theorie ein von ihr
eingeschlossener Körper eine beschleu-
nigende Kraft
2) Rotiert die Schale S um eine durch
ihren Mittelpunkt gehende Achse
(relativ zum System der Fixsterne („Ruht-
system"), so entsteht im Innern
der Schale ein Coriolis - Feld,
d. h. (das ebenfalls) (Foucault - Pendels wird
(mit ferner allerdings / praktisch unmessbar
kleiner Geschwindigkeit) mitgenommen.
    Es ist mir eine grosse Freude,
Ihnen dies mitteilen zu können,
zumal jene Kritik Plancks mir
schon immer höchst ungerecht-
fertigt erschienen war.
    Mit grösster Hochachtung grüsst
Sie herzlich
            Ihr ergebener A. Einstein.
Ich danke Ihnen herzlich für
die Übersendung Ihres Buches.

Einstein teilt am 25. Juni 1913 Ernst Mach seine Gedanken über
das Trägheitsmoment mit (vgl. hierzu Hönl, 1960)

Versammlung Deutscher Naturforscher und Ärzte in Wien
vom 21.–28. September 1913

Die Abbildung zeigt 178 Personen im Hörsaal des Physikalischen Instituts der Universität Wien. Unter den Anwesenden befinden sich Max von Laue, Max Born, Otto Hahn, Gustav Hertz, Gunnar Nordström und James Franck.

Einstein, der auf dieser Aufnahme leider nicht zu sehen ist, berichtete hier am 23. September über den „gegenwärtigen Stand des Gravitationsproblems". Der Vortrag und die anschließende Diskussion wurde in der Physikalischen Zeitschrift veröffentlicht (vgl. Einstein, 1913).

Die vorliegende Ausgabe der grundlegenden Abhandlungen versucht solche Mängel dadurch zu umgehen, daß sie alle Arbeiten Einsteins möglichst in ihrer Originalfassung wiedergibt. Abgesehen von den kurzen Beiträgen [5] und [10], die neu gesetzt wurden, wurde das Original-Druckbild verwendet; teilweise mußte neu umbrochen werden. Zur leichteren Zitierung ist stets die ursprüngliche Pagienierung am Rande wiedergegeben. Aufgenommen wurden alle Beiträge zur Relativitäts- und Gravitationstheorie, die man im Hinblick auf die weitere Entwicklung als „grundlegend" bezeichnen kann. Bei den späteren Arbeiten zur einheitlichen Feldtheorie mußte dementsprechend selektiver verfahren werden. Hier konnten nur einige repräsentative Schriften vorgestellt werden, weil Einstein ja nie zu einem Abschluß seiner großartigen Vision einer vereinheitlichten Darstellung aller physikalischer Erscheinungen durch eine klassische Feldtheorie gelangt ist. Vergeblich hoffte er, auch die von der neueren Forschung gewonnenen Ergebnisse auf natürliche Weise aus seiner Theorie folgern zu können. „Meine Bemühungen, die allgemeine Relativitätstheorie durch Verallgemeinerung der Gravitationsgleichungen zu vervollständigen", schrieb er in seinem Beitrag (1953, S. 17) zur Festschrift für Louis de Broglie am Ende seines Lebens, „verdanken ihre Entstehung zum Teil der Vermutung, daß eine vernünftige allgemein relativistische Feldtheorie vielleicht den Schlüssel zu einer vollkommneren Quantentheorie liefern könne. Dies ist eine bescheidene Hoffnung, aber durchaus keine Überzeugung. Es bestehen gewichtige Gründe gegen die Meinung, daß eine Realbeschreibung, welche sich auf Differentialgleichungen gründet (Feld-Theorie), überhaupt dem atomistischen Charakter der Realität gerecht werden könne. Diese Bedenken haben aber, soweit ich das beurteilen kann, nicht einen zwingenden Charakter, und wir haben bisher keinen anderen Weg, Gesetze allgemein relativistisch zu formulieren."

Als Einführung in den gesamten Gedankenkomplex der Relativitätstheorie, wie er etwa am Ende von Einsteins wissenschaftlicher Laufbahn vorlag, haben wir Hermann Weyls Übersichtsreferat (1951) während der ersten deutschen Naturforscherversammlung der Nachkriegszeit in München gewählt. Max von Laue unterrichtete Einstein am 6. Juni 1950 über dieses Ereignis: „Weyl wird Dir erzählt haben, daß die neugegründete Gesellschaft deutscher Naturforscher und Ärzte im Oktober in München ihre erste Nachkriegstagung abhalten will; unter dem General-Thema *Die Physik der ersten Hälfte des 20-sten Jahrhunderts* soll u.a. Weyl über Relativitätstheorie sprechen. Er weiß noch nicht recht, ob er die Zeit dazu aufbringt. Rede ihm doch bitte gut zu! Dich aufzufordern, wagten wir bei

Deiner uns bekannten und von uns bedauerten Stellungnahme zu Deutschland nicht." Obwohl Einstein nicht immer Weyls Auffassungen teilte und ihnen sogar oft „als Physiker skeptisch gegenüberstand" (Weyl 1920, S. 651), so kann man Weyl doch als einen der besten Kenner der Eisteinschen Theorie ansehen, der wie kein anderer an ihrem Ausbau und an ihrer Erweiterung mitgewirkt und einen großen Teil seines Lebens mit Einstein in Princeton verbracht hat.

Die folgenden Angaben über die Umstände und die Entstehungsgeschichte der einzelnen hier wiedergegebenen Einstein-Beiträge sollen dazu beitragen, ihr Verständnis in ihrem historischen Kontext zu erleichtern.

[1]. Die erste der hier wiedergegebenen Einsteinschen Abhandlungen über „Äther und Relativitätstheorie" war für eine Antrittsrede verfaßt, die Einstein aus Anlaß seiner Ernennung zum Gastprofessor der Universität Leiden dort im Mai 1920 halten sollte. Tatsächlich fand sie aber erst am 27. Oktober statt [vgl. Klein 1970, S. 323]. „Hier sitze ich noch", schrieb Einstein am 4. Mai 1920 an seinen holländischen Freund Ehrenfest, „während meine Ätherpredigt wohl schon in Deinem Besitze ist. Die holländische Pythia aber im Konsulat schüttelt jeden Tag das Köpfchen und sagt mit süßem Bedauern, *noch immer nicht.*"

Obwohl Einstein seine Rede (in einem Schreiben an Ehrenfest vom 7. April 1920) „nicht schön, sondern knorrig" nannte, vermittelt sie doch einen allgemeinen Einblick in Einsteins Gedankenwelt zu diesem Zeitpunkt. Nachdem die Beobachtung der Lichtablenkung während der Sonnenfinsternis vom Mai 1919 Übereinstimmung mit seiner allgemeinen Relativitätstheorie ergeben hatte, war ein gewisser Abschluß erreicht, und Einstein suchte bereits nach einem erweiterten Rahmen für seine durch diese Theorie vorgegebenen Vorstellungen einer Feldtheorie, in der „die Elementarteilchen der Materie ihrem Wesen nach nichts anderes als Verdichtungen des elektromagnetischen Feldes sind."

[2]. Mit der Abhandlung „Zur Elektrodynamik bewegter Körper" hat Einstein bekanntlich die spezielle Relativitätstheorie begründet. In einem Schreiben an seinen Freund Conrad Habicht [Seelig 1954, S. 89] hatte er sie als „vierte Arbeit" angekündigt, die „im Konzept vorliegt und eine Elektrodynamik bewegter Körper unter Benützung einer Modifikation der Lehre von Raum und Zeit" ist.

Trotz ihrer grundlegenden Bedeutung war auch diese Arbeit bisher nur als Nachdruck in der bekannten Sammlung von Abhandlungen von Lorentz, Einstein und Minkowski [1913] zugänglich. In vielen Bibliotheken mußte der sie enthaltende Annalenband 17 wegen seiner großen Begehrlichkeit unter besonderen Verschluß genommen werden.

Obwohl Einstein einmal geäußert hat, daß „zwischen der Konzeption der Idee der speziellen Relativitätstheorie und der Beendigung der betreffenden Publikation fünf oder sechs Wochen vergangen" sind [Seelig 1954, S. 82], so wies er doch darauf hin, daß die „Argumente und Bausteine jahrelang vorbereitet worden waren". Das wird insbesondere auch durch die zahlreichen Probleme nahegelegt, deren Lösung sie vorlegte. Ausgehend von den zwei Relativitätspostulaten wird hier zum erstenmal die Lorentztransformation aus einem einheitlichen Prinzip mit den aus ihr sich ergebenden Konsequenzen der Längenkontraktion und Zeitdilatation hergeleitet. Außerdem erhält Einstein ein neues Gesetz für die Addition der Geschwindigkeiten, eine relativistische Formel für die Aberation des Lichtes und für den transversalen Dopplereffekt. Wichtig für die weitere Entwicklung der Physik erwies sich das von ihm hier herangezogene Prinzip der Kovarianz für die Grundgleichungen des elektromagnetischen Feldes. Obwohl Einstein bei dieser Gelegenheit (auf S. 914) auch auf das gleiche Transformationsverhalten von Energie und Frequenz aufmerksam machte, so hat er doch vermieden, hier einen Bezug zu der gleichzeitig von ihm aufgestellten quantentheoretischen Frequenzbedingung herzustellen. Ähnlich wie einst Rudolf Clausius legte auch Einstein großen Wert darauf, daß phänomenologische und molekularkinetische Überlegungen sauber voneinander getrennt blieben.

Die Arbeit selbst ist natürlich schon des öfteren durch verschiedene Autoren eingehend analysiert worden. Insbesondere hat man sich immer wieder die Frage nach Einsteins Vorgängern und nach dem Einfluß der empirischen Fakten gestellt, die Einstein bei der Aufstellung seiner Theorie geleitet haben könnten. Hinweise auf die einschlägige wissenschaftshistorische Literatur findet man in der Bibliographie.

Auf eine nachträgliche Korrektur Einsteins (er ersetzte auf Seite 912 seines Handexemplars die Bezeichnungung *Verbindungslinie „Lichtquelle-Beobachter"* durch *Bewegungsrichtung*) und einige Druckfehler (auf S. 912 und 915 der ursprünglichen Ausgabe), die auch in dem Nachdruck stehengeblieben waren, hat u. a. Arthur Miller [1981] in seiner Neuübersetzung hingewiesen.

[3]. Eine weitere interessante Folge des Relativitätsprinzips konnte Einstein noch im gleichen Jahr herleiten. „Eine Konsequenz der elektrodynamischen Arbeit ist mir noch in den Sinn gekommen", berichtete er abermals seinem Freunde [Seelig 1954, S. 90]. „Das Relativitätsprinzip im Zusammenhang mit den Maxwellschen Grundgleichungen verlangt nämlich, daß die Masse direkt ein Maß für die im Körper enthaltene Energie ist; das Licht überträgt Masse. Eine merkliche Abnahme der Masse müßte beim Radium erfolgen. Die Überlegung ist lustig und bestechend; aber ob der Hergott nicht darüber lacht und mich an der Nase herumgeführt hat, das kann ich nicht wissen" Als Johannes Stark in einer Veröffentlichung diese Entdeckung Max Planck zuschreiben wollte, meldete Einstein in einem Schreiben vom 17. Februar 1908 seine Priorität an.

Doch auch diese Erkenntnis wurde erst allmählich in ihrer vollen Tragweite erkannt, wie das nachträgliche Literaturstudium zeigt. Schon die Experimente von Walter Kaufmann aus dem Jahre 1901 hatten bereits das Problem einer geschwindigkeitsabhängigen Masse des Elektrons zum Gegenstand; und der Radiochemiker Frederick Soddy hatte schon 1904 in seinem bekannten Buch über die radioaktiven Umwandlungen die Herkunft der Energie der strahlenden Kerne durch einen entsprechenden Masseschwund zu erklären versucht. Das durch ihre Bedeutung in der Kernphysik geweckte Interesse an der Entdeckungsgeschichte der $E = mc^2$-Relation hat eine entsprechende Fülle von historischen Untersuchungen hervorgebracht, die W. L. Fadner (1988) in einem zusammenfassenden Artikel analysierte.

[4]. Der erste größere Übersichtsbericht „Über das Relativitätsprinzip und die aus demselben gezogenen Folgerungen" aus dem Jahre 1907 für das von Johannes Stark herausgegebene Jahrbuch der Radioaktivität und Elektronik leitete gewissermaßen schon von der speziellen zur allgemeinen Relativität über. Den Auftrag für diesen Literaturbericht hatte Einstein erst im Herbst 1907 erhalten. Am 25. September antwortete er Stark: „Ich bin gerne bereit, den von Ihnen gewünschten Bericht für das Jahrbuch zu liefern und bitte Sie nur um die freundliche Mitteilung, wann Sie denselben zu erhalten wünschen." Am 1. November kann Einstein berichten, daß er „den ersten Teil der Arbeit" fertig habe. „An dem zweiten arbeite ich eifrig in meiner leider recht spärlich bemessenen freien Zeit. Die ganze Arbeit wird nach meiner Schätzung ungefähr 40 Druckseiten lang werden. Ich hoffe bestimmt, Ihnen das Manuskript Ende dieses Monats zusenden zu können. Ich habe die Arbeit so angelegt, daß sich an

Hand derselben jeder relativ leicht in die Relativitätstheorie und deren bisherige Anwendungen einführen kann. Auf die Klarlegung der benutzten Annahmen habe ich viel Sorgfalt verwendet, indem ich – soweit es anging – jene Annahmen einzeln einführte und der Reihe nach ihre Konsequenzen verfolgte. Auch habe ich mehr Gewicht gelegt auf Anschaulichkeit und Einfachheit der mathematischen Entwicklungen als auf Einheitlichkeit der Darstellung, indem ich hoffte, daß die Arbeit so anregender wirke." Das Manuskript war bereits am 4. Dezember in Starks Händen und wurde 1908 veröffentlicht.

In dem sog. „Morgan-Manuskript" [vgl. Pais 1986, S. 175] berichtete Einstein später, wie er bei der Vorbereitung dieses Referats das seiner allgemeinen Relativitätstheorie zugrundeliegende Äquivalenzprinzip gefunden habe: „Dann stieß ich auf den glücklichsten Gedanken meines Lebens, und zwar in der folgenden Form. Wie das elektrische Feld, das von der magnetoelektrischen Induktion hervorgerufen wird, besitzt auch das Gravitationsfeld nur eine relative Existenz. Für einen Beobachter, der sich im freien Fall vom Dach eines Hauses befindet, existiert – zumindest in seiner unmittelbaren Umgebung – kein Gravitationsfeld."

Außer einigen Ergänzungen, die Einstein zum Teil gemeinsam mit seinem ersten Mitarbeiter Johann Jakob Laub noch in Bern ausarbeitete, war für ihn die spezielle Relativitätstheorie damit im wesentlichen abgeschlossen.

[5]. In der hier wiedergegebenen Darstellung aus dem Jahre 1930 gibt Einstein einen historischen Überblick über die wesentlichen Gedanken, die ihn bei der Enwicklung der allgemeinen Relativitätstheorie und bei der Suche nach einer allgemeinen kovarianten Formulierung der Naturgesetze leiteten.

Die gesamte Arbeitszeit erstreckte sich von 1907 bis 1915. Die wichtigsten Etappen dieser Entwicklung waren:

1907 die Erkenntnis des schon erwähnten Äquivalenzprinzips,
1912 die Einsicht in die nicht-euklidische Natur der Raum-Zeit-Metrik und
1915 die Ableitung der endgültigen Feldgleichungen der Gravitation und ihrer Konsequenzen (insbesondere der Perihelbewegung des Merkur).

Auch dieser Abschnitt wurde wieder durch ein größeres Übersichtsreferat (Abhandlung [9]) abgeschlossen, in dem Einstein bereits das Programm der einheitlichen Feldtheorie als nächstes und letztes Vorhaben seines Lebens umriß.

[6]. Ein entscheidendes Zwischenergebnis bei der Aufstellung der allgemeinen Gravitationstheorie war Einsteins Hinweis auf eine Möglichkeit, den Einfluß der Schwerkraft auf die Ausbreitung des Lichtes experimentell zu prüfen. Da Einsteins Überlegungen sich zum Teil noch auf die spezielle Relativität stützten und nicht-kovariante Feldgleichungen zugrundelegten, erhielt er für die Ablenkung des Lichtes im Schwerefeld der Sonne nur den halben des von der endgültigen Theorie vorhergesagten Betrages.

Schon damals, als Einstein sich noch in Prag aufhielt, knüpfte er erste Verbindungen mit dem Astronomen Erwin Freundlich an, um diese Konsequenz seiner Theorie anläßlich der zu erwartenden Sonnenfinsternis am 21. August 1914 auf der Krim prüfen zu lassen. In einem Gesuch, daß Freundlich daraufhin am 7. Dezember 1913 bei der Preußischen Akademie der Wissenschaften einreichte, weist er auf die grundlegende Bedeutung des Einsteinschen Gedankens hin:

> Während nämlich die Relativitätstheorie behauptet, daß der Energieinhalt eines Körpers dessen Masse beinflußt in dem Sinne, daß mit der Zunahme an Energie vom Betrage E ein Zuwachs an träger Masse vom Betrage E/c^2 verknüpft ist, sagt dieselbe nichts über das Verhalten der schweren Masse der Körper aus, die sich durch ihre Gravitationswirkung äußert. Ist nun mit einem Zuwachs an träger Masse zugleich ein entsprechender an schwerer Masse verknüpft, oder fällt ein Körper im Schwerefeld mit verschiedener Beschleunigung je nach seinem Energieinhalt? Versuche von Eötvös in dieser Richtung haben schon früher nichts derartiges ergeben, und Herr Einstein kommt auf Grund sehr plausibler Annahmen zu dem Resultat, daß die träge und schwere Masse eines Körpers in konstantem Verhältnis zueinander stehen, d. h., daß die Energie schwere Masse hat. Die Eigenschaften der Trägheit und Schwere wären damit nicht mehr eindeutige Kriterien der Materie. Ein Lichtstrahl ist als Energiestrom also dem Einfluß der Schwerkraft unterworfen und muß demgemäß beim Passieren eines Gravitationsfeldes eine Ablenkung erfahren. ... Der also von Einstein vermutete Effekt erreicht bei der Sonne den Betrag von 0,8, ... Bei dem heutigen Stande der Himmelsphotographie ist ein Effekt dieses Betrages feststellbar, wenn es gelingt, während der totalen Sonnenfinsternis Aufnahmen des Himmelshintergrundes zu erzielen, die eine genaue Vermessung gestatten. Dieses ist das Ziel der von mir geplanten Expedition nach Südrußland.

Der Mißerfolg der daraufhin im Auftrage der Akademie unternommenen Expedition [vgl. Kirsten und Treder 1979, Band I, S. 164–166], die wegen der Behinderungen infolge des bevorstehenden Krieges abgebrochen werden mußte, erwies sich im nachhinein eher als ein glücklicher Umstand für die Einsteinsche Theorie. Wie verschiedene Autoren vermuteten (z. B. Stachel 1979, S. 433), hätte nämlich die zu erwartende Diskrepanz der Beobachtungsdaten mit der damals noch unfertigen Theorie das Interesse an der Einsteinschen Gravitationstheorie wesentlich herabgesetzt. So jedoch wurde die Idee, daß diese wichtigen Untersuchungen „nun bei der nächsten totalen Sonnenfinsternis wieder aufgenommen werden müssen", schon damals gefaßt [vgl. Die Naturwissenschaften 3, 421 (1915)].

[7]. Die relativistische Deutung der Perihelbewegung des Merkur war das erste Ergebnis, das Einstein gemäß der neuen und endgültigen Fassung seiner allgemeinen Relativitätstheorie ableitete. „Nachdem ich selbst vor etwa vier Wochen erkannt hatte, daß meine bisheriges Beweisverfahren ein trügerisches war", erklärte er Hilbert am 7. November, habe er eine neue Ableitung der Gravitationsgleichungen gefunden. „Ich überreiche heute der Akademie eine Arbeit", teilte er ihm in einem weiteren Schreiben vom 18. November 1915 mit, „in der ich aus der allgemeinen Relativität ohne Hilfshypothese die von Leverrier entdeckte Perihelbewegung des Merkur quantitativ ableite. Dies gelang bis jetzt keiner Gravitationstheorie."

„Das Herrliche, was ich erlebte", heißt es dann 10 Tage später in einem Brief an Sommerfeld , „war nun, daß sich nicht nur Newtons Theorie als erste Näherung, sondern auch die Perihelbewegung des Merkur (43" pro Jahrhundert) als zweite Näherung ergab. Für die Lichtablenkung an der Sonne ergab sich der doppelte Betrag wie früher." Besonders beeindruckt von diesem Ergebnis zeigte sich auch der Direktor des Astrophysikalischen Observatoriums in Potsdam, Karl Schwarzschild, der Sommerfeld im Dezember ebenfalls davon unterrichtete: „Haben Sie Einsteins Arbeit über die Bewegung des Merkurperihels gesehen, wo er den beobachteten Wert richtig aus seiner letzten Gravitationstheorie herausbekommt? Das ist etwas, was dem Astronomen viel tiefer zu Herzen geht, als die minimalen Linienverschiebungen und Strahlkrümmungen." Schwarzschild (1916a,b) fand bald darauf die ersten strengen Lösungen der Einsteinschen Gravitationsgleichungen, auf die auch der Begriff des sog. Schwarzschildradius zurückgeht.

Lieber Herr Freundlich!

Sie können sich denken, wie sehr ich mich darüber freue, dass die äusseren Schwierigkeiten Ihrer Unternehmung nun sozusagen überwunden sind. Nicht minder schön ist es, dass sich alle Beteiligten so gut bei der Angelegenheit verhalten haben. Besonders kann ich Planck nicht genug rühmen. Die Theorie habe ich noch nach allen Kanten überlegt und kann nicht anders sagen, als dass ich alles Vertrauen in die Sache habe. Aeusserlich betrachtet ist zwar Nordströms Skalar-Theorie der Gravitation mit der gradlinigen Ausbreitung der Lichtstrahlen viel naheliegender. Aber auch sie ist auf den apriorischen euklidischen vierdimensionalen Raum gebaut, an den zu glauben für mein Gefühl so etwas wie Aberglauben bedeutet. Ganz neuerdings hat

> ...hat eine recht hitzige Polemik gegen
> meine Theorie verfasst, aus der mir
> die Unzulänglichkeiten des früheren
> Standpunktes erst recht deutlich
> herausleuchten. Ich freue mich
> darüber, dass die Fachgenossen sich
> überhaupt mit der Theorie beschäftigen,
> wenn auch vorläufig nur in der Ab-
> sicht, dieselbe totzuschlagen.
>   Anfang April komme ich
> nach Berlin und bin sehr begierig,
> die Sache aus der Nähe zu verfolgen.
> Dann wollen wir uns, wenn die Zeiten
> wieder ruhiger geworden sind, auch das
> geplante Streichquartett einrichten.
> Wohnung haben wir schon, ganz nahe
> bei Habers Institut, also auch nicht
> so weit von Ihnen weg.
>
>   Es grüsst Sie herzlich
>   Ihr Einstein.

Undatiertes Schreiben von Einstein aus dem Jahre 1914
an den Astronomen Erwin Freundlich

Arnold Sommerfeld entwickelte damals seine neuen Gesichtspunkte zur Behandlung der Bohrschen Atomtheorie. Dabei war er auf den glücklichen Gedanken gekommen, die beobachtete Feinstruktur einiger Spektrallinien durch eine relativistische Keplerbewegung des Atomelektrons zu erklären. Obwohl es sich dabei um einen Effekt der speziellen Relativität handete, machte dieses Ergebnis auf einen ganz neuen Anwendungsbereich der Relativitätstheorie aufmerksam. In seinem einflußreichen Werk „Atombau und Spektrallinien" (auf S. 370 und 333 der 2. Auflage) hat Sommerfeld später auf ein sich hier bietendes „experimentum crucis für oder wider die Relativitätstheorie" hingewiesen, welches imstande sei, „die Entscheidung, die auf anderen Wegen angestrebt ist, am sichersten auf spektroskopischem Wege zu fällen". „Was für die allgemeine Relativitätstheorie die Perihelbewegung des Merkur bedeutet", formulierte er wirkungsvoll, „das bedeutet für die spezielle Relativitätstheorie und für die Atomstruktur der Tatsachenkomplex der Feinstrukturen."

Diese erfolgreiche Anwendung in der Atomtheorie hat in besonderem Maße das breitere Interesse der Physiker an der Relativitätstheorie geweckt, der sie bisher – trotz verheißungsvoller Ankündigungen durch Max Born (1916) und andere – noch immer skeptisch gegenüberstanden (vgl. hierzu auch Kragh, 1985).

[8]. Die knapp vier Seiten umfassende Abhandlung über „Die Feldgleichungen der Gravitation", die Einstein eine Woche darauf am 25. November 1915 der Akademie vorlegte, enthält auf Seite 845 die Gravitationsgleichung, die als das eigentliche Kernstück der vollendeten allgemeinen Relativitätstheorie gilt. „Es ist der wertvollste Fund, den ich in meinem Leben gemacht habe", erklärte er am 9. Dezember Sommerfeld. Und den Tag darauf schrieb er zufrieden, aber „ziemlich kaputt" seinem Freund Besso: „Die kühnsten Träume sind nun in Erfüllung gegangen. Allgemeine Kovarianz. Perihelbewegung des Merkurs wunderbar genau."

Zwar war auch David Hilbert (1915) – in einer, wie Felix Klein später in einem Schreiben an Pauli [1979, S. 31] anmerkte, „mathematisch ganz ungeordneten ... axiomatischen Darstellung, die niemand versteht" – gleichzeitig zu demselben Ergebnis gelangt, doch es bleibt Einsteins Verdienst, auch den physikalischen Gehalt der Theorie herausgearbeitet zu haben. Erst durch die Berechnung der korrekten Periheldrehung konnte die neue Theorie den Status einer physikalischen Theorie beanspruchen, was auch durch die große Freude zum Ausdruck kam, die Einstein bei ihrer Herleitung empfand.

Einsteins grundlegende Arbeiten zur Relativitätstheorie

Der 6. Solvaykongreß im Oktober 1930 war der letzte, an dem Einstein teilnahm.

Von links, in der 1. Reihe: Théophile de Donder, Pieter Zeeman, Pierre Weiss, Arnold Sommerfeld, Marie Curie, Paul Langevin, Albert Einstein, Owen Richardson, Blas Carbrere, Niels Bohr, Wander Johannes de Haas.

in der 2. Reihe: E. Herzen, E. Henriot, J. Verschaffelt, Charles Manneback, A. Cotton, J. Errera, Otto Stern, A. Piccaré, Walther Gerlach, Charles G. Darwin, Paul Dirac, H. Bauer, Pjotr Kapitza, Leon Brillouin, Hans Kramers, Peter Debye, Wolfgang Pauli, J. Dorfman, John van Vleck, Enrico Fermi, Werner Heisenberg.

Die Ausbeute an weiteren der empirischen Nachprüfung zugänglichen Aussagen der allgemeinen Relativitätstheorie blieb in den nächsten Jahrzehnten ziemlich spärlich. Die von der Theorie geforderte Rotverschiebung der Spektrallinien des Fixsternlichtes gegenüber den entsprechenden Spektrallinien irdischer Lichtquellen war nur qualitativ „im Mittel" in Übereinstimmung mit dem Beobachtungsmaterial, das man hauptsächlich an amerikanischen Sternwarten gesammelt hatte. Lediglich die Bestätigung der vorhergesagten Lichtablenkung während der totalen Sonnenfinsternis im Jahre 1919 und der Hinweis auf das expandierende Universum durch Hubble (1929) waren weitere Erfolge, die besonders in der Öffentlichkeit einiges Aufsehen erregten. Die allgemeine Relativitätstheorie galt als ein unattraktives Forschungsgebiet, das nur von einer kleinen Gruppe von Spezialisten bearbeitet wurde. Auch Einstein (1930b) selbst erblickte in ihr ein „schönes Beispiel für den Grundcharakter der modernen Entwicklung der Theorie", deren Ausgangshypothesen immer abstrakter und erlebnisferner werden. „Dafür aber kommt man dem vornehmsten wissenschaftlichen Ziele näher, mit einem mindestmaß von Hypothesen oder Axiomen ein Maximum von Erlebnisinhalten durch logische Deduktion zu umspannen. ... An die Stelle vorwiegend induktiver Methoden der Wissenschaft, wie sie dem jugendlichen Stande der Wissenschaft entsprechen, tritt die tastende Deduktion. Ein solches theoretisches Gebäude muß schon weit ausgearbeitet sein, um zu Folgerungen zu führen, die sich mit der Erfahrung vergleichen lassen. Gewiß ist auch hier die Erfahrungstatsache die allmächtige Richterin. Aber ihr Spruch kann erst auf Grund großer und schwieriger Denkarbeit erfolgen, die erst den weiten Raum zwischen den Axiomen und den prüfbaren Folgerungen überbrückt hat. Diese Riesenarbeit muß der Theoretiker leisten in dem klaren Bewußtsein, daß dieselbe vielleicht nur das Todesurteil seiner Theorie vorzubereiten berufen ist. Man soll den Theoretiker, der solches unternimmt, nicht tadelnd einen Phantasten nennen; man muß vielmehr das Phantasieren zubilligen, da es für ihn einen anderen Weg zum Ziel überhaupt nicht gibt."

[9]. „Ich habe Einstein geschrieben, daß nun, da er den Gipfel seiner Theorie erreicht hat, eine Darstellung ihrer Prinzipien in einer möglichst einfachen Form besonders wichtig wäre, so daß jeder Physiker (oder jedenfalls viele von ihnen) sich mit ihrem Inhalt vertraut machen können." Diese Anregung, die Lorentz (laut einem Schreiben vom 21. Januar 1916 an Ehrenfest) Einstein erteilte, mag der Anstoß zu dem Übersichtsreferat

über „Die Grundlage der allgemeinen Relativitätstheorie" gewesen sein, den Einstein im März 1916 bei der Redaktion der Annalen der Physik ablieferte. Diese Schrift, die mit einer kurzen Einleitung versehen auch als eigenständiges Buch veröffentlicht wurde, enthält die erste zusammenhängende Darstellung der allgemeinen Relativitätstheorie und diente als Grundlage für die weitere Forschung auf diesem Gebiet. Einstein selbst beschrieb den Inhalt in einer „Selbstanzeige" [die er in der Zeitschrift „Die Naturwissenschaften" 4, 481 (1916) veröffentlichen ließ] folgendermaßen:

> In dem Bändchen hat der Verfasser seine Untersuchungen über allgemeine Relativitätstheorie zusammenfassend dargestellt. Die ersten 14 Seiten erläutern den Grundgedanken der Theorie. Hierauf folgt eine gedrängte, aber doch vollständige Darlegung der invariantentheoretischen Methoden, soweit sie für das Verständnis der Theorie notwendig sind. In den drei letzten Abschnitten wird die Theorie selbst entwickelt sowie deren Verhältnis zur Newtonschen Mechanik und Gravitationstheorie. Der leitende Gesichtspunkt für die Darstellung war, daß letztere einen möglichst deutlichen Einblick in die Methoden gewähren sollte, nach denen die Theorie tatsächlich aufgefunden wurde, natürlich unter Weglassung der Irr- und Umwege. Eine ausführlichere Darstellung des Grundgedankens, losgelöst von deren mathematischer Formulierung, findet man in einem jüngst als Broschüre im Springerschen Verlage erschienenen Aufsatz des Astronomen E. Freundlich ‚Die Grundlagen der Einsteinschen Gravitationstheorie'.

Das hier angesprochene Büchlein war ebenfalls aus einem Zeitschriftenaufsatz hervorgegangen, den Erwin Freundlich [1916] auf Ersuchen von Arnold Berliner und in Abstimmung mit Einstein für „Die Naturwissenschaften" geschrieben hatte.

[10]. Mit seiner allgemeinen Relativitätstheorie hatte Einstein die umfassendste physikalische Theorie geschaffen, die bisher aufgestellt worden war. Die Gravitation war aus ihrer bisherigen Sonderstellung innerhalb der Mechanik befreit und in einer einheitlicheren Theorie aufgegangen. Wie das elektromagnetische Feld und die Ladung in der Maxwell-Lorentzschen Elektrodynamik, so war jetzt auch Materie und Gravitationsfeld durch die Einsteinschen Feldgleichungen verbunden.

Unbefriedigend an der Theorie war der noch unverstandene Dualismus von Teilchen und Feld, der das Problem von Feldsingularitäten einschloß, und die Unverbundenheit von mechanischen und elektromagnetischen Erscheinungen. Diese Probleme suchte Einstein nun durch die Schaffung einer einheitlichen Feldtheorie zu bewältigen. Da man bis zu den dreißiger Jahren noch keine ernsthaften Gründe zur Berücksichtigung weiterer Kräfte als die Gravitations- und elektromagnetischen Kräfte kannte [vgl. Beck 1929, S. 299f.], reduzierte sich das Problem auf eine Integration von Elektrodynamik und Gravitation, wie sie damals insbesondere auch in dem berühmten Buch von Hermann Weyl [1918] angestrebt wurde. Doch Weyls „geistvoller Versuch" [vgl. Einstein 1920, S. 14] schien Einstein sehr unnatürlich; insbesondere wollte er nicht gelten lassen, daß Maßstäbe und Uhren wie bei Weyl von ihrer Vorgeschichte abhängen. Einstein veröffentlichte seinen ersten Beitrag zu diesem Thema nach längeren Vorarbeiten erst 1922. Als auch Einstein später den zuerst von Weyl in seiner Theorie eingeführten Fernparallelismus in seiner „neuen Feldtheorie" benutzte, wurde er von Pauli wegen eines „weitgehenden Abbaus" der allgemeinen Relativitätstheorie gerügt. „Ich halte jedoch an dieser schönen Theorie fest, selbst wenn sie von Ihnen verraten wird." [Pauli 1979, S. 527]. Auch die Entdeckung weiterer Wechselwirkungen im Bereich der Kern- und Elementarteilchenphysik während der dreißiger Jahre hat Einstein in seinen Theorien nicht mehr berücksichtigt.

Einstein hoffte außerdem, im Rahmen einer solchen klassischen Feldtheorie auch das ihn unbefriedigende Problem der Quanten lösen zu können. Die durch die Quantentheorie in die Physik hineingetragene statistische Naturauffassung wollte er nur als einen vorläufigen Notbehelf gelten lassen, der am Ende wieder durch eine deterministische Theorie zu beseitigen ist. Pauli, der als einer der besten Kenner der Einsteinschen Auffassungen galt, besuchte Einstein während der Osterferien 1929 in Berlin und berichtete darüber in einem Schreiben vom 1. Juli an Hermann Weyl: „Ich fand seine Einstellung zur modernen Quantentheorie reaktionär. Er möchte immer doch mehr Kausalität, Determinismus und Korpuskeln haben. Aber ich selbst glaube nicht, daß die künftige Entwicklung der Quantenphysik in diese Richtung gehen wird."

Trotzdem waren Einsteins späteren Bemühungen noch einige bemerkenswerte Erfolge beschieden, die u. a. zur Entdeckung einiger interessanter Gravitationseffekte führten. So hatte Einstein (1936) auf eine Anregung von Rudolf Mandl hin eine kleine Rechnung über das Erscheinen einer Sternverdopplung durchgeführt, die beim Strahlendurchgang durch das Gravitationsfeld einer Galaxie hervorgerufen wird. Obwohl Einstein die Beobachtung eines solchen Effektes wegen seiner Kleinheit für äußerst unwahrscheinlich hielt, konnte im Jahre 1979 die Wirkung einer solchen „Gravitationslinse" bei einem Quasar festgestellt werden (siehe Chaffee 1980).

Einsteins grundlegende Arbeiten zur Relativitätstheorie

Feier zu Einsteins 70. Geburtstag
im Princetoner Institut

Von links nach rechts: Howard Percy Robertson, Eugen Wigner, Hermann Weyl, Kurt Gödel, Isidor Rabi, Albert Einstein, Rudolf Ladenburg, Robert Oppenheimer und Gerald Maurice Clemence

[11]. Eine weitere Folge der Einsteinschen Gravitationstheorie ist die Vorhersage von Gravitationswellen durch beschleunigte Massen. In Analogie zur Elektrodynamik hatte Einstein (1916b) das Auftreten solcher Wellen schon 1916 gefolgert. Konsequenterweise sollte dann auch die Emission von Gravitationswellen allmählich zu einem Energieverlust der atomaren Systeme führen. „Da dies in Wahrheit in der Natur nicht zutreffen dürfte," schrieb Einstein damals, „so scheint es, daß die Quantentheorie nicht nur die Maxwellsche Elektrodynamik, sondern auch die neue Gravitationstheorie wird modifizieren müssen."

Dieser ersten, noch fehlerhaften folgte 1918 eine weitere Untersuchung, in der Einstein (1918d) die Formel für die Quadrupolstrahlung ableitete. Sie liegt auch den Versuchen von Joseph Weber [1961] zugrunde, solche Gravitationswellen bei einigen stellaren Objekten (wie etwa bei einem System von zwei einander umkreisenden Neutronensternen, bei dem infolge seiner Asymmetrie und raschen Umlaufzeit eine hinreichend große Strahlungsintensität zu erwarten ist) innerhalb der Milchstraße nachzuweisen. Neueren Untersuchungen zufolge (vgl. Kafka, 1986) konnte inzwischen die Verringerung der Bahnperiode eines Binärpulsars von der erwarteten Größenordnung als ein indirekter Nachweis für die Gravitationsstrahlung interpretiert werden.

In der hier wiedergegebenen Abhandlung aus dem Jahre 1937 veröffentlichte Einstein seine gemeinsam mit Nathan Rosen berechneten zylindersymmetrischen Lösungen der strengen Gravitationsgleichungen. Ursprünglich sollte das Ergebnis im Physical Review veröffentlicht werden. Als Einstein jedoch erfuhr, daß vor seiner Veröffentlichung ein Gutachter hinzugezogen worden war, schickte er die Arbeit an das Journal of the Franklin Institute (vgl. hierzu Pais 1986, S. 499).

[12]. Trotz der jahrelangen Bemühungen von Einstein selbst und anderer herausragender Gelehrter wie Hermann Weyl, Arthur Eddington und Erwin Schrödinger hat sich der Traum einer einheitlichen Feldtheorie und einer Geometrisierung der gesamten Physik bisher noch nicht verwirklichen lassen. Dennoch übte der ihm zugrundeliegende Wunsch, die Vielfalt der physikalischen Erscheinungen aus nur wenigen einfachen Prinzipien herzuleiten, einen starken Anreiz auf die theoretische Forschung aus. Gravitation und Elektromagnetismus waren bis zu den zwanziger Jahren als zwei selbständige Teilgebiete innerhalb der theoretischen Physik behandelt worden. Eine solche Trennung war jedoch im Lichte der allge-

meinen Relativitätstheorie nicht mehr haltbar, weil alle physikalischen Vorgänge mit Energie- bzw. Massenumsetzungen einhergehen und somit Gravitationsfelder erzeugen sollten. „Wenn es gelingen würde", erklärte Einstein damals [1920, S. 14], „das Gravitationsfeld und das elektromagnetische Feld als ein einheitliches Gebilde aufzufassen,... dann würde der Gegensatz Äther-Materie verblassen und die ganze Physik zu einem ähnlich geschlossenen Gedankensystem werden, wie Geometrie, Kinematik und Gravitationstheorie durch die allgemeine Relativitätstheorie." So einleuchtend dieser Gedanke auch war, zunächst konnte er nur ein prinzipielles Interesse beanspruchen, weil die auf ihn gegründeten Theorien keine meßbaren Effekte in Aussicht stellten. Von größerem theoretischen Interesse war aber die Erwartung, hier vielleicht eine „Erklärung" für das Auftreten von materiellen Teilchen und der Quantenphänomene zu gewinnen.

Vom damaligen Standpunkt aus war es auch völlig konsequent, in einer solchen vereinheitlichten Theorie nur die beiden bekannten Grundkräfte Gravitation und Elektromagnetismus zu berücksichtigen. Doch nach Entdeckung der schwachen und starken Wechselwirkung in den dreißiger Jahren konnte eine Theorie, welche diese neuen Grundkräfte nicht mit einbezog, eigentlich nicht mehr als eine einheitliche Feldtheorie bezeichnet werden. Doch Einstein hat diesen Entwicklungen in seinen späteren Arbeiten kaum Rechnung getragen, so daß er allmählich immer mehr in das Abseits der zeitgenössischen Forschung geriet.

Zu den erfolgreichsten Vorläufern einer Feldtheorie der Materie gehören die Arbeiten von Gustav Mie (1912/13; 1917). Doch eine Vereinigung von elektromagnetischen und Gravitationsfeld wurde zuerst von Gunnar Nordström (1914), Hermann Weyl [1918] und Theodor Kaluza (1921) angestrebt. Einstein selbst veröffentlichte seinen ersten Beitrag zur einheitlichen Feldtheorie erst nach längeren Vorarbeiten. Gemeinsam mit Jakob Grommer untersuchte er im Jahre 1922 die singularitätenfreien Lösungen der Feldgleichungen von Kaluza. Von nun ab verlagerte sich sein Interesse zunehmend auf die mit diesem Problem zusammenhängenden Fragen, und ab Ende der zwanziger Jahre beschäftigt er sich fast nur noch ausschließlich mit verschiedenen Fassungen der vereinheitlichten Feldtheorie. Mit Weyls Theorie befaßte er sich nur indirekt im Zusammenhang mit Eddingtons Arbeiten.

Einen neuen Zugang gewährte die Idee des Fernparallelismus, die in einem erweiterten Riemannschen Raum mit der Möglichkeit des Fernver-

Einstein in Princeton (um 1952)
auf dem Heimweg vom Institut

gleiches von Richtungen operierte (vgl. Lanczos 1929; 1931). Doch auch diesen Versuch, den, wie schon erwähnt, Wolfgang Pauli als einen „weitgehenden Abbau der allgemeinen Relativitätstheorie" bezeichnet hatte, weil darin die Vorhersagen dieser Theorie geopfert worden waren [Pauli 1979, S. 527], gab Einstein bald wieder auf. Unterstützt durch seinen neuen Mitarbeiter Walther Mayer, kehrte er 1931 abermals zu dem fünfdimensionalen Formalismus zurück, den er bereits Mitte der zwanziger Jahre bevorzugt hatte. Obwohl die Autoren in ihrer Publikation (1931, S. 541) ankündigten, dies sei jetzt, abgesehen vom Quantenproblem, „eine völlig befriedigende definitive Lösung" des gestellten Problems, probierte Einstein fortlaufend neue Ansätze aus, um seinem hochgesteckten Ziel näherzukommen. In den späteren Jahren bevorzugte er die Theorien mit nicht-symmetrischen Fundamentaltensoren, wovon der hier wiederabgedruckte Beitrag aus dem Jahre 1948 eine der letzten noch von Einstein selbst aufgestellten Fassungen ist. Abermals war er der Meinung, „endlich die natürliche Verallgemeinerung der Gleichungen des Gravitationsfeldes gefunden" zu haben, wie er am 24. Juli 1949 seinen Freund Besso unterrichtete, und er hoffte, „daß sie eine brauchbare Theorie des Gesamtfeldes ist. Es ist aber so schwierig, in Betracht kommende Integrale zu finden, daß ich noch kein stichhaltiges Argument dafür oder dagegen habe. Die Auguren sind sich darüber einig, daß dies die heutige Mathematik nicht leisten könne. Ich habe aber den Kampf nicht aufgegeben, sondern plage mich Tag und Nacht damit." Da Einstein natürlich auch hier keine empirisch überprüfbaren Resultate vorzuweisen hatte, konnte er „die skeptische Haltung der zeitgenössischen Physiker wohl verstehen. Sie haben einstweilen ein gutes Recht, meinen Weg als unfruchtbar zu verwerfen. Für die Dauer aber wird es nicht sein."

Karl von Meyenn

Barcelona, im Juni 1989

Chronologie zur Geschichte der Relativitätstheorie

Hinter Namen gesetzte und in Klammern eingeschlossene Jahresangaben beziehen sich auf die in der Bibliographie aufgeführten Veröffentlichungen.

1881	Joseph John Thomson (1881) veröffentlicht seine Ergebnisse über die elektrischen und magnetischen Wirkungen bewegter elektrischer Körper.
1883	Erste Ausgabe von Machs „Mechanik". Weitere Auflagen erschienen 1888, 1897, 1901, 1904, 1908, 1912, 1921 und 1933. Einstein dürfte die 3. Auflage von 1897 benutzt haben. Wie er in einem Schreiben an Mileva Maric vom 11. September 1899 erwähnte, hatte er sich damals Bücher von Helmholtz, Boltzmann und Mach aus der Züricher Stadtbibliothek nach Mailand kommen lassen.
1887	Veröffentlichung der definitiven Ergebnisse des Michelson-Morley-Experiments. Einstein kommentiert dieses Ergebnis zum erstenmal in einem Schreiben vom August 1899 anläßlich seiner Lektüre der Hertzschen Elektrodynamik (Vgl. Stachel, 1987)
1890	Heinrich Hertz (1890a, b) veröffentlicht seine „Grundgleichungen der Elektrodynamik für ruhende und bewegte Körper".
1892	Lorentz (1892a,b) veröffentlicht seine elektromagnetische Theorie, in der kleine, elektrisch geladene Partikel als Träger der Felder vorausgesetzt werden, und führt die Hypothese der Längenkontraktion ein.
1895	Lorentz' „Versuch einer Theorie der elektrischen und optischen Erscheinungen in bewegten Körpern". Aufstellung von Gleichungen für Raum- und Zeittransformationen.

1900	Wilhelm Wien (1900) stellt das Programm einer elektromagnetischen Begründung der Mechanik auf. Max Planck formuliert sein Strahlungsgesetz.
1902	Max Abraham (1902a,b) veröffentlicht seine Theorie des Elektrons (Unterscheidung von longitudinaler und transversaler elektromagnetischer Masse). Walter Kaufmann (1902) weist die Zunahme der transversalen Masse des bewegten Elektrons nach.
1903	Max Abraham (1903) veröffentlicht seine Feldgleichungen für das starre Elektron.
1904	Lorentz' (1904) neue Elektronentheorie fordert (aufgrund der Lorentztransformation) eine deformierbare sphärische Ladungsverteilung des Elektrons. Friedrich Hasenöhrl (1904) gelangt zu einer (noch mit einem unkorrekten Faktor versehenen) Relation zwischen Masse und Energie eines thermodynamischen Systems. Einführung des „Relativitätspostulats" durch Henri Poincaré (1904).
1905	In seiner Darstellung der Dynamik des Elektrons verwendet Poincaré (1905a, b) gruppentheoretische Methoden und vierdimensionale Räume.
30. Juni	Eingang der Einsteinschen Abhandlung (1905d) „Zur Elektrodynamik bewegter Körper" bei den Annalen der Physik.
27. September	Einstein (1905e) zeigt, daß mit der Energie E auch die Masse eines Körpers (näherungsweise) um E/c^2 abnimmt.
1906	Henri Poincaré (1906) zeigt, daß zur Aufrechterhaltung der Stabilität eines deformierbaren Elektrons nicht-elektrische Kräfte (Poincaré-Spannungen) erforderlich sind. Einsteins (1906b) Lichtquanten-Gedankenexperiment über Energie-Impulserhaltung bei Strahlungsprozessen.
19. September	Planck äußert sich auf der Stuttgarter Naturforscherversammlung zugunsten der Lorentz-Einsteinschen Theorie.

1907		Einstein (1907b) berechnet die (Dopplersche) Rotverschiebung der Spektrallinien aufgrund seines Relativitätsprinzips.
		Entdeckung des Äquivalenzprinzips für beschleunigte Systeme (1907a) und Beginn der Arbeit an der allgemeinen Relativitätstheorie.
		Einstein (1907c) gibt zum ersten Mal den expliziten Ausdruck $E = mc^2$ für die Ruhenergie eines Systems als Funktion seiner Masse $m = m_0/(1-v^2/c^2)^{1/2}$ an. [Die Gültigkeit dieser Beziehung für alle Arten des Energieaustausches wird erst durch Planck (1908) gezeigt.]
1908	21. September	Minkowskis Vortrag über „Raum und Zeit" auf der Kölner Naturforscherversammlung.
		Alfred Bucherer (1908) weist einen Massenzuwachs des bewegten Elektrons in Übereinstimmung mit der Einstein-Lorentzschen Theorie nach.
1911	Juni	Einstein (1911) legt seine erste (noch fehlerhafte) Berechnung über den Einfluß der Schwerkraft auf die Ausbreitung des Lichtes vor.
1913		Paul Langevin (1913) und andere benutzen die Relation $E=mc^2$ zur Berechnung von Atommassen.
		Gemeinsam mit Marcel Großmann legt Einstein (1913) den zweiteiligen „Entwurf einer verallgemeinerten Relativitätstheorie und eine Theorie der Gravitation" vor, in dem das Gravitationsfeld durch einen metrischen Tensor beschrieben wird.
	Dezember	Einstein (1913) berichtet auf der Wiener Naturforscherversammlung über den neuesten Stand des Gravitationsproblems.
1915	Juni	Einstein trägt im Göttinger Seminar unter Anwesenheit von David Hilbert und Felix Klein über allgemeine Relativitätstheorie vor. Hilbert (1915) entwickelt daraufhin unabhängig von Einstein eine Feldtheorie der Gravitation.
	November	Einstein (1915a, b, c) trägt seine allgemeine Relativitätstheorie in der Preußischen Akademie der Wissenschaften vor und erklärt die Perihelbewegung des Merkur.

1916	20. März	Einstein (1916a) veröffentlicht seine zusammenfassende Darstellung über „Die Grundlage der allgemeinen Relativitätstheorie".
	29. Juni	Einsteins (1916b) erste Arbeit über die Ausbreitung von Gravitationswellen.
1917		Einstein (1917b) veröffentlicht in Form eines statischen Weltmodells seinen ersten kosmologischen Beitrag (Einführung des kosmologischen Gliedes).
1919	29. Mai	Messung der Lichtablenkung durch das Schwerefeld der Sonne während einer totalen Sonnenfinsternis in Brasilien und Afrika. Die Auswertung der Ergebnisse zugunsten der Einsteinschen Theoriewurde am 6. November während einer feierlichen Sitzung der Royal Society und der Royal Astronomical Society in London bekanntgegeben.
1920	September	Kundgebungen gegen die allgemeine Relativität während der Nauheimer Naturforscherversammlung (Weyl, 1922).
1922		Einstein (1923a) nimmt seine Beschäftigung mit der vereinheitlichten Feldtheorie von Elektrizität und Gravitation auf. Friedmann (1922) findet eine nicht-statische Lösung der Gravitationsgleichung, die Einstein 1931 zur Aufgabe seines kosmologischen Gliedes veranlaßt.
1923	Dezember	Erste Versuche Einsteins (1923b), eine Verbindung zwischen Relativitäts- und Quantentheorie durch eine einheitliche klassische Feldtheorie herzustellen, welche auch die Quantenerscheinungen beschreiben soll.
1929		Erster Hinweis auf ein expandierendes Weltall durch Edwin Hubbles (1929) Entdeckung der sog. Nebelflucht der Galaxien.
1932		Das Modell des expandierenden Weltalls von Einstein und de Sitter (1932).
1936		Einstein (1936) weist auf die Möglichkeit von Gravitationslinsen hin, obwohl er ihre Beobachtung für unwahrscheinlich hielt.

1938	Einstein, Infeld und Hoffmann lösen das Zweikörperproblem gemäß der allgemeinen Relativitätstheorie.
1948	Einstein (1948) veröffentlicht seinen Übersichtsbericht über die verallgemeinerte Gravitationstheorie.

Bibliographie

Veröffentlichungen und Beiträge zu Zeit- und Sammelschriften sind (in runden Klammern) durch die Angabe der Jahreszahl des betreffenden Einreichungs- oder Publikationszeitpunktes gekennzeichnet. Bei selbständigen Werken wurden dafür eckige Klammern benutzt.

Sofern zusätzliche Erläuterungen zu den einzelnen Schriften gemacht wurden, sind diese ebenfalls in eckige Klammern eingeschlossen. Bei den wichtigsten an der Entwicklung der Relativitätstheorie beteiligten Physikern wurde jeweils auf das biographische und wissenschaftshistorische Schrifttum querverwiesen.

Die in diesem Band wiedergegebenen Schriften sind mit einem Stern versehen.

Benutzte Abkürzungen und Literaturhinweise

a) Zeitschriften:

AHES	Archive for History of Exact Science
AJP	American Journal of Physics
BJHS	British Journal for the History of Science
BJPS	British Journal for the Philosophy of Science
DMV	(Jahresberichte der) Deutschen Mathematiker Vereinigung
DPG	(Verhandlungen der) Deutschen Physikalischen Gesellschaft
DSB	Dictionary of Scientific Biography, herausgegeben von Ch. C. Gillispie. 16 Bände; New York 1970–1980. (Ergänzungsband in Vorbereitung.)
HSPS	Historical Studies in the Physical Sciences
SPAW	Sitzungsberichte der Preußischen Akademie der Wissenschaften

b) Begriffe (mit historischen Literaturhinweisen):

AR	**Allgemeine Relativitätstheorie:** Crelinstein (1983); Earman und Glymour (1980); Eisenstaedt (1986); Elton (1986); French (1985); Norton (1984); Stachel (1979)
Bibl.	**Bibliographien:** a) Einstein: Schilpp [1951]; Weil [1960]; b) **Relativitätstheorie:** Lecat [1924]; c) **Kosmologie:** Heckmann [1968]; Robertson (1933)
Biogr.	**Biographische Schriften:** Siehe unter den betreffenden Namen im Verzeichnis
EFT	**Einheitliche Feldtheorie:** Bergmann (1979; 1982); Lanczos (1929; 1931); Pais [1986];
G	**Gravitation:** Bergmann [1968]; Bondi [1979/85]; Chaffee (1980); Goenner (1970); Zenneck (1901)
Hist.	**Wissenschafts-Historische Schriften:** Siehe unter den betreffenden Namen im Verzeichnis
K	**Kosmologie:** Heckmann [1942/68]; Munitz [1957]; North [1965]; Kersberg (1987)
Rez.	**Rezeptionsgeschichte:** Glick [1987]; Goldberg (1977c); Goodstein (1983); Paty (1987); Pyenson (1987); Sanchez-Ron (1987); Zahar (1973)

RT   Relativitäts-Theorie: Balàzs: (1971); Bergmann [1942]; Dirac (1982); Goldberg [1984]; Pais [1982/86]; Williams [1986]
SR   Spezielle Relativitätstheorie: Bergia (1985); Cassidy (1986); Holton (1960); Miller [1981]
Vorg. Vorgeschichte: Bork (1966); Hirosige (1966; 1976); Knudsen (1980); Miller (1980); Pyenson (1979); Schaffer [1972]; Voss (1901)

Max Abraham (1875–1922)
- Biogr.   Born (1923).
- Hist.   Goldberg (1970b); Miller (1973, S. 214–219; 1981, S. 55–79)
- (1902a)   Dynamik des Elektrons. Göttinger Nachrichten 1902, S. 20–41.
- (1902b)   Prinzipien der Dynamik des Elektrons. Physikalische Zeitschrift 4, 57–63 (1902).
- (1903)   Prinzipien der Dynamik des Elektrons. Annalen der Physik 10, 105–179 (1903).
- (1904)   Die Grundhypothesen der Elektronentheorie. Physikalische Zeitschrift 5, 576–579 (1904).
- [1904/05]   Theorie der Elektrizität. Band 1: Einführung in die Maxwellsche Theorie der Elektrizität. Band 2: Elektromagnetische Theorie der Strahlung. Leipzig 1904/05.
- (1914)   Neuere Gravitationstheorien. Jahrbuch der Radioaktivität und Elektronik 11, 470–520 (1914).
- (1919)   Zum fünfundzwanzigsten Todestage von Heinrich Hertz. Die Naturwissenschaften 7, 1–2 (1919).

Peter C. Aichelburg und Roman U. Sexl
- [1979]   Albert Einstein. Sein Einfluß auf Physik, Philosophie und Politik. Braunschweig/Wiesbaden 1979.

Jürgen Audretsch und Klaus Mainzer
- [1988]   Philosophie und Physik der Raum-Zeit. Mannheim/Wien/Zürich 1988.

Nandor L. Balàzs
- (1971)   Albert Einstein: Theory of relativity. DSB IV, 319–332.

Guido Beck (geb. 1903)
- (1929)   Allgemeine Relativitätstheorie. In Handbuch der Physik, herausgeben von H. Geiger und K. Scheel. Band IV, S. 299–407; Berlin 1929.

Bernadette Bensaude-Vincent
- [1987]   Langevin 1872–1946. Science et vigilence. Paris 1987.

Silvio Bergia

(1985)   Einstein und die Geburt der speziellen Relativitätstheorie. In French [1979/85], S. 139–172.

Peter Gabriel Bergmann (geb.1915)

[1942]   Introduction to the Theory of Relativity. (Mit einem Vorwort von A. Einstein). Englewood Cliffs, New Jersey 1942.

[1968]   The Riddle of Gravitation. New York 1968.

(1979)   Unitary field theory: Yesterday, Today, Tomorrow. In Treder [1979], S. 62–73.

(1982)   The Quest for Unity: General Relativity and Unitary Field Theories. In Holton und Elkana [1982]. S. 27–38.

William Berkson

[1974]   Fields of force.-The development of a world view from Faraday to Einstein. New York 1974.

Luigi Bianchi (1856–1926)

[1893]   Lezioni di geometria differenziale. Pisa 1893. [Deutsche Ausgabe von M. Lukat: Vorlesungen über Differentialgeometrie. Leipzig 1899.]

Georg David Birkhoff (1884–1944)

[1923]   Relativity and modern physics. Cambridge, Mass. 1923.

(1943)   Matter, electricity and gravitation in flat spacetime. Proceedings of the National Academy of Science, U.S. 29, 231–239 (1943).

Niels Bohr (1885–1962) und Isidor Rabi (1898–1988)

(1955)   Albert Einstein: 1879–1955. Scientific American 192, 31–33 (1955).

Ludwig Boltzmann (1844–1906)

[1891/93]   Vorlesungen über Maxwells Theorie der Elektrizität und des Lichtes. 2 Teile. Leipzig 1991/93.

[1897/04]   Vorlesungen über die Prinzipe der Mechanik. 2 Teile. Leipzig 1897/04.

(1899)   Über die Entwicklung der Methoden der theoretischen Physik in neuerer Zeit. Vortrag gehalten in der allgemeinen Sitzung der Münchener Naturforscherversammlung, Freitag, den 22. September 1899. Physikalische Zeitschrift 1, 60–62; 66–67; 77–79; 84–87; 92–98 (1899).

Hermann Bondi

(1970)   Gravitationswellen. I und II. Physikalische Blätter 26, 352–360; 404–408 (1970).

[1979/85]   Relativitätstheorie und Gravitation. In French [1979/85], S. 201–224.

Alfred M. Bork (geb. 1926)

(1966)   The „FitzGerald" Contraction. Isis 57, 199–200 (1966). (Vgl. hierzu auch die Bemerkungen von S. G. Brush in Isis 58, 230–232 (1967).)

Max Born (1882–1970)
- Biogr.   Born [1957]
- (1909)   Die träge Masse und das Relativitätsprinzip. Annalen der Physik **28**, 571–584 (1909).
- (1910)   Zur Elektrodynamik bewegter Körper. Verhandlungen der DPG **12**, 457–467 (1910).
- (1916)   Einsteins Theorie der Gravitation und der allgemeinen Relativität. Physikalische Zeitschrift **17**, 51–59 (1916).
- (1919)   Vom mechanischen Äther zur elektrischen Materie. Die Naturwissenschaften **7**, 136–141 (1919).
- [1920]   Die Relativitätstheorie Einsteins und ihre physikalischen Grundlagen. Berlin 1920.
- (1922)   Hilbert und die Physik. Die Naturwissenschaften **10**, 88–93 (1922).
- (1923)   (Mit Max von Laue) Max Abraham. Physikalische Zeitschrift **24**, 49–53 (1923).
- (1934a)   On the quantum theory of the electromagnetic field. Proceedings of the Royal Society **143**, 410–437 (1934).
- (1934b)   (Mit L. Infeld) Foundations of the new field theory. Proceedings of the Royal Society **144**, 425–451 (1934).
- (1955a)   Albert Einstein und das Lichtquantum. Die Naturwissenschaften **42**, 425–431 (1955).
- (1955b)   Physik und Relativität. In Born [1957].
- [1957]   Physik im Wandel meiner Zeit. Braunschweig 1957. Weitere Auflagen 1958, 1959, 1966 und die letzten, mit einer biographischen Einleitung versehen, 1983 und 1986 in den Facetten der Physik, Band **9**.

M. Born und P. Jordan
- (1925)   Zur Quantenmechanik. [I.] Zeitschrift für Physik **34**, 858–888 (1925).

M. Born, W. Heisenberg und P. Jordan
- (1926)   Zur Quantenmechanik. II. Zeitschrift für Physik **35**, 557–615 (1926).

Ernst Breitenberger
- (1984)   Gauss' geodesy and the axiom of parallels. AHES **31**, 273–289 (1984).

Alfred Brill (1885–1949)
- (1912)   Das Relativitätsprinzip. Jahresberichte der DMV **21**, 60–87 (1912).

Louis de Broglie (1892–1986)
- [1951]   Savants et découverts. Paris 1951.
- (1951)   Henri Poincaré et les théories de la physique. In de Broglie [1951], S. 45–65.
- [1953/55]   Louis de Broglie und die Physiker. Hamburg 1955.
- [1973]   Louis de Broglie. Sa conception du monde physique. Paris 1973.

Stephen G. Brush
(1980)   Poincaré and cosmic evolution. Physics Today, März 1980, S. 42–49.

Giordano Bruno (1548–1600)
[1584]   De l'infinito universo e mondi. 1585

Alfred Heinrich Bucherer (1863–1927)
Hist.   Miller [1981, S. 345–349]
[1904]   Mathematische Einführung in die Elektronentheorie. Leipzig 1904.
(1908)   Messungen an Becquerelstrahlen. Die experimentelle Bestätigung der Lorentz-Einsteinschen Theorie. Physikalische Zeitschrift 9, 755–762 (1908).
(1909)   Die experimentelle Bestätigung des Relativitätsprinzips. Annalen der Physik 28, 513–536 (1909).

Paul L. Butzer und F. Fehér
[1981]   E. B. Christoffel. The influence of his work on mathematics and on physical sciences. Basel 1981.

John T. Campbell
(1973)   Walter Kaufmann. DSB VII, S. 263–265.

Élie Cartan (1869–1951)
[1979]   Élie Cartan, Albert Einstein. Letters on absolute prallelism: 1929–1932. Herausgegeben von R. Debever. Princeton 1979.

David C. Cassidy
(1979)   Biographies of Einstein. In Nelkowski [1978], S. 490–500.
(1986)   Understanding the history of special relativity. HSPS16, 177–195 (1986).

Frederic H. Chaffee, Jr.
(1980)   The discovery of a gravitational lens. Scientific American 243, 60–68 (November 1980).

Elwin Bruno Christoffel (1829–1900)
(1869)   Über die Transformation der homogenen Differentialausdrücke zweiten Grades. Journal für reine und angewandte Mathematik 70, 46–70 (1869).

Samuel Clarke (1675–1729)
[1717]   A collection of papers which passed between the late learned Mr. Leibnitz, and Dr. Clarke, in the years 1715 and 1716. Relating to the principles of natural philosophy and religion. London 1717. [Deutsche Übersetzung in G. W. Leibniz: Hauptschriften zur Grundlegung der Philosophie. Herausgegeben von Ernst Cassirer. Band I, Leipzig 1904, S. 120–241.

Gerald Maurice Clemence (1908–1974)

(1949) Proceedings of the American Philosophical Society 93, 532–534 (1949).

Robert S. Cohen und Raymond J. Seeger, Hrsg.

[1970] Ernst Mach. Physicist and philosopher. Dordrecht 1970.

Emil Cohn (1854–1944)

[1900] Das elektrische Feld. Vorlesungen über die Maxwellsche Theorie. Leipzig 1900.

(1902) Über die Gleichungen des elektromagnetischen Feldes für bewegte Körper. Annalen der Physik 7, 29–56 (1902).

[1913] Physikalisches über Raum und Zeit. Leipzig 1913.

Jeffrey Crelinstein

(1983) William Wallace Campbell and the „Einstein Problem": An observational astronomer confronts the theory of relativity. HSPS 14, 1–91 (1983).

James J. Cushing

(1981) Electromagnetic mass, relativity, and the Kaufmann experiments. AJP 49, 1133–1149 (1981).

Camillo Cuvaj

(1968) Henri Poincaré's mathematical contributions to relativity and the Poincaré stresses. AJP 36, 1102–1113 (1968).

(1971) Paul Langevin and the theory of relativity. Japanese Studies in the History of Science 10, 113–142 (1971).

D. van Dantzig

(1932) Zur allgemeinen projektiven Differentialgeometrie. I: Einordnung in die Affingeometrie. II: X_{n+1} mit eingliedriger Gruppe. Proceedings. Koninklijke Nederlandse akademie van wetenschappen, Amsterdam 35, 524–534; 535–542 (1932). (Vgl. auch Mathematische Annalen 106, 400 (1932).)

Jean Dieudonné

(1975) Jules Henri Poincaré. DSB XI, 51–61.

(1976) Hermann Weyl. DSB XIV, 281–285.

Paul Adrien Maurice Dirac (1902–1984)

(1928a,b) The quantum theory of the electron. [I und II]. Proceedings of the Royal Society A 117, 610–624; 118, 351–361 (1928).

(1982) The Early Years of Relativity. In Holton und Elkana [1982], S. 79–90.

A. Vibert Douglas

(1971) Arthur Stanley Eddington. DSB IV, S. 277–282.

Paul Drude (1863–1906)

Biogr.	Planck (1906c), Voigt (1906) und Goldberg (1971).
[1894]	Physik des Aethers auf elektromagnetischer Grundlage. Stuttgart 1894.
(1897)	Über Fernwirkungen. Referat für die 69. Versammlung deutscher Naturforscher und Ärzte in Braunschweig, 1897; Annalen der Physik 62, I–XLIX (1897).
[1900]	Lehrbuch der Optik. Leipzig 1900.
(1900)	Zur Elektronentheorie der Metalle. I. und II. Teil. Annalen der Physik 1, 566–613; 3, 369–402 (1900).

Frank W. Dyson, Arthur S. Eddington und C. R. Davidson

(1920)   A determination of the deflection of light by the sun's gravitational field, from observations made at the total eclipse of may 29, 1919. Philosophical Transactions of the Royal Society of London 220, 291–333 (1920).

John Earman und Clark Glymour

(1978a)	Einstein and Hilbert: Two month in the history of general relativity. AHES 19, 291–308 (1978).
(1978b)	Lost in the tensors. Einstein's struggle with covariance principles 1912–1916. HSPS 9, 251–278 (1978).
(1980)	Relativity and eclipses: The British eclipse expeditions of 1919 and their predecessors. HSPS 11, 49–85(1980).

Michael Eckert und Willibald Pricha

(1984)   Die ersten Briefe Albert Einsteins an Arnold Sommerfeld. Physikalische Blätter 40, 29–34 (1984).

Arthur Stanley Eddington (1882–1944)

Biogr.	Douglas (1971)
[1921]	Space, Time, Gravitation. Cambridge 1921.
[1921/25]	Relativitätstheorie in mathematischer Behandlung. (Deutsche, mit einem Anhang von Einstein versehene Ausgabe des 1921 in englischer Sprache erschienenen Werkes.) Berlin 1925.

Jürgen Ehlers

(1981)   Christoffel's work on the equivalence problem for Riemannian spaces and its importance for modern field theories of physics. In Butzer und Fehér [1981], S.526–542.

Paul Ehrenfest (1880–1933)

Biogr./Hist.	Klein [1970].
(1906)	Zur Stabilitätsfrage bei den Bucherer-Langevin Elektronen. Physikalische Zeitschrift 7, 302–303 (1906).
(1912)	Zur Frage nach der Entbehrlichkeit des Lichtäthers. Physikalische Zeitschrift 13, 317–319 (1912).
(1913)	Zur Krise der Lichtäther-Hypothese. Berlin 1913.

Albert Einstein (1879–1955)

Biogr.   Bohr und Rabi (1955); Cassidy (1979); Einstein [1934/53; 1956; 1969; 1972; 1987]; Elton (1986); Glick [1987]; Heisenberg (1955); Hermann (1969); Herneck [1976]; Illy (1979); Kanitscheider [1988]; Kirsten und Treder [1979]; Klein (1971); von Laue (1922); von Meyenn (1979); Natan und Norden [1975]; Pyenson (1980; 1982; 1985); Seelig [1954; 1960]; Solovine (1958); Stachel (1987a); Stern (1982); Trbuhovic-Gjuric [1982]; Whittaker (1955); Wickert [1972]

Hist.   Born (1955a); Jammer (1982); Jordan [1969]; Klein (1980; 1982; 1985); von Laue (1956); Miller (1982); Pais [1982/86]; Pauli (1958); Stachel (1987 b)

(1905a)   Eine neue Bestimmung der Moleküldimensionen. Dissertation, Universität Zürich. Bern 1905.

(1905b)   Über einen die Erzeugung und Verwandlung des Lichtes betreffenden heuristischen Gesichtspunkt. Annalen der Physik 17, 132–148 (1905).

(1905c)   Über die von der molekularkinetischen Theorie der Wärme geforderte Bewegung von in ruhenden Flüssigkeiten suspendierten Teilchen. Annalen der Physik 17, 549–560 (1905).

(1905d)*   Zur Elektrodynamik bewegter Körper. Annalen der Physik 17, 891–921 (1905).

(1905e)*   Ist die Trägheit eines Körpers von seinem Energieinhalt abhängig? Annalen der Physik 18, 639–641 (1905).

(1906a)   Zur Theorie der Lichterzeugung und Lichtabsorption. Annalen der Physik 20, 199–206 (1906).

(1906b)   Das Prizip von der Erhaltung der Schwerpunktsbewegung und die Trägheit der Energie. Annalen der Physik 20, 627–633 (1906).

(1906c)   Über eine Methode zur Bestimmung des Verhältnisses der transversalen und longitudinalen Masse des Elektrons. Annalen der Physik 21, 583–586 (1906).

(1907a)*   Relativitätsprinzip und die aus demselben gezogenen Folgerungen. Jahrbuch der Radioaktivität und der Elektronik 4, 411–462 (1907); (Berichtigungen) 5, 98–99 (1908).

(1907b)   Über die Möglichkeit einer neuen Prüfung des Relativitätsprinzips. Annalen der Physik 23, 197–198 (1907).

(1907c)   Über die vom Relativitätsprinzip geforderte Trägheit der Energie. Annalen der Physik 23, 371–384 (1907).

(1911)*   Über den Einfluß der Schwerkraft auf die Ausbreitung des Lichtes. Annalen der Physik 35, 898–908 (1911).

(1912)   Lichtgeschwindigkeit und Statik des Gravitationsfeldes. Annalen der Physik 38, 355–369 (1912).

(1913)   Zum gegenwärtigen Stand des Gravitationsproblems. Physikalische Zeitschrift 14, 1249–1262 (1913).

(1914)   Die formale Grundlage der allgemeinen Relativitätstheorie. SPAW 1914, S. 1030–1085.

(1915)   Das Relativitätsprinzip. In Warburg [1915], S.703–713.

(1915a)	Zur allgemeinen Relativitätstheorie. SPAW 1915, S. 778–786; (Nachtrag) S. 799–801.
(1915b)*	Erklärung der Perihelbewegung des Merkur aus der allgemeinen Relativitätstheorie. SPAW 1915, S. 831–839.
(1915c)*	Die Feldgleichungen der Gravitation. SPAW 1915, S. 844–847.
(1916a)*	Die Grundlage der allgemeinen Relativitätstheorie. Annalen der Physik 49, 769–822 (1916).
(1916b)	Näherungsweise Integration der Feldgleichungen der Gravitation. SPAW 1916, S.688–696.
(1916c)	Ernst Mach. Physikalische Zeitschrift 17, 101–104 (1916).
[1917]	Über die spezielle und allgemeine Relativitätstheorie. Braunschweig 1917.
(1917a)	Zur Quantentheorie der Strahlung. Physikalische Zeitschrift 18, 121–128 (1917).
(1917b)	Kosmologische Betrachtungen zur allgemeinen Relativitätstheorie. SPAW 1917, S. 142–152.
(1918a)	Prinzipielles zur allgemeinen Relativitätstheorie. Annalen der Physik 55, 241–244 (1918).
(1918b)	Dialog über Einwände gegen die Relativitätstheorie. Die Naturwissenschaften 6, 697–702 (1918).
(1918c)	Motiv des Forschens. In: Ansprachen in der Deutschen Physikalischen Gesellschaft zu Max Plancks 60. Geburtstag. Karlsruhe 1918. Dort S. 29–32.
(1918d)	Über Gravitationswellen. SPAW 1918, S. 154–167.
(1918e)	Der Energiesatz in der allgemeinen Relativitätstheorie. SPAW 1918, S. 448–459.
(1919a)	Spielen Gravitationsfelder im Aufbau der materiellen Elementarteilchen eine wesentliche Rolle? SPAW 1919, S. 349–356.
(1919b)	Was ist Relativitätstheorie? Einstein [1974], S. 127–131.
[1920]*	Äther und Relativitätstheorie. Rede, gehalten am 5. Mai 1920 an der Reichsuniversität zu Leiden. Berlin 1920.
(1920)	Meine Antwort über die anti-relativistische GmbH. Berliner Tageblatt, Morgenausgabe; 27. August 1920.
[1921/50]	The meaning of relativity: Four lectures delivered at Princeton University, May 1921. Princeton 1922, 1945. Die 3. Auflage von 1950 ist mit einem wichtigen Anhang „The generalized theory of gravitation" versehen. Deutsche Ausgabe: Vier Vorlesungen über Relativitätstheorie, gehalten im Mai 1921 an der Universität Princeton. Braunschweig 1922.
(1921)	Geometrie und Erfahrung. Festvortrag, gehalten an der Preußischen Akademie der Wissenschaften zu Berlin am 27. Januar 1921. SPAW 1921, S.123–130.
(1923a)	Zur allgemeinen Relativitätstheorie. SPAW 1923, S. 32–38; [Bemerkung] 76–77.
(1923b)	Zur affinen Feldtheorie. SPAW 1923, S. 137–140.
(1923c)	Bietet die Feldtheorie Möglichkeiten für die Lösung des Quantenproblems? SPAW 1923, S. 359–364.

(1925)	Einheitliche Feldtheorie von Gravitation und Elektrizität. SPAW 1925, S. 414–419.
(1927)	(Mit Jacob Grommer) Allgemeine Relativitätstheorie und Bewegungsgesetz. SPAW 1927, S. 2–12.
(1929)	Zur einheitlichen Feldtheorie. SPAW 1929, S. 2–8.
(1930a) *	Einiges über die Entstehung der Allgemeinen Relativitätstheorie. Gekürzte Fassung einer 1930 im „Forum Philosophicum" veröffentlichten und später in Einstein [1934/53/74] wiedergegebenen Darstellung. (In der Ausgabe von 1974 auf S. 134–138.)
(1930b)	Raum, Äther und Feld in der Physik. Forum Philosophicum 1, 173–180 (1930).
(1931/32)	(Mit Walther Mayer) Einheitliche Theorie von Gravitation und Elektrizität. 1. und 2. Abhandlung. SPAW 1931, S. 541–557; 1932, S. 130–137.
[1934/53/74]	Mein Weltbild. Amsterdam 1934. Erweiterte und vom Verfasser durchgesehene zweite Auflage, Zürich 1953. Nachdruck Frankfurt am Main 1974.
(1936) *	Lense-like action of a star by deviation of light in the gravitational field. Science 84, 506–507 (1936).
(1937) *	(Mit N. Rosen) On gravitational waves. Journal of the Franklin Institute 223, 43–54 (1937).
(1938)	(Mit L. Infeld und B. Hoffmann) The gravitational equations and the problem of motion. [I.] Annals of Mathematics 39, 65–100 (1938).
(1945/46)	Generalisation of the relativistic theory of gravitation. Teil I und (mit E. G. Strauss) II. Annals of Science 46, 578–584 (1945); 47, 731–741 (1946).
(1948) *	Generalized theory of gravitation. Review of Modern Physics 20, 35–39 (1948).
(1949a)	Autobiographisches. In Schilpp [1949/51], S. 1–94.
(1949b)	(Mit L. Infeld) On the motion of particles in general relativity theory. Canadian Journal of Mathematics 1, 209–241 (1949).
(1950)	On the generalized theory of gravitation. Scientific American 188 (April 1950), 13–17.
[1952/79]	Aus meinen späten Jahren. Stuttgart 1952/79.
(1953)	Einleitende Bemerkungen über Grundbegriffe. In de Broglie [1953/55], S. 13–17.
[1956]	Lettres a Maurice Solovine. Paris 1956.
(1957)	H. A. Lorentz, his genius and his personality. In de Haas-Lorentz [1957], S. 5–9.
[1969]	Albert Einstein, Hedwig und Max Born: Briefwechsel 1916–1955. München 1969.
[1972]	Albert Einstein-Michele Besso: Correspondence 1903–1955. Paris 1972.
[1974]	Mein Weltbild. Herausgegeben von Carl Seelig. Zürich 1974.
[1987]	The Collected Papers. Volume 1. The Early Years, 1879–1902. John Stachel, Editor. Princeton 1987.

A. Einstein und Marcel Großmann

[1913] Entwurf einer verallgemeinerten Relativitätstheorie und einer Theorie der Gravitation. I: Physikalischer Teil von A. Einsten. II: Mathematischer Teil von M. Großmann. Leipzig 1913. (Erschien auch in der Zeitschrift für Mathematik und Physik 62, 225–261 (1913).)

Jean Eisenstaedt

(1982) Histoire et singularités de la solution de Schwartschild (1915–1923). AHES 27, 157–198 (1982).

(1986) La relativité générale á l'étiage: 1925–1955. AHES 35, 115–185 (1986).

Lewis Elton

(1986) Einstein, general relativity, and the german press, 1919–1929. Isis 77, 95–104 (1986).

Robert Emden (1862–1940)

(1926) Aberration und Relativitätstheorie. Die Naturwissenschaften 14, 329–335 (1926).

Charles P. Enz und Karl von Meyenn, Hrsg.

[1988] Wolfgang Pauli. Das Gewissen der Physik. Braunschweig/Wiesbaden 1988.

Roland von Eötvös (1848–1919)

Hist. Pekár (1919)

(1889) Über die Anziehung der Erde auf verschiedene Substanzen. Mathematisch-naturwissenschaftliche Berichte aus Ungarn 8, 65–68 (1889).

W. L. Fadner

(1988) Did Einstein really discover „$E=mc^2$"? AJP 56, 114–122 (1988).

Lewis S. Feuer

(1971) The social roots of Einstein's theory of relativity. Annals of science 27, 277–298; 313–344 (1971).

George Francis FitzGerald (1851–1901)

(1882) On electromagnetic effects due to the motion of the earth. Transactions of the Royal Dublin Society 1, 319–324 (1884).

Ludwig Flamm (1885–1964)

(1916) Beiträge zur Einsteinschen Gravitationstheorie. Physikalische Zeitschrift 17, 448–454 (1916).

Adriaan Fokker (1887–1968)

[1929] Relativiteitstheorie. Groningen 1929.

August Föppel (1854–1924)

[1894] Einführung in die Maxwellsche Theorie der Elektrizität. Leipzig 1894. (Die 2. Auflage wurde von M. Abraham [1904/05] besorgt.)

Philipp Frank (1884–1966)

(1913) Zur Herleitung der Lorentztransformation. Physikalische Zeitschrift 13, 750–753 (1912).

Daniel Z. Freedman und Peter van Nieuwenhuizen

(1985) Die verborgenen Dimensionen der Raumzeit. Spektrum der Wissenschaft, Mai 1985.

Anthony P. French, Hrsg.

[1979/85] Albert Einstein. Wirkung und Nachwirkung. Braunschweig/Wiesbaden 1985. (Übersetzung und Ergänzung der amerikanischen Ausgabe des „Centenary Volume" von 1979.)

Anthony P. French

(1985) Die Geschichte der allgemeinen Relativitätstheorie. In French [1979/85], S. 173–199.

Hans Freudenthal

(1972) David Hilbert. DSB VI, S. 388–395.

Erwin Freundlich (1885–1964)

(1914) Über die Verschiebung der Sonnenlinien nach dem roten Ende auf Grund der Äquivalenzhypothese von Einstein. Physikalische Zeitschrift 15, 369 (1914).

[1916] Die Grundlagen der Einsteinschen Gravitationstheorie. Die Naturwissenschaften 4, 363–372; 386–392 (1916). [Erschien auch als Buch, mit einem Vorwort von Albert Einstein. Berlin 1916.]

(1919) Zur Prüfung der allgemeinen Relativitätstheorie. Die Naturwissenschaften 7, 629–636 (1919).

(1920) Der Bericht der englischen Sonnenfinsternisexpedition über die Ablenkung des Lichtes im Gravitationsfeld der Sonne. Die Naturwissenschaften 8, 667–673 (1920).

Alexander Friedmann (1888–1925)

(1922) Über die Krümmung des Raumes. Zeitschrift für Physik 10, 377–386 (1922).

Galileo Galilei (1564–1642)

[1632] Dialogo sopra i due massimi sistemi del mondo, Tolemaico e Copernicano. Florenz 1632. [Deutsche Übersetzung von E. Strauss, neu herausgegeben von R. U. Sexl und K. von Meyenn, Stuttgart 1982.]

Peter Louis Gallison

(1979) Minkowski's space-time. From visual thinking to the absolute world. HSPS 10, 85–121 (1979).

Georg Gamow (1904–1968)

(1961) Gravity. Scientific American, März 1961.

Richard Gans (1880–1954)

(1905) Gravitation und Elektromagnetismus. Physikalische Zeitschrift 6, 803–805 (1905).

Carl Friedrich Gauss (1777–1855)

Hist. Reich (1973)

(1828) Disquisitiones generales circa superficies curvas. Commentationes societatis regiae scientiarum Gottingensis recentiores classis mathematicae VI, 99–146 (1828).

Ernst Gehrcke (1878–1960)

(1911) Bemerkungen über die Grenzen des Relativitätsprinzips. Verhandlungen der DPG 13, 665–669; 990–1000 (1911).

(1913) Die gegen die Relativitätstheorie erhobenen Einwände. Die Naturwissenschaften 1, 62–66; 170 (1913). [In dieser Schrift wurde die Relativitätstheorie zum erstenmal als eine „Massensugestion" bezeichnet. Siehe hierzu die Erwiderung von Max Born auf S. 92–94 und 191–192 derselben Zeitschrift und den historischen Beitrag von Kleinert (1979).]

Thomas F. Glick, Hrsg.

[1987] The Comparative Reception of Relativity. Dordrecht 1987.

Stanley Goldberg

(1967) Henri Poincaré and Einstein's theory of relativity. AJP 35, 934–944 (1967).

(1969) The Lorentz theory of electrons and Einstein's theory of relativity. AJP 37, 982–994 (1969).

(1970a) Poincaré's silence and Einstein's relativity. The role of theory and experiment in Poincaré's physics. BJHS 5, 73–84 (1970).

(1970b) The Abraham theory of the electron: The symbiosis of experiment and theory. AHES 7, 7–25 (1970).

(1970c) In defence of ether: The British reponse to Einstein's special theory of relativity. HSPS 2, 89–125 (1970).

(1971) Paul Karl Ludwig Drude. DSB IV, 189–193.

(1976) Max Planck's philosophy of nature and his elaboration of the special theory of relativity. HSPS 7, 125–160 (1976).

[1984] Understanding relativity. Origin and impact of a scientific revolution. Boston, Basel, Stuttgart 1984.

Hubert Gönner

(1970) Mach's principle and Einstein's theory of gravitation. In Cohen und Seeger [1970], S. 200–215.

Judith R. Goodstein

(1983) The italian mathematicians of relativity. Centaurus 26, 241–261 (1983).

Geertruida Luberta de Haas-Lorentz, Hrsg.

[1957] H. A. Lorentz. Impressions of his life and Work. Amsterdam 1957.

Paul Harteck (geb.1902)

(1951)   Die Quantentheorie in der Chemie. Die Natuwissenschaften 38, 61–67 (1951).

Friedrich Hasenöhrl (1874–1915)

(1904)   Zur Theorie der Strahlung in bewegten Körpern. Annalen der Physik 15, 344–370 (1904).

Hans-Joachim Haubold und Eiichi Yasui

(1986)   Jun Ishiwaras Text über Albert Einsteins Gastvortrag an der Universität zu Kyoto am 14. Dezember 1922. AHES 36, 271–279 (1986).

Otto Heckmann (geb.1901)

[1942/68]   Theorien der Kosmologie. Berlin 1968.
(1951)   Theorie und Erfahrung in der Kosmologie. Die Natuwissenschaften 38, 84–91 (1951).
(1979)   Einstein und die Kosmologie. In Treder [1979], S.129–134.

Werner Heisenberg (1901–1976)

(1951)   50 Jahre Quantentheorie. Die Naturwissenschaften 38, 49–55 (1951).
(1955)   Albert Einsteins wissenschaftliches Werk. Universitas 10, 897–902 (1955).

Walter Heitler (1904–1981)

(1949)   The departure from classical though in modern physics. In Schilpp [1949], S. 179–198.

A. Held, Hrsg.

[1980]   General relativity and gravitation: A hundred years after the birth of Albert Einstein. Band I. New York 1980.

Hermann von Helmholtz (1821–1894)

(1868)   Über die Tatsachen, die der Geometrie zu Grunde liegen. Göttinger Nachrichten 15, 193–221 (1868). [Auch in H. von Helmhotz' Wissenschaftlichen Abhandlungen II, S. 618–639.]

Armin Hermann

(1966a)   H. A. Lorentz-Praeceptor Physicae. Sein Briefwechsel mit dem deutschen Nobelpreisträger Johannes Stark. Janus 53, 99—114 (1966).
(1966b)   Albert Einstein und Johannes Stark: Briefwechsel und Verhältnis der beiden Nobelpreisträger. Sudhoffs Archiv 50, 267–285 (1966).
[1968]   Albert Einstein/Arnold Sommerfeld. Briefwechsel. Sechzig Briefe aus dem goldenen Zeitalter der modernen Physik. Basel/Stuttgart 1968. [Fünf weitere Briefe der Jahre 1908–1910 aus dieser Korrespondenz wurden von Eckert und Pricha (1984) veröffentlicht.]
[1969]   Frühgeschichte der Quantentheorie 1899–1913. Mosbach/Baden 1969.
(1969)   Einstein auf der Salzburger Naturforscherversammlung 1909. Physikalische Blätter 25, 433–436 (1969).

A. Hermann und Ulrich Benz

(1972) Quanten- und Relativitätstheorie im Spiegel der Naturforscherversammlungen 1906–1920. In Hans Querner und Heinrich Schipperges, Hrsg.: Wege der Naturforschung 1822–1972 im Spiegel der Versammlungen Deutscher Naturforscher und Ärzte. Berlin 1972. Dort S. 125–137.

Friedrich Herneck

[1976] Einstein und sein Weltbild. Berlin 1976.

Heinrich Rudolf Hertz (1857–1894)

Biogr. Abraham (1919); McCormmach (1972); Mulligan (1989); Planck (1894); Zenneck (1946)

(1890a/b) Über die Grundgleichungen der Elektrodynamik für ruhende Körper; für bewegte Körper. Annalen der Physik 40, 577–624; 41, 369–399 (1890).

[1894] Untersuchungen über die Ausbreitung der elektrischen Kraft. Leipzig 1894. (Gesammelte Werke, Band II)

Norris S. Hetherington

(1982) Philosophical values and observation in Edwin Hubble's choice of a model of the universe. HSPS 13, 41–67 (1982).

Marie B. Hesse

[1961] Forces and fields. Study of action at a distance in the history of physics. London 1961.

David Hilbert (1862–1943)

Biogr. Born (1922); Freudenthal (1973)
Hist. Earman und Glymour (1978a); Medicus (1983); Mehra (1973)
(1915) Die Grundlagen der Physik. (Erste Mitteilung). Göttinger Nachrichten 1915, S. 395–407.

Tetu Hirosige (1928–1975)

(1966) Electrodynamics before the theory of relativity. Japanese Studies in the History of Science 5, 1–49 (1966).

(1968) Theory of relativity and the ether. Japanese Studies in the History of Science 7, 37–53 (1968).

(1969) Origins of Lorentz' theory of electrons and the concept of the electromagnetic field. HSPS 1, 151–209 (1969).

(1976) The ether problem, the mechanistic worldview, and the origins of the theory of relativity. HSPS 7, 3–82 (1976).

Gerald Holton (geb. 1922)

(1960) On the origins of special theory of relativity. AJP 28, 627–636 (1960).

(1969) Einstein, Michelson, and the „Crucial" Experiment. Isis 60, 133–197 (1969). (Auch enthalten in Holton [1973], S. 261–352.)

[1973] Thematic origins of scientific thought. Kepler to Einstein. Cambridge, Mass. 1973

Gerald Holton und Yehuda Elkana, Hrsg.
  [1982]   Albert Einstein. Historical and Cultural Perspectives. Princeton 1982.

Helmut Hönl (1903–1981)
  (1960)   Ein Brief Albert Einsteins [vom 25. Juni 1913] an Ernst Mach. Physikalische Blätter 16, 571–580 (1960).
  (1963/63)   Allgemeine Relativitätstheorie und Machsches Prinzip. Leopoldina 8/9, 173–181 (1962/63).
  (1979)   Albert Einstein und Ernst Mach. Das Machsche Prinzip und die Krise des logischen Positivismus. Physikalische Blätter 35, 485–494 (1979).

Edwin P. Hubble (1889–1953)
  Hist.   Hetherington (1982)
  (1929)   A relation between distance and radial velocity among extragalactic nebulae. Proceedings of the National Academy of Science 15, 169–173 (1929).

Bruce J. Hunt
  (1988)   The origin of the FitzGerald Contraction. BJHS 21, 67–76 (1988).

József Illy
  (1979)   Albert Einstein in Prag. Isis 76, 76–84 (1979).

Leopold Infeld (1893–1968)
  (1955)   Die Geschichte der Relativitätstheorie. Die Naturwissenschaften 42, 431–436 (1955).

Max Jammer (geb.1915)
  [1961]   Concept of Mass. Cambridge, Mass. 1961.
  (1982)   Einstein and Quantum Physics. In Holton und Elkana [1982], S. 59–76.

Pascual Jordan (1902–1980)
  Biogr.   von Meyenn (1989a)
  [1969]   Albert Einstein. Sein Lebenswerk und die Zukunft der Physik. Frauenfeld und Stuttgart 1969.

Peter Kafka
  (1986)   Wie wichtig ist die Gravitationswellen-Astronomie? Die Naturwissenschaften 73, 248–257; 305–313 (1986).

Theodor Kaluza (1885–1954)
  (1921)   Zum Unitätsproblem der Physik. SPAW 1921, S. 966–972.

Bernulf Kanitscheider
  [1988]   Das Weltbild Albert Einsteins. München 1988.

Walter Kaufmann (1871–1947)

Biogr.	Campbell (1973); Kossel (1947)
Hist.	Cushing (1981); Miller [1981, S. 47–54, 341–345]
(1901)	Die magnetische und elektrische Ablenkbarkeit der Becquerelstrahlen und die scheinbare Masse der Elektronen. Göttinger Nachrichten 1901, S. 143–155.
(1902)	Die elektromagnetische Masse des Elektrons. Physikalische Zeitschrift 4, 54–57 (1902).
(1906)	Über die Konstitution des Elektrons. Annalen der Physik 19, 487–553 (1906).

Pierre Kerszberg

(1986)	Le principe de Weyl et l'invention d'une cosmologie non-statique. AHES 35, 1–89 (1986).
(1987)	On the alleged equivalence between Newtonian and relativistic cosmology. BJPS 38, 347–380 (1987).

Christa Kirsten und Hans-Jürgen Treder, Hrsg.

[1979]	Albert Einstein in Berlin 1913–1933. Teil I: Darstellung und Dokumente. Teil II: Spezialinventar. Berlin 1979.

Charles Kittel (1915)

(1974)	Larmor and the prehistory of the Lorentz transformation. AJP 42, 726–729 (1974).

Felix Klein (1849–1925)

Hist.	Sommerfeld (1919)
(1911)	Über die geometrischen Grundlagen der Lorentzgruppe. Physikalische Zeitschrift 12, 17–27 (1911).
[1926/27]	Vorlesungen über die Entwicklung der Mathematik im 19. Jahrhundert. Teil 1 und 2. Berlin 1926/27.

Martin J. Klein (geb. 1924)

(1965)	Einstein, and some civilized discontents. Physics Today, Januar 1965, S. 38–44.
[1970]	Paul Ehrenfest. Band I. The making of a theoretical physicist. Amsterdam 1970.
(1971)	Albert Einstein. DSB IV, 312–319.
(1972)	Mechanical Explanation at the End of the Nineteenth Century. Centaurus 17, 58–82 (1972).
(1975)	Einstein on Scientific Revolutions. Vistas in Astronomy 17, 114–120 (1975).
(1977)	(Mit Allan Needell) Some unnoticed publications by Einstein. Isis 68, 601–604 (1977).
(1980)	No Firm Foundation: Einstein and the Early Quantum Theory. In Woolf [1980], S. 161–185
(1982)	Fluctuations and Statistical Physics in Einstein's Early Work. In Holton und Elkana [1982], S. 39–58.
(1985)	Einstein und die Entwicklung der Quantenphysik. In French [1979/85], S. 227–252.

Oskar Klein (1894–1977)

    Biogr.   von Meyenn (1989b)
    Hist.   Freedman und van Nieuwenhuizen (1985)
    (1926)   Quantentheorie und fünfdimensionale Relativitätstheorie. Zeitschrift für Physik 37, 895–906 (1926).
    (1927)   Zur fünfdimensionalen Darstellung der Relativitätstheorie. Zeitschrift für Physik 46, 188–208 (1927).
    (1946)   Meson fields and nuclear interactions. Arkiv för Matematik, Asronomi och Fysik 34A, Nr.1 (1946).
    [1961]   Einige Probleme der allgemeinen Relativitätstheorie. Braunschweig 1961.

Andreas Kleinert

    (1975)   Anton Lampa und Albert Einstein. Die Neubesetzung der physikalischen Lehrstühle an der deutschen Universität Prag 1909 1910. Gesnerus 32, 285–292 (1975).
    (1979)   Nationalistische und antisemitische Ressentiments von Wissenschaftlern gegen Einstein. In Nelkowski [1979], S. 501–516.

A. Kleinert und Charlotte Schönbeck

    (1978)   Lenard und Einstein. Ihr Briefwechsel und ihr Verhältnis vor der Nauheimer Diskussion von 1920. Gesnerus 35, 318–333 (1978).

Ole Knudsen

    (1980)   19th century views on induction in moving conductors. Centaurus 24, 346–360 (1980).

August Kopff (geb.1882)

    (1921)   Das Rotationsproblem in der Relativitätstheorie. Die Naturwissenschaften 9, 9–15 (1921).

Walther Kossel (1888–1956)

    (1947)   Walter Kaufmann +. Die Naturwissenschaften 34, 33–34 (1947).

Anne J. Kox

    (1988)   Hendrik Antoon Lorentz, the ether, and the general theory of relativity. AHES 38, 67–78 (1988).

Helge Kragh

    (1985)   The fine structure of hydrogen and the gross structure of the physics community, 1916–1926. HSPS 15, 67–125 (1985).
    (1987)   The beginning of the world : Georges Lemaître and the expanding universe. Centaurus 32, 114–139 (1987).

Thomas S. Kuhn

    (1980)   Einstein's critique of Planck. In Woolf [1980], S. 186–191.

Cornel Lanczos (1893–1974)

    (1929)   Einsteins neue Feldtheorie. Forschungen und Fortschritte 5, 220–222 (1929).
    (1931)   Einsteins neue Feldtheorie. Ergebnisse der exakten Naturwissenschaften 10, 97–132 (1931).

Ludwig Lange (1863–1936)

Biogr.	von Laue (1948)
[1886]	Die geschichtliche Entwicklung des Bewegungsbegriffs. Leipzig 1886.

Paul Langevin (1872–1946)

Biogr.	Bensaude–Vincent [1987]
Hist.	Cuvaj (1971)
(1905)	Sur l'impossibilité physique de mettre en évidence le mouvement de tranlation de la terre. Comptes Rendu de l'Academie des Sciences 140, 1171–1172 (1905).
(1913)	L'Inertie de l'énergie et ses conséquences. Journal de physique théorique et appliqué 3, 553–591 (1913).

Joseph Larmor (1857–1942)

[1900]	Aether and matter. Cambridge 1900.

Johann Jacob Laub (1872–1962)

(1905)	Zur Optik der bewegten Körper. Annalen der Physik 23, 738–744 (1907).
(1910)	Über die experimentellen Grundlagen des Relativitätsprinzips. Jahrbuch der Radioaktivität und Elektronik 7, 405–463 (1910).

Max von Laue (1879–1960)

Biogr.	von Laue (1961)
(1907)	Die Mitführung des Lichtes durch bewegte Körper nach dem Relativitätsprinzip. Annalen der Physik 23, 989–990 (1907).
[1911]	[1. Band:] Das Relativitätsprinzip. Braunschweig 1911; ^{2}1913; ^{3}1919; ^{4}1921. 2. Band: Die allgemeine Relativitätstheorie und Einsteins Lehre von der Schwerkraft. Braunschweig 1921; ^{2}1923; ^{3}1953.
(1920a)	Zur Prüfung der allgemeinen Relativitätstheorie an der Beobachtung. Die Naturwissenschaften 8, 390–391 (1920).
(1920b)	Historisch-kritisches über die Perihelbewegung des Merkur. Die Naturwissenschaften 8, 735–736 (1920).
(1921)	Die Lorentz-Kontraktion. Kantstudien 26, 91–95 (1921).
(1922)	Zum Einstein-Film. Die Naturwissenschaften 10, 434 (1922). [Vgl. hierzu auch die Berichte „Der Relativitätsfilm" und „Professor von Laue über den Einstein-Film" im Berliner Tageblatt, Morgenausgabe vom 4. April und 31. Dezember 1922.]
(1923)	Die Relativitätstheorie in der Physik. Verhandlungen der Gesellschaft Deutscher Naturforscher und Ärzte. 87. Versammlung zu Leipzig, vom 17. bis 24. September 1922. Leipzig 1923. Dort S.45–57.
(1948)	Dr. Ludwig Lange (1863–1936). Ein zu Unrecht Vergessener. Die Naturwissenschaften 35, 193–196 (1948).
(1949)	Inertia and energy. In Schilpp [1949], S. 501–533.
(1951)	Materiewellen. Die Naturwissenschaften 38, 55–61 (1951).
(1956)	Einstein und die Relativitätstheorie. Die Naturwissenschaften 43, 1–8 (1956).

(1961) Mein physikalischer Werdegang. Eine Selbstdarstellung. In von Laue [1961], S. VII–XXXVI.
[1961] Aufsätze und Vorträge. Braunschweig 1961.

Petr Nicolajevich Lebedew (1866–1912)
(1901) Untersuchung über die Druckkräfte des Lichtes. Annalen der Physik 6, 433–458 (1901).

M. Lecat
[1924] Biblioraphie de la rélativité. Brüssel 1924.

Georg Edward Lemaítre (1894–1966)
Hist. Kragh (1987)
(1949) The cosmological constant. In Schilpp [1949], S. 437-456.

Tullio Levi-Civita (1873–1941)
(1921) Die geometrische Optik und das allgemeine Einsteinsche Relativitätsprinzip. In Levi-Civita [1921], S. 85–110.
[1921] Fragen der klassischen und relativistischen Mechanik. Vier Vorträge gehalten in Spanien im Januar 1921. Berlin 1924.

John Locke (1632–1704)
[1690] An essay concerning Human understanding. London 1690. [Deutsche Übersetzung von C. Winckler, Hamburg 1968.]

Oliver Joseph Lodge (1851–1940)
[1911] Der Weltäther. Braunschweig 1911.

Hendrik Antoon Lorentz (1853–1928)
Biogr. Hermann (1966a); Klein (1965; 1971; 1975; 1977); de Haas-Lorentz (1957)
Hist. Goldberg (1969); Hirosige (1969); Kox (1988); McCormmach (1970a; b; 1973); Miller (1974); Schaffner (1969; 1974); Zahar(1973)
[1892] La théorie électromagnétique de Maxwell et son application aux corps mouvants. Leiden 1892
[1895] Versuch einer Theorie der elektrischen und optischen Erscheinungen in bewegten Körpern. Leiden 1895.
(1900) Elektromagnetische Theorien physikalischer Erscheinungen. Rektoratsrede, gehalten zur Feier des 325. Jahrestages der Universität Leiden am 8. Februar 1900. Physikalische Zeitschrift 1, 498; 514 (1900).
(1903a) Maxwells elektromagnetische Theorie. Encyklopädie der mathematischen Wissenschaften. Band V/13, S. 63–144. Leipzig 1904.
(1903b) Weiterbildung der Maxwellschen Theorie. Elektronentheorie. Encyklopädie der mathematischen Wissenschaften. Band V/14, S. 145–280. Leipzig 1904.
(1904) Electromagnetic Phenomena in a System Moving with any Velocity Less than that of Light. Verhandlungen der Koninklije Akademie van Wetenschappen te Amsterdam 6, 809 (1904). (Deutsche Übersetzung in Lorentz, Einstein, Minkowski [1913].)

[1905]	Ergebnisse und Probleme der Elektronentheorie. Vortrag, gehalten am 20. Dezember 1904 im Elektrotechnischen Verein zu Berlin. Berlin 1905.
[1909]	The theory of electrons. Leipzig 1909.
(1910)	Alte und neue Fragen der Physik. (Göttinger Wolfskehlvorträge vom 24.–29. Oktober 1910, nach einer Mitschrift von Max Born für die Veröffentlichung ausgearbeitet.) Physikalische Zeitschrift 11, 1234–1257 (1910).
[1914]	Das Relativitätsprinzip. Drei Vorlesungen gehalten in der Teylers Stiftung zu Haarlem. Leipzig und Berlin 1914.

H. A. Lorentz, A. Einstein, H. Minkowski

[1913]   Das Relativitätsprinzip. Eine Sammlung von Abhandlungen. Mit Anmerkungen von A. Sommerfeld und Vorwort von O. Blumenthal. Leipzig/Berlin 1913. Weitere veränderte Auflagen erfolgten 1915, 1920, 1921 und 1923.

Ernst Mach (1838–1916)

Biogr.	Cohen und Seeger [1970]; Wolters [1987]
[1883]	Die Mechanik in ihrer Entwicklung historisch-kritisch dargestellt. Leipzig 1883.
[1896]	Die Prinzipien der Wärmelehre historisch-kritisch entwickelt. Leipzig 1896.

Russell McCormmach

(1970a)	Einstein, Lorentz and the Electromagnetic View of Nature. HSPS 2, 41–87 (1970).
(1970b)	H. A. Lorentz and the electromagnetic view of nature. Isis 61, 459–497 (1970).
(1973)	Hendrik Antoon Lorentz. DSB VIII, 487–500.

Heinrich A. Medicus

(1983)   A comment on the relation between Einstein and Hilbert. AJP 52, 206–208 (1983).

Jagdish Mehra, Hrsg.

[1973]   The physicist's conception of nature. Dordrecht 1973.

Jagdish Mehra

(1971)	Albert Einsteins erste wissenschaftliche Arbeit. Physikalische Blätter 27, 386–391 (1971).
(1973)	Einstein, Hilbert, and the theory of gravitation. In Mehra [1973], S. 92–178.

André Mercier und Michel Kervaire, Hrsg.

[1956]   Fünfzig Jahre Relativitätstheorie. Bern, 11.–16. Juli 1955. Basel 1956.

Karl von Meyenn

 (1979)   Einsteins Dialog mit den Kollegen. In Nelkowski [1979], S. 464–489.
 (1989a)   Pascual Jordan. DSB, Ergänzungsband.
 (1989b)   (Mit Mariano Baig) Oskar Klein. DSB, Ergänzungsband.

Albert Abraham Michelson (1852–1931)

 Biogr.   Moyer (1987); Shankland (1982)
 Hist.   Holton (1969); Swenson (1987)
 [1911]   Lichtwellen und ihre Anwendungen. Leipzig 1911

A. A. Michelson und Edward W. Morley (1838–1923)

 (1887)   On the Relative Motion of the Earth and the Luminiferous Ether. American Journal of Science 34, 333–345 (1887).

Gustav Mie (1868–1957)

 (1912/13)   Grundlagen einer Theorie der Materie. Annalen der Physik 37, 511–534; 39, 1–40 (1912); 40, 1–66 (1913).
 (1917)   Die Einsteinsche Gravitationstheorie und das Problem der Materie. Physikalische Zeitschrift 18, 551–556; 574–580; 596–602 (1917).
 [1921]   Die Einsteinsche Gravitationstheorie. Versuch einer allgemein verständlichen Darstellung der Theorie. Leipzig 1921.

Arthur I. Miller (geb.1940)

 (1973)   A Study of Poincaré's „Sur la Dynamique de l'Électron". AHES 10, 207–328 (1973).
 (1974)   On Lorentz's methodology. BJPS 25, 29–45 (1974).
 (1980)   On some other approaches to electrodynamics in 1905. In Woolf [1980], S. 66–91.
 [1981]   Albert Einstein's Special Theory of Relativity. Emergence (1905) and Early Interpretation (1905–1911). Reading, Mass. 1981.
 (1982)   The Special Relativity Theory: Einstein's Response to the Physics of 1905. In Holton und Elkana [1982], S. 3–26.
 [1986]   Frontiers of physics 1900–1911. Selected essays. Boston/Basel/Stuttgart 1986.

Eduard Arthur Milne (1896–1950)

 (1949)   Gravitation without general relativity. In Schilpp [1949], S. 429–435.

Hermann Minkowski (1864–1909)

 Hist.   Gallison (1979); Pyenson (1977)
 (1907)   Das Relativitätsprinzip. Vortrag, gehalten in der Göttinger mathematischen Gesellschaft am 5. November 1907. [Das von Sommefeld überarbeitete Manuskript (vgl. hierzu Pyenson (1977, S. 74)) erschien in den Annalen der Physik 47, 927–938 (1915).]
 (1908a)   Die Grundgleichungen für die elektromagnetischen Vorgänge in bewegten Körpern. Göttinger Nachrichten 1908, S. 53–111.
 (1908b)   Raum und Zeit. Vortrag, gehalten auf der 80. Naturforscherversammlung in Köln am 21. September 1908. Physikalische Zeitschrift 20, 104–111 (1909).

Charles W. Misner, Kip S. Thorne und John A. Wheeler
[1970] Gravitation. San Francisco 1970.

Kurd von Mosengeil (1884–1906)
(1907) Theorie der stationären Strahlung in einem gleichförmig bewegten Hohlraum. Annalen der Physik 22, 867–904 (1907).

Albert E. Moyer
(1987) Michelson in 1887. Physics Today, Mai 1987, S. 50–56.

Joseph F. Mulligan
(1989) Heinrich Hertz and the development of physics. Physics Today, März 1989, S. 50–57.

Milton K. Munitz, Hrsg.
Theories of the universe. New York 1957.

Otto Nathan und Heinz Norden, Hrsg.
[1975] Albert Einstein. Über den Frieden. Weltordnung oder Weltuntergang. Bern 1975.

N. Nelkowski et. al., Hrsg.
[1979] Einstein Symposium Berlin, aus Anlaß der 100. Wiederkehr seines Gegurtstages, 25. bis 30. März 1979. Berlin/Heidelberg/New York 1979.

Carl G. Neumann (1832–1925)
[1870] Über die Prinzipien der Galilei-Newtonschen Theorie. Leipzig 1870.

Isaac Newton (1642–1727)
Hist. Rosenfeld (1965)
[1687] Philosophiae naturalis principia mathematica. London 1687. [Deutsche Übersetzung von A. Wolfers, Berlin 1872.]
[1704] Optick. London 1704. [Deutsche Übersetzung von W. Abendroth, neu herausgegeben von R. U. Sexl und K. von Meyenn, Braunschweig/Wiesbaden 1983.]

Gunnar Nordström (1881–1923)
(1909) Zur Elektrodynamik Minkowskis. Physikalische Zeitschrift 10, 681–687 (1909).
(1913) Zur Theorie der Gravitation vom Standpunkt des Relativitätsprinzips. Annalen der Physik 42, 533–555 (1913).
(1914) Über die Möglichkeit, das elektromagnetische Feld und das Gravitationsfeld zu vereinigen. Physikalische Zeitschrift 15, 504–506 (1914).

John D. North
[1965] The measure of the universe. A history of modern cosmology. Oxford 1965.

John Norton
(1984) How Einstein found his field equations. HSPS 14, 253–316 (1984).

Abraham Pais (geb. 1918)
(1980) Einstein on Particles, Fields, and the Quantum Theory. In Woolf [1980], S. 197–251.
[1982/86] „Raffiniert ist der Hergott..." Albert Einstein. Eine wissenschaftliche Biographie. (Übersetzung der englischen Ausgabe von 1982.) Braunschweig/Wiesbaden 1986.

Michel Paty
(1987) The Scientific Reception of Relativity in France. In Glick [1987], S. 113–167.

Wolfgang Pauli (1900–1958)
Biogr./Hist Enz/von Meyenn [1988]
[1921] Relativitätstheorie. Leipzig/Berlin 1921. (Ein Auszug ist in Enz/von Meyenn [1988], S. 123–147 wiedergegeben.)
(1933a,b) Über die Formulierung der Naturgesetze in fünf homogenen Koordinaten. Teil I: Klassische Theorie. Teil II: Die Diracschen Gleichungen für die Materiewellen. Annalen der Physik 18, 305–336; 337–372 (1933).
(1955) Relativitätstheorie und Wissenschaft. In Mercier und Kervaire [1956], S. 282–286.
(1958) Albert Einstein und die Entwicklung der Physik. In Pauli [1961/84], S. 85–90.
[1961/84] Aufsätze und Vorträge über Physik und Erkenntnistheorie. Braunschweig 1961. [Ein Wiederabdruck erfolgte unter dem Titel Physik und Erkenntnistheorie in den Facetten der Physik, Band 15; Braunschweig/Wiesbaden 1984.]
[1979/85] Wolfgang Pauli. Wissenschaftlicher Briefwechsel mit Bohr, Einstein, Heisenberg u. a. I: 1919–1929; II: 1930–1939. New York/Heidelberg/ Berlin 1979/1985.

Desider Pekár
(1919) Das Gesetz der Proportionalität von Trägheit und Gravität. Die Naturwissenschaften 7, 327–331 (1919).

Joseph Petzold (1862–1929)
(1919) Die Unmöglichkeit mechanischer Modelle zur Veranschaulichung der Relativitätstheorie. Verhandlungen der DPG 21, 495–500 (1919).
[1921] Das Weltproblem vom Standpunkte des relativistischen Positivismus aus historisch-kritisch dargestellt. Leipzig und Berlin 1921.

Max Planck (1858–1947)
Biogr. Einstein (1918b)
Hist. Goldberg (1976); Kuhn (1980)
(1894) Heinrich Rudolf Hertz. Verhandlungen der DPG 13, 9–29 (1894)
(1906a) Das Prinzip der Relativität und die Grundgleichungen der Mechanik. Verhandlungen der DPG 8, 136–141 (1906).

(1906b)	Die Kaufmannschen Messungen der Ablenkbarkeit der ß-Strahlen in ihrer Bedeutung für die Dynamik der Elektronen. Physikalische Zeitschrift 7, 753–761 (1906). (Auch in den Verhandlungen der DPG 8, 418–432 (1906) abgedruckt.)
(1906c)	Paul Drude. Verhandlungen der DPG 8, 599–630 (1906).
(1907a)	Zur Dynamik bewegter Systeme. SPAW 13, 542–570 (1907).
(1907b)	Nachtrag zu der Besprechung der Kaufmannschen Ablenkungsmessungen. Verhandlungen der DPG 9, 301–305 (1907).
(1908)	Bemerkungen zum Prinzip der Aktion und Reaktion in der allgemeinen Dynamik. Physikalische Zeitschrift 9, 828–830 (1908).

Henri Poincaré (1854–1912)

Biogr.	de Broglie (1951); Dieudonné (1978); Wien (1921)
Hist.	Brush (1980); Cuvaj (1968); Goldberg (1967; 1970a); Miller (1973; Scribner (1964)
(1900)	La théorie de Lorentz et le principe de réaction. In Recueil de traveaux offerts par les auteurs á H. A. Lorentz. The Hague 1900. Dort S. 252–278.
(1904)	L'état actuel et l'avenir de la physique mathématique. Vortrag vom 24. September 1904 auf dem internationalen Kongress für Kunst und Wissenschaft in Saint Louis, Missouri. Bulletin des sciences mathématiques 28, 302–324 (1904).
(1905a)	Sur la dynamique de l'électron. Comptes Rendu de l'Academie de Sciences 140, 1504–1508 (1905). [Kovarianz der Naturgesetze; Begriff der Lorentz-Transformation und der Lorentz-Gruppe.]
(1905b)	Sur la dynamique de l'électron. Rendiconti del Circolo Mathematico di Palermo 21, 129–175 (1906).
[1905]	La valeur de la science. Paris 1905.
(1906)	Sur la dynamique de l'électron. Rendiconti del Circolo Mathematico di Palermo 21, 129–175 (1906).
[1908]	Science et méthode. Paris 1908.
(1909)	La mecanique nouvelle. In Poincaré [1910], S. 51–58.
[1910]	Sechs Vorträge über ausgewählte Gegenstände aus der reinen Mathematik und mathematischen Physik, gehalten zu Göttingen vom 22.–28. April 1909. Leipzig und Berlin 1910.

Julius Precht (1871–1942)

(1906)	Strahlungsenergie von Radium. Annalen der Physik 21, 595–601 (1906).

Lewis Pyenson

(1976)	Einstein's Early Scientific Collaboration. HSPS 7, 83–123 (1976).
(1977)	Hermann Minkowski and Einstein's Special Theory of Relativity. AHES 17, 71–96 (1977).
(1979)	Physics in the Shadow of Mathematics: The Göttingen Electro-Theory Seminar of 1905. AHES 21, 55–89 (1979).
(1980)	Einstein's Education: Mathematics and the Laws of Nature. Isis 71, 399–425 (1980).

(1982) Audacious enterprise: The Einsteins and electrotechnology in late nineteenth-century Munich. HSPS 12, 373–392 (1982).
[1985] The Young Einstein. The advent of Relativity. Bristol and Boston 1985.
(1987) The Relativity Revolution in Germany. In Glick [1987], S. 59–111.

Karin Reich
(1973) Die Geschichte der Differentialgeometrie von Gauß bis Riemann (1828–1868). AHES 11, 273–382 (1973).
(1989) Das Eindringen des Vektorkalküls in die Differentialgeometrie. AHES 40, 275–303 (1989).

Ernst Reichenbächer
(1921) Schwere und Trägheit. Physikalische Zeitschrift 22, 234–243 (1921).

Gregorio Ricci-Cubastro (1853–1923) und T. Levi-Civita
[1901] Méthodes de calcul différentiel absolu et leurs applictions. Mathematische Annalen 54, 125–201 (1901).

Bernhard Riemann (1826–1866)
Hist. Reich (1973)
(1854) Über die Hypothesen, welche der Geometrie zu Grunde liegen. Göttinger Habilitationsvortrag vom 10. Juni 1854. [Erst nach Riemanns Tod in den Göttinger Abhandlungen 13, 133–152 (1867) veröffentlicht. Eine mit Erläuterungen versehene Neuausgabe wurde1919 durch H. Weyl herausgegeben.]

Howard Percy Robertson (1903–1961)
(1933) Relativistic Cosmology. Review of Modern Physics 5, 62–90 (1933).

León Rosenfeld (1904–1974)
(1965) Newton and the law of gravitation. AHES 2, 365–386 (1969).

Herbert E. Salzer
(1977) Two letters from Einstein concerning his distant parallelism field theory. AHES 12, 89–96 (1974).

Jose Manuel Sanchez-Ron
[1983/85] El orígen y desarollo de la relatividad. Madrid 1983/85.
(1987) The Reception of Special Relativity in Great Britain. In Glick [1987], S. 27–58.

Kenneth F. Schaffner
(1969) The Loretz electron theory of relativity. AJP 37, 498–513 (1969).
[1972] Nineteenth century aether theories. Oxford 1972.
(1974) Einstein versus Lorentz. Research programmes and the logic of comparative evaluation. BJPS 25, 45–78 (1974).

Paul Arthur Schilpp, Hrsg.
[1949/51] Albert Einstein: Philosopher-Scientist. Evanston, Illinois 1949, ^{2}1951. (Dieser Band enthält auch ein Schriftenverzeichnis Einsteins.)

Hans Schimank (1888–1979)

[1920]   Gespräch über die Einsteinsche Theorie. Berlin 1920.

Moritz Schlick (1882–1936)

(1917)   Raum und Zeit in der gegenwärtigen Physik. Die Naturwissenschaften 5, 161–167; 177–186 (1917).

(1922)   Die Relativitätstheorie in der Philosophie. Verhandlungen der Gesellschaft Deutscher Naturforscher und Ärzte. 87. Versammlung zu Leipzig, vom 17. bis 24. September 1922. Leipzig 1923. Dort S. 58–69.

Ernst Schmutzer

[1968]   Relativistische Physik. (Klassische Theorie) Leipzig 1968.

Ilse Schneider

[1921]   Das Raum-Zeitproblem bei Kant und Einstein. Berlin 1921

Jan Arnoldus Schouten (1883–1971) und D. van Dantzig

(1931)   Über eine vierdimensionale Deutung der neuesten Feldtheorie. Proceedings. Koninklijke Nederlandse akademie van wetenschappen, Amsterdam 34, 1389–1407 (1931).

Wilfried Schröder

(1984)   Hendrik Antoon Lorentz und Emil Wiechert. AHES 30, 167–187 (1984).

Erwin Schrödinger (1887–1961)

[1927]   Abhandlungen zur Wellenmechanik. Leipzig 1927.

(1935)   Contributions to Born's new theory of the electromagnetic field. Proceedings of the Royal Society A150, 465–477 (1935).

(1947/48)   The final affine field laws. I, II und III. Proceedings of the Royal Irish Academy 51A, 163–171 (1947); 205–216 (1948); 52A,1–9 (1948).

Karl Schwarzschild (1873–1916)

Biogr.   Sommerfeld (1916)

Hist.   Eisenstaedt (1982)

(1916a)   Über das Gravitationsfeld eines Massenpunktes nach der Einsteinschen Theorie. SPAW 1916, S. 189–196.

(1916b)   Über das Gravitationsfeld einer Kugel aus inkompressibler Flüssigkeit nach der Einsteinschen Theorie. SPAW 1916, S. 424–434.

Charles Scribner

(1964)   Henri Poincaré and the principle of relativity. AJP 32, 672–678 (1964).

Carl Seelig (1894–1962)

[1954]   Albert Einstein. Eine dokumentarische Biographie. Zürich, Stuttgart, Wien 1954.

[1960]   Albert Einstein. Leben und Werk eines Genies unserer Zeit. Zürich 1960.

Roman und Hannelore Sexl
[1975] Weiße Zwerge-schwarze Löcher. Reinbek bei Hamburg 1975.

R. Sexl und Herbert Kurt Schmidt
[1978] Raum-Zeit-Relativität. Reinbek bei Hamburg 1978.

Jan A. Schouten (1883–1928)
[1924] Der Riccikalkül. Berlin 1924.

Robert S. Shankland (geb.1908)
(1982) Michelson in Potsdam. NTM 19, 27–30 (1982).

Daniel M. Siegel
(1978) Classical-Electromagnetic and Relativistic Approaches to the Problem of Nonintegral Atomic Masses. HSPS 9, 323–360 (1978).

Ludwig Silberstein (1872–1948)
[1914] The theory of relativity. London 1914.

E. E. Slossen
[1920] Easy Lessons in Einstein. New York 1920.

Maurice Solovine (1875–1958)
[1959] Freundschaft mit Albert Einstein. Physikalische Blätter15, 97 (1959)

Arnold Sommerfeld (1868–1951)
Hist. Eckert und Pricha (1984); Hermann [1968]
(1904) Grundlagen für eine allgemeine Dynamik des Elektrons. Göttinger Nachrichten 1904, S. 363–439.
(1909) Über die Zusammensetzung der Geschwindigkeiten in der Relativitätstheorie. Physikalische Zeitschrift 10, 826–829 (1909).
(1915) Die Feinstruktur der Wasserstoff- und Wasserstoff- ähnlichen Linien. Münchener Berichte 1915, 459–500.
(1916) Karl Schwarzschild. Die Naturwissenschaften 4, 453–457 (1916).
(1919) Klein, Riemann und die mathematische Physik. Die Naturwissenschaften 7, 300–303 (1919).
(1920) Relativitätstheorie. Münchener medizinische Wochenschrift 1020, Nr. 44, S. 1268–1271.

John Stachel (geb.1928)
(1979) The Genesis of General Relativity. In Nelkowski [1979], S. 428–442.
(1987a) „A Man of my Type" – Editing the Einstein Papers. BJHS 20, 57–66 (1987)
(1987b) Einstein and the ether drift experiments. Recently discovered letters, written at the turn of the century to his fiancée, shed new light on the origin of the special theory of relativity. Physics Today, Mai 1987, 45–47.
(1980) Einstein and the rigidly rotating disk. In Held [1980], S. 1–15.

Johannes Stark (1874–1957)
    Biogr.   Hermann (1966b)
    (1906)   Über die Lichtemission der Kanalstrahlen im Wasserstoff. Annalen der Physik 21, 401–456 (1906).

Fritz Stern
    (1982)   Einstein's Germany. In Holton und Elkana [1982], S. 319–343.

Eduard Study (1862–1930)
    [1914]   Die realistische Weltansicht und die Lehre vom Raume. Geometrie, Anschauung, Erfahrung. Braunschweig 1914.

Loyd S. Swenson
    (1974)   Albert Abraham Michelson. DSB IX, 371–374.
    (1987)   Michelson and measurement. Physics Today, Mai 1987, S. 24–30.

Hans Thirring (1888–1976)
    (1918/21)   Über die Wirkung rotierender ferner Massen in der Einsteinschen Gravitationstheorie. Physikalische Zeitschrift 19, 33–40 (1918); (Berichtigung) 22, 29–30 (1921).
    [1921]   Die Idee der Relativitätstheorie. Berlin 1921.
    (1921)   Über das Uhrenparadoxon in der Relativitätstheorie. Die Naturwissenschaften 9, 209–212 (1921).
    (1922)   Die Relativitätstheorie. Ergebnisse der exakten Naturwissenschaften 1, 26–59 (1929).
    (1926)   Neuere experimentelle Ergebnisse zur Relativitätstheorie. Die Naturwissenschaften 14, 111–116 (1926).
    (1927)   Elektrodynamik bewegter Körper und spezielle Relativitätstheorie. In Handbuch der Physik, herausgegeben von H. Geiger und K. Scheel. Band XII, S. 245–348; Berlin 1927.
    (1929)   Begriffssystem und Grundgesetze der Feldphysik. In Handbuch der Physik, herausgegeben von H. Geiger und K. Scheel. Band IV, S. 81–177; Berlin 1929.

Joseph John Thomson (1856–1940)
    Hist.   Topper (1970/71)
    (1881)   On the Electric and Magnetic Effects Produced by the Motion of Electrified Bodies. Philosophical Magazine 11, 229–249 (1881).

Marie-Antoinette Tonnelat
    [1965]   Les théories unitaires de l'électromagnetisme et de la gravitation. Paris 1965.
    [1971]   Histoire du principe de relativité. Paris 1971.
    (1973)   L'influence de la relativité sur l'oeuvre de Louis de Broglie. In de Broglie [1973], S.37–52.

David R. Topper
    (1970/71)   Commitment to mechanism: J. J. Thomson, the early years. AHES 7, 393–410 (1970/71).

Desanka Trbuhovic-Gjuric
[1982] Im Schatten Albert Einsteins. Das tragische Leben der Mileva Einstein-Maric. Bern und Stuttgart 1982.

Hans-Jürgen Treder, Hrsg.
[1979] Einstein-Centenarium 1979. Berlin 1979.

Oswald Veblen (1880–1960)
[1933] Projektive Relativitätstheorie. Berlin 1933.

O. Veblen und Banesh Hoffmann (geb. 1906)
(1930) Projective relativity. Physical Review 36, 810–822 (1930).

Woldemar Voigt (1850–1919)
(1887) Über das Dopplersche Prinzip. Göttinger Nachrichten 1887, S. 41–51. (Ein Wiederabdruck erfolgte aus Anlaß der „Geburtstagsfeier des Relativitätsprinzips" in der Physikalischen Zeitschrift 16, 381–386 (1915). In einem vorhergegangenen Briefwechsel mit H. A. Lorentz hatte Emil Wiechert auf die Verwandtschaft der hier angegebenen Formeln mit der Lorentztransformation hingewiesen. Vgl. Schröder (1984, S.177f.) und Pyenson (1979, S. 63f.))
(1902) Elektronenhypothese und Theorie des Magnetismus. Annalen der Physik 9, 115–146 (1902).
(1906) Paul Drude †. Physikalische Zeitschrift 7, 481–482 (1906).

Aurel Voss (1845–1931)
(1901) Die Prinzipien der rationellen Mechanik. Encyklopädie der mathematischen Wissenschaften. 4/1, S. 3–121.Leipzig 1901.

Emil Warburg, Hrsg.
(1915) Physik. In „Die Kultur der Gegenwart", herausgegeben von Paul Hinneberg. Teil III, Abteilung 3, Band 1. Leipzig 1915.

Joseph Weber (geb. 1912)
[1961] General relativity and gravitatinal waves. New York 1961.

E. Weil
[1960] Albert Einstein. A Bibliography of His Scientific Papers 1901–1954. London 1960.

Hermann Weyl (1885–1955)
Biogr. Dieudonnè (1979); Weyl (1955)
[1918] Raum-Zeit-Materie. Vorlesungen über allgemeine Relativitätstheorie. Berlin 1918.
(1920) Elektrizität und Gravitation. Physikalische Zeitschrift 21, 649–650 (1920).
(1921) Über die physikalischen Grundlagen der erweiterten Relativitätstheorie. Physikalische Zeitschrift 22, 473–480 (1921).
(1922) Die Relativitätstheorie auf der Naturforscheversammlung in Bad Nauheim. Jahresbericht der DMV 31, 51–63 (1922).

(1924)	Massenträgheit und Kosmos. Die Naturwissenschaften 24, 197–204 (1924)
(1931)	Geometrie und Physik. Die Naturwissenschaften 19, 49–58 (1931).
(1934)	Universum und Atom. Die Naturwissenschaften 22, 145–149 (1934).
(1944)	How far can one get with a linear field theory of gravitation in flat spacetime? American Journal of Mathematics 66, 591–604 (1944).
(1950)	A remark on the coupling of gravitation and electron. Physical Review 77, 699–701 (1950).
(1951) *	50 Jahre Relativitätstheorie. Die Naturwissenschaften 38, 73–83 (1951).
(1955)	Erkenntnis und Besinnung (Ein Lebensrückblick). Studia Philosophica 15, 153–171 (1955).

Edmund Whittaker (1873–1956)

[1951/53]	A history of the theories of aether and electricity. I: The classical theories. II: The modern theories. Edinburgh 1951/53.
(1955)	Albert Einstein, 1879–1955. Biographical Memoirs of Fellows of the Royal Society 1, 37–67 (1955).

Johannes Wickert

[1972]	Albert Einstein in Selbstzeugnissen und Bilddokumenten. Reinbek bei Hamburg 1972.

Emil Wiechert (1861–1928)

Hist.	Schröder (1984)
(1899)	Experimentelle Untersuchungen über die Geschwindigkeit und die magnetische Ablenkbarkeit der Kathodenstrahlen. Annalen der Physik 69, 739–766 (1899).
(1911)	Relativitätsprinzip und Äther. I. und II. Physikalische Zeitschrift 12, 689–707; 737–758 (1911).
(1916)	Perihelbewegung des Merkur und die allgemeine Mechanik. Physikalische Zeitschrift 17, 442–448 (1916).
[1921]	Der Äther im Weltbild der Physik. Berlin 1921.

Wilhelm Wien (1864–1928)

Biogr.	Wien (1930)
(1900)	Über die Möglichkeit einer elektromagnetischen Begründung der Mechanik. Annalen der Physik 5, 501–513 (1901). [Auch in Verhandlungen der DPG 8, 136–141 (1906).
(1903)	Die Differentialgleichungen der Elektrodynamik für bewegte Körper. Jahresberichte der DMV 12, 497–500 (1903).
(1904a)	Zur Elektronentheorie. Physikalische Zeitschrift 5, 393–396 (1904).
(1904b)	Über einen Versuch zur Entscheidung der Frage, ob sich der Lichtäther mit der Erde bewegt oder nicht. Physikalische Zeitschrift 5, 585–586 (1904).
(1904c)	Über die Differentialgleichungen der Elektrodynamik für bewegte Körper. I. und II. Annalen der Physik 13, 641–662; 663–668 (1904). [Lorentz-Transformation für Strahlungsvorgänge.]

(1905)	Über Elektronen. (Vortrag während der Versammlung der Gesellschaft Deutscher Naturforscher und Ärzte in Meran 1905.) Leipzig 1905.
(1909)	Über die Wandlung des Raum- und Zeitbegriffs in der Physik. Verhandlungen der physikalisch-medizinischen Gesellschaft zu Würzburg 40, 20–39 (1909).
(1908)	Elektromagnetische Lichttheorie. Encyklopädie der mathematischen Wissenschaften. Band V/22, S. 95–198. Leipzig 1909.
[1913]	Vorlesungen über neuere Probleme der theoretischen Physik, gehalten an der Columbia-Universität in New York im April 1913. Leipzig/Berlin 1913.
(1921)	Die Bedeutung Henri Poincarés für die Physik. Acta Mathematica 38, 289–291 (1921).
[1930]	Aus dem Leben und Wirken eines Physikers. Leipzig 1930.
(1930)	Ein Rückblick. In Wien [1930], S.1–50.

Leslie Pearce Williams, Hrsg.

[1968] Relativity: Its origins and impact on modern thought. New York 1968.

Adolph Winkelmann, Hrsg. (1848–1910)

[1893] Handbuch der Physik. Band 3, Teil 1. Elektrizität und Magnetismus I. Breslau 1893.

Gereon Wolters

[1987] Mach I, Mach II, Einstein und die Relativitätstheorie. Eine Fälschung und ihre Folgen. Berlin/New York 1987.

Harry Woolf, Hrsg.

[1980] Some Strangeness in the Proportion. A Centennial Symposium to Celebrate the Achievements of Albert Einstein. London 1980.

Wolfgang Yourgrau

(1979) Das Prinzip von Mach und die Allgemeine Relativitätstheorie. In Treder [1979], S. 238–239.

Elie Zahar

(1973) Why did Einstein's programme supersede Lorentz'? BJPS 24, 95–123 (1973).

(1980) Einstein, Meyerson and the role of mathematics in physical discovery. BJPS 31, 1–43 (1980).

Jonathan Zenneck (1871–1959)

(1901) Gravitation. Encyklopädie der mathematischen Wissenschaften 5/2, S. 25–67. Leipzig 1903.

(1946) Zum 90. Geburtstag von Heinrich Hertz. Die Naturwissenschaften 33, 225–230 (1946).

Einleitung
50 Jahre Relativitätstheorie
Hermann Weyl, Die Naturwissenschaften **28**, 73-85 (1951).
Vortrag, gehalten auf der Tagung
der Gesellschaft Deutscher Naturforscher und Ärzte
in München am 24. Oktober 1949.

Die Historiker haben sich zuweilen der Einteilung des Geschichtsablaufs in Jahrhunderte so bedient, als wäre die Jahrhundertwende mehr als ein rein äußerlicher, durch unsere Zeitrechnung bedingter Einschnitt. So sprach und spricht man etwa vom Geist des 18. Jahrhunderts. Es ist, als wolle die Geschichte der neueren Physik diesem an sich so unwissenschaftlichen Brauch recht geben. Denn wie die Quantentheorie ziemlich genau mit dem Beginn des gegenwärtigen Jahrhunderts auf den Plan tritt, so wird um die Jahrhundertwende auch das Fundament der Relativitätstheorie in der Form gelegt, wie sie heute gilt, und die dadurch gekennzeichnet ist, daß die endliche Lichtgeschwindigkeit als die obere Grenze der Ausbreitungsgeschwindigkeit aller Wirkungen erscheint. Die historische Stufenfolge der speziellen und der allgemeinen Relativitätstheorie (SR und AR) ist auch sachlich wohl begründet. Freilich geht die SR in der AR auf, so wie ein näherungsweise in ein exakt gültiges Gesetz aufgeht. Aber jene so viel leichter zu handhabende Annäherung ist maßgebend für alle physikalischen Phänomene, in denen die Gravitation vernachlässigt werden kann, und spielt darum im aktuellen Betrieb der physikalischen Forschung, insbesondere der Atomforschung, die weitaus größere Rolle. Es ist ja eine der merkwürdigsten Tatsachen der Natur, daß die Gravitationsanziehung zweier Elektronen 10^{40}mal so klein ist wie ihre elektrostatische Abstoßung. Heute wird es wohl kaum einen Physiker geben, der daran zweifelt, daß die SR einen der wichtigsten und empirisch am sichersten gestützten Grundzüge der Natur wiedergibt. Anders steht es mit der auf einem viel schmaleren Erfahrungsfundament beruhenden AR, und wenn auch die meisten Physiker ihre Grundgedanken akzeptieren, so werden wenige anzunehmen geneigt sein, daß wir die allgemein invarianten Feldgesetze bereits in ihrer endgültigen Form besitzen. Ich brauche Ihnen nicht zu erzählen, daß in viel höherem Maße, als das in der Quantentheorie der Fall ist, Grundlagen und Ausbau der Relativitätstheorie das Werk eines Mannes sind: ALBERT EINSTEIN. Wie er, ungleich den meisten andern Physikern, sich seinerzeit mit der von ihm errichteten speziellen Relativitätstheorie nicht zufrieden gab und in einer an GALILEI und NEWTON gemahnenden Kombination von Empirie und Spekulation zur AR vorstieß, so ist er auch jetzt noch unablässig mit dem Problem einer einheitlichen, alle Naturkräfte umfassenden Feldtheorie beschäftigt [1].

A. Spezielle Relativitätstheorie.

1. Vorgeschichte und Begründung.

Als MAX PLANCK 1900 die Quanten zur Erklärung der Formel für die Energieverteilung im Spektrum der schwarzen Hohlraumstrahlung einführte, trat, so darf man sagen, mit der Quantentheorie auch das Quantenproblem zum erstenmal auf den Plan. Das Relativitäts*problem* aber ist viel älter als die im 20. Jahrhundert entstandene Relativitäts*theorie*, in welcher wir seine Lösung sehen. Schon ARISTOTELES definiert Ort (τόπος) relativ, nämlich als Beziehung eines Körpers zu den Körpern seiner Umgebung.

LOCKE gab in seinem Hauptwerk eine eingehende erkenntnistheoretische Analyse [2], GALILEI illustriert die Relativität der Bewegung hübsch durch das Beispiel des Schreibers, der an Bord eines von Venedig nach Alexandrette segelnden Schiffes seine Notizen macht und dessen Feder „in Wahrheit", das ist relativ zur Erde, eine lange, glatte, nur leicht gewellte Linie beschreibt [3]. Offenkundig durch theologische Überzeugungen mitbestimmt, verkündet NEWTON am Beginn seiner Principia mit ehernen Worten die Lehre vom absoluten Raum und der absoluten Zeit. Er gibt das Beispiel zweier durch einen Faden verbundenen Kugeln, die um eine zum Faden senkrechte Mittelachse rotieren: die Spannung des Fadens zeigt Existenz und Geschwindigkeit der Rotation an. Allgemein stellt er sich die Aufgabe, aus den relativen Bewegungen der Körper und den bei der Bewegung auftretenden Kräften ihre absolute Bewegung zu bestimmen, und erklärt geradezu, daß sein *treatise* verfaßt wurde um der Lösung dieses Problems willen. „To this end it was that I composed it", heißt es am Schluß der Vorrede [4]. Gelingt ihm sein Vorhaben? Nicht völlig. Die von ihm aufgestellten Gesetze der Mechanik (und der Gravitation) gestatten wohl, die Bewegung eines Massenpunktes in gerader Linie mit konstanter Geschwindigkeit (gleichförmige Translation) von allen andern Bewegungen zu unterscheiden; hingegen gestatten sie nicht, unter den gleichförmigen Translationen die Ruhe auszuzeichnen. Um dies doch zu erreichen, nimmt NEWTON zu einer kosmologischen Hypothese und einer Begriffsunterschiebung seine Zuflucht, die sich gar fremd in dem sonst so wohlfundierten, herrlichen Aufbau der Principia ausnehmen. Seine Hypothese ist, daß das Weltall ein Zentrum habe und dieses sich in Ruhe befinde. Vom Schwerpunkt des Sonnensystems stellt er fest, daß es eine gleichförmige Translation ausführt, und fährt dann fort: „But if that center moved, the center of the world would move also against the hypothesis" [5]. Beides, die Hypothese vom ruhenden Zentrum des Weltalls und diese durch nichts begründete Identifizierung desselben mit dem Schwerpunkt des Sonnensystems, sind erstaunlich. NEWTONs Bild vom Kosmos ist offenbar noch wesentlich gebundener als das, welches schon 100 Jahre früher GIORDANO BRUNOs leidenschaftliche Seele erfüllte [6].

Raum und Zeit bilden ein vierdimensionales Kontinuum, das wir mit MINKOWSKI die *Welt* nennen. Ein raum-zeitlich eng begrenztes Ereignis geschieht an einer bestimmten Raum-Zeit-Stelle, in einem bestimmten Weltpunkt, „hier-jetzt". Nur raumzeitliche Koinzidenz oder unmittelbare raum-zeitliche Nachbarschaft ist etwas in der Anschauung unzweifelhaft Gegebenes. Ein Massenpunkt beschreibt eine eindimensionale Linie in der Welt. Wenn zwei Personen sich treffen und sich die Hand reichen, so geschieht das

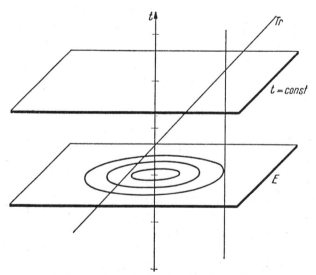

Abb. 1. Raum-Zeit-Koordinatensystem.

an einer bestimmten Raum-Zeit-Stelle, in welcher sich ihre Weltlinien schneiden. Weil kein Raumpunkt und kein Zeitpunkt von dem andern an sich physikalisch verschieden ist, entsteht das Problem NEWTONs, wie man von zwei Ereignissen entscheiden soll, ob sie am gleichen Ort (wenn auch zu verschiedenen Zeiten) oder zur gleichen Zeit (wenn auch an verschiedenen Orten) geschehen. Um ein graphisches Bild entwerfen zu

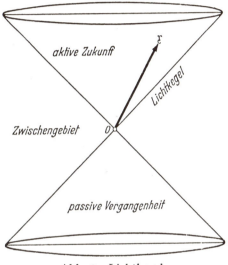

Abb. 2. Lichtkegel.

können, nehmen wir dem Raum eine Dimension, studieren also nur die Vorgänge auf einer horizontalen Ebene E und tragen im Bild die Zeit t senkrecht zu dieser Ebene E auf (Abb. 1). In unserem Bilde erscheinen gleichzeitige Weltpunkte als in einer Horizontalebene gelegen, gleichortige auf einer vertikalen Geraden. NEWTONs Glaube an einen absoluten Raum und an eine absolute Zeit bedeutet also, daß er der Welt eine Struktur zuschreibt, die sich in einer (horizontalen) Schichtung und einer quer dazu verlaufenden (vertikalen) Faserung ausdrückt. Durch jeden Weltpunkt geht eine Schicht und eine Faser. Raum und Zeit kommt ferner eine metrische Struktur zu, auf Grund deren wir von der Gleichheit von Raumstrecken und von Zeitintervallen sprechen. In unserem graphischen Bilde können wir das am anschaulichsten durch eine Schar konzentrischer Kreise in der Ebene E und eine Reihe äquidistanter Punkte auf der vertikalen Zeitachse veranschaulichen. Gibt das Bild in dieser Weise die metrischen Verhältnisse getreu wieder, so stellen (nichthorizontale) gerade Linien die möglichen gleichförmigen Translationsbewegungen dar.

Das *spezielle Relativitätsprinzip*, das sich aus der NEWTONschen Mechanik ergab und das NEWTON selber nur aus theologisch-spekulativen Gründen verleugnete, besagt, daß in einem in gleichförmiger Translation befindlichen Eisenbahnwagen alle Vorgänge genau so ablaufen, alle Tätigkeiten, wie Briefeschreiben oder Ballspielen, genau so ausgeführt werden können, wie wenn der Wagen ruhte; Störungen treten nur bei Beschleunigungen auf. Schon GALILEI hatte dieses Prinzip klar erkannt und entwickelt es in seinem *Dialogo sopra i dui massimi sistemi del mondo* [7]. Er faßt die Bewegung auf als einen Kampf zwischen *Trägheit und Kraft*; solange ein Körper durch keine äußeren Kräfte abgelenkt wird, beschreibt er eine gleichförmige Translation. In unserem graphischen Bild können wir diese Erkenntnis dahin aussprechen, daß wohl die geraden Linien unter allen andern ausgezeichnet sind, aber nicht die vertikalen Geraden.

An der objektiven Bedeutung der *Gleichzeitigkeit*, der „horizontalen Schichtung", hatte vor EINSTEIN niemand ernstlich gezweifelt. Indem es dem Menschen natürlich ist, anzunehmen, daß ein Ereignis dann geschieht, wenn er es beobachtet, dehnt er seine eigene Zeit auf die ganze Welt aus. Dieser naive Glaube war freilich durch OLAF RÖMERs Entdeckung der endlichen Lichtgeschwindigkeit erschüttert worden. Repräsentiert man in unserem graphischen Bild 1 sec auf der Zeitachse durch eine Strecke von derselben Länge wie die Raumstrecke in der Ebene E, die das Licht in 1 sec durchmißt, so wird die Ausbreitung eines in O gegebenen Lichtsignals durch einen geraden vertikalen Kreiskegel vom Öffnungswinkel 90° mit Spitze in O dargestellt (Abb. 2); er gibt den „Lichtkegel" wieder, auf welchem diejenigen Weltpunkte liegen, in denen das Signal eintrifft. Die Begriffe von Vergangenheit und Zukunft haben, wie LEIBNIZ nicht müde wurde zu betonen, kausale Bedeutung: durch „hier-jetzt", im Weltpunkt O, abgeschossene Kugeln kann ich CAIUS JULIUS CAESAR nicht mehr treffen, da seine Weltlinie ganz der vergangenen Welthälfte in bezug auf O angehört. Und man nahm an, daß es die Ebene $t = $ const durch O ist, welche diese Trennung in eine vergangene und zukünftige Welthälfte bewirkt. Die neue Erkenntnis, welche das 20. Jahrhundert brachte, war die, daß die Kausalstruktur der Welt nicht durch die ebenen Schichten $t = $ const, sondern durch die von jedem Weltpunkt ausgehenden Lichtkegel beschrieben wird. Physikalisch heißt das, daß keine Wirkung sich mit größerer als Lichtgeschwindigkeit ausbreitet. Im Innern des „vorderen" von O ausgehenden Lichtkegels liegen alle Weltpunkte, auf die das, was in O geschieht, noch von Einfluß sein kann; im Innern des durch rückwärtige Verlängerung entstehenden hinteren Lichtkegels aber liegen alle Ereignisse, die auf das, was in O geschieht, möglicherweise von Einfluß waren, insbesondere solche, von denen ich jetzt hier, in O, eine auf direkte Wahrnehmung gegründete Kunde haben kann. Die beiden Teile des Kegels grenzen nicht zwischenraumlos aneinander; mit dem Zwischengebiet ist O kausal überhaupt nicht verbunden.

Wenn hier zur Beschreibung der Weltstruktur (unter Streichung einer Dimension) ein Bildraum Verwendung fand, von dem in den vertrauten geometrischen termini der euklidischen Geometrie gesprochen wurde, so geschah das nur im Interesse der leichteren Verständlichkeit. In Wahrheit brauchen wir zur begrifflichen Darstellung der Naturvorgänge eine Abbildung der Welt oder des in Frage kommenden Weltstücks auf ein Stück des vierdimensionalen *Zahlenraums*; dessen Punkte sind nichts anderes als die möglichen Zahlenquadrupel (x_1, x_2, x_3, x_4). Relativ zu einem solchen Koordinaten- oder Bezugssystem wird die Zeit eines Weltpunktes durch x_4, der Ort durch (x_1, x_2, x_3) angegeben; es legt in dieser Weise eine rein konventionelle Gleichzeitigkeit und Gleichortigkeit fest. Die Abbildung der Welt auf den Zahlenraum ist an sich ganz willkürlich; sie dient dazu, den Weltpunkten Namen zu geben. Das allgemeine Relativitätsprinzip ist so im Grunde nichts anderes als die Ablehnung des Namenzaubers, indem es behauptet, daß Ereignisse nicht davon berührt werden, in welcher Nomenklatur man sie beschreibt. Wenn eine Klasse von Koordinatensystemen objektiv herausgehoben werden soll, so kann dies nur dadurch geschehen, daß man von bestimmten physikalischen Vorgängen ausgeht und angibt, wie sie sich in einem Koordinatensystem dieser Klasse arithmetisch ausdrücken. So wird z. B. in Einsteins allgemein-relativistischer Gravitationstheorie das Gravitationsfeld eines Zentralkörpers gegebener Masse nach K. Schwarzschild durch bestimmte Formeln in einem Koordinatensystem dargestellt, das eben durch diese auf dasselbe bezogene Formeldarstellung weitgehend normiert ist.

Bisher haben wir uns von der Newtonschen Ansicht über die Struktur der Welt zu einer solchen den Weg zu bahnen gesucht, die nicht in apriorischen

Prinzipien, sondern auf Erfahrungen basiert ist. Nun müssen wir die so gewonnene Ansicht ohne den Umweg über NEWTON kurz systematisch darstellen. Wir benutzen zwei Grundvorgänge: die Ausbreitung eines Lichtsignals und die kräftefreie Bewegung eines Massenpunktes. Für diese gelten die folgenden beiden Grundgesetze, die, wie ich gleich bemerke, auch im Rahmen der allgemeinen Relativitätstheorie bestehen bleiben:

1. Der Lichtkegel in O, das ist der geometrische Ort der Weltpunkte, in denen ein in O gegebenes Lichtsignal eintrifft, ist durch O eindeutig bestimmt, unabhängig von dem Zustand, insbesondere dem Bewegungszustand der das Licht in O aussendenden Lichtquelle. (Dieses Gesetz wird häufig durch den etwas irreführenden Namen „Gesetz von der Konstanz der Lichtgeschwindigkeit" bezeichnet).

2. Die geodätische Weltlinie, die ein kräftefrei sich bewegender Massenpunkt beschreibt, ist durch Anfangspunkt und Anfangsrichtung in der Welt eindeutig bestimmt.

Die spezielle Relativitätstheorie ist auf die Annahme basiert, daß Bezugssysteme existieren, Abbildungen der Welt, in welcher sich diese Vorgänge in einer völlig determinierten Weise darstellen: nämlich die geodätischen Linien als gerade Linien und die Lichtkegel als Nullkegel, das ist als vertikale Kreiskegel vom Öffnungswinkel 90°. Ein solches normales Koordinatensystem ist nicht eindeutig bestimmt, sondern nur bis auf eine LORENTZ-*Transformation*; die Gruppe dieser Transformationen besteht aus allen solchen Abbildungen des Bildraums, welche Gerade in Gerade und Nullkegel in Nullkegel überführen. Es ist eine rein mathematische Aufgabe, diese Gruppe zu bestimmen. Die Theorie wird abgeschlossen durch die Behauptung, daß unter diesen gleichberechtigten

Koordinatensystemen auch unter Berücksichtigung aller weiteren Naturvorgänge objektiv keine engere Auswahl getroffen werden kann: die Naturgesetze sind invariant gegenüber LORENTZ-Transformationen. Unter diesen Transformationen gibt es solche, den gegebenen Weltpunkt O festlassende, welche die vertikale Gerade durch O in eine beliebige zeitartige Gerade durch diesen Punkt überführen (d.h. in eine, die von O ins Innere des Nullkegels in O hineinführt): darin drückt sich das spezielle Relativitätsprinzip aus. MINKOWSKI erkannte, daß die Gruppe der LORENTZ-Transformationen mit der Gruppe der euklidischen Ähnlichkeiten zusammenfällt, wenn man sich nicht scheut, der einen Koordinate x_4 statt reeller rein imaginäre Werte zu erteilen. Die von der speziellen Relativitätstheorie der Welt zugeschriebene Trägheits- und Kausalstruktur ist darum von einer *metrischen Struktur* abzuleiten. Und zwar läßt sich die der Welt zukommende Geometrie, so wie die euklidische Raumgeometrie, auf den affinen Begriff des Vektors aufbauen, und wie in der euklidischen Geometrie bestimmen nach Wahl einer Maßeinheit je zwei Vektoren $\mathfrak{x}, \mathfrak{y}$ ein skalares Produkt $(\mathfrak{x} \cdot \mathfrak{y})$, das eine nichtausgeartete Bilinearform der beiden Argumente ist. Nur ist die zugehörige quadratische Form $(\mathfrak{x} \cdot \mathfrak{x})$, das „Quadrat der Länge" des Vektors $\mathfrak{x}$, nicht positiv-definit, $(\mathfrak{x} \cdot \mathfrak{x}) > 0$, sondern mit bezug auf eine geeignete Normalbasis $\mathfrak{e}_1, \mathfrak{e}_2, \mathfrak{e}_3, \mathfrak{e}_4$ für die Vektoren, die dem CARTESISchen Achsenkreuz in der euklidischen Geometrie entspricht, wird das Quadrat der Länge des Vektors $\mathfrak{x} = \sum x_k \mathfrak{e}_k$ durch die Formel

$$(\mathfrak{x} \cdot \mathfrak{x}) = x_1^2 + x_2^2 + x_3^2 - x_4^2$$

mit einem negativen Vorzeichen gegeben (quadratische Form der Signatur 1).

Den Zusammenhang dieser Weltgeometrie mit der physikalischen Messung von Raumstrecken durch starre Maßstäbe und von Zeitintervallen durch Uhren wollen wir erst im Zusammenhang der allgemeinen Relativitätstheorie kurz erläutern. An dieser Stelle nur zwei Bemerkungen darüber. Stößt man einen Eisenklotz gleichzeitig an verschiedenen Stellen an, so werden sich die Umgebungen dieser Stellen in Bewegung setzen; aber erst, wenn die mit Lichtgeschwindigkeit sich um die Stellen ausbreitenden Wirkungskugeln sich zu überlappen beginnen, werden diese Bewegungen sich gegenseitig beeinflussen. Diese einfache Bemerkung von Herrn VON LAUE zeigt, daß schon in der speziellen Relativitätstheorie der Begriff des starren Körpers im Prinzip hinfällig wird. — Die klassische Feldphysik läßt Körper beliebiger Ladung und Masse zu. Sie ignoriert damit, möchte man sagen, die Grundtatsache der Atomistik, daß die Materie aus Elementarteilchen fester Ladung und Masse besteht. In der Feldphysik erscheint darum auch die Wahl der Maßeinheit, in der Raum- und Zeitstrecken gemessen werden, als willkürlich; die Gruppe der LORENTZ-Transformationen umfaßt die Dilatationen. Die Unterscheidung von Ähnlichkeit und Kongruenz, auf die diese Bemerkung hinweist, ist häufig von Darstellern der Relativitätstheorie verwischt worden.

2. Anfänge und Fortbildung der Theorie.

a) Frühe Geschichte. Es ist meine Aufgabe, Ihnen ein Referat über die Entwicklung der Relativitätstheorie in der ersten Hälfte dieses Jahrhunderts zu erstatten. Es schien mir aber zweckmäßig, zunächst einen knappen systematischen Abriß der Theorie voranzustellen, in dem ich zugleich bemüht war, verkehrte Auffassungen abzuwehren. Holen wir nun in raschen Schritten die Historie nach [8]: Die optischen waren von MAXWELL den elektromagnetischen Erscheinungen eingegliedert worden; dementsprechend spielt die Lichtgeschwindigkeit c in den MAXWELLschen Gleichungen des elektromagnetischen Feldes eine wichtige Rolle. Solange man an einen substantiellen Lichtäther glaubte, wurde die aus diesen Gleichungen folgende Ausbreitung einer elektromagnetischen Störung mit Lichtgeschwindigkeit in konzentrischen Kugeln als eine Beschreibung des Vorganges relativ zu dem im Ganzen ruhenden Äther aufgefaßt. Dann mußte man aber erwarten, daß die Bewegung ponderabler Materie relativ zu diesem Äther sich durch bestimmte Effekte kundgeben würde. Die Erfahrung hingegen zeigte, daß das spezielle Relativitätsprinzip auch bei der Ausdehnung auf optische und elektromagnetische Vorgänge seine Richtigkeit behält. Aus der von ihm mitbegründeten Elektronentheorie heraus erschloß H. A. LORENTZ zuerst die Tatsache, daß alle Effekte 1. Ordnung in dem Verhältnis v/c zwischen Materie- und Lichtgeschwindigkeit für einen mitbewegten Beobachter herausfallen. Als weitere Versuche, wie der berühmte MICHELSONsche Interferenzversuch, auch das Fehlen von Effekten 2. Ordnung feststellten, nahm LORENTZ zu der Hypothese seine Zuflucht, daß ein Körper infolge seiner Bewegung gegen den Äther eine Längskontraktion im Verhältnis $1 : \sqrt{1 - (v/c)^2}$ erfährt. 1900 stellte er die heute allgemein als LORENTZ-Transformation bekannten Formeln auf. Die völlige Abklärung brachten dann drei Arbeiten von LORENTZ, H. POINCARÉ und EINSTEIN 1904/05. EINSTEIN nahm die grundsätzliche Wendung, daß er das spezielle Relativitätsprinzip als exakt gültig postulierte und nun zusah, welche Modifikationen für unsere Raum-Zeit-Vorstellungen resultieren, wenn man damit die elementaren Gesetze der Ausbreitung des Lichtes und der elektromagnetischen Wellen zusammenhält, und welche Gesetze für die Elektrodynamik bewegter Körper daraus folgen, wenn man die für ruhende Körper geltenden aus der (phänomenologischen) MAXWELLschen Theorie herübernimmt. Erst hierdurch kam es zu der radikalen Kritik des Begriffs der Gleichzeitigkeit. MINKOWSKI endlich gab die weltgeometrische Einkleidung, die insbesondere für die Weiterentwicklung zur allgemeinen Relativitätstheorie bedeutungsvoll wurde (Vortrag auf der Kölner Naturforscherversammlung 1908).

b) Elektrodynamik bewegter Körper. Leicht waren die *optischen* Konsequenzen des Relativitätsprinzips zu ziehen. Aus dem einfachen Umstand, daß die Phasendifferenz einer ebenen Lichtwelle in einem homogenen Medium an zwei Weltstellen A, B linear von dem Weltvektor $\overrightarrow{AB}$ abhängt, ergibt sich durch Vergleich zweier gleichberechtigter Spaltungen der Welt in Raum und Zeit die *Aberration* als Geschwindigkeitsperspektive, der DOPPLER-*Effekt* und der FIZEAUsche *Mitführungskoeffizient*. Betreffs Ableitung der elektromagnetischen Gleichungen für bewegte Körper sei die folgende methodische Bemerkung gemacht. Im Grunde gestattet das Prinzip, von ruhenden Körpern nur auf den Fall zu schließen, wo alle beteiligten Körper *dieselbe* gleichförmige Translation erfahren. In Wahrheit interessieren aber Aussagen über Situationen, in denen mehrere Körper mit verschiedenen Geschwindigkeiten auftreten. Nehmen wir den Fall zweier durch einen leeren Zwischenraum getrennter Körper, die sich (in unserem Bezugssystem) mit verschiedenen Geschwindigkeiten bewegen. Für den einzelnen Körper und den ihn umgebenden leeren Raum erhält man bestimmte Gleichungen, indem man die für den ruhenden Körper geltenden durch LORENTZ-Transformation in solche umwandelt, die relativ zu dem zugrunde liegenden Bezugssystem gelten. Indem man so für beide Körper verfährt, erhält man Gleichungen, die im leeren Zwischenraum miteinander übereinstimmen, da die MAXWELLschen Gleichungen im leeren Raum LORENTZ-invariant sind. Diese Gesetze kann man somit *ohne Widerspruch* als gültig annehmen, und man verwendet sie de facto als Näherungsgesetze, solange wenigstens die Distanz der beiden Körper nicht von molekularer Größenordnung ist. Die auf diese Weise von LORENTZ, EINSTEIN, MINKOWSKI, BORN u. a. gezogenen Konsequenzen haben sich durchweg in der Erfahrung bewährt.

c) *Mechanik. Energie und Trägheit.* In der Mechanik haben wir es mit Körpern zu tun, bei denen wir den von einem mitbewegten Beobachter zu messenden *inneren Zustand* von dem durch seine vektorielle Geschwindigkeit $\mathfrak{v}$ bestimmten *Bewegungszustand* unterscheiden können. Wir betrachten die Körper nur im Zustand gleichförmiger Translation. Das Impulsgesetz besagt, daß einem solchen Körper ein vektorieller *Impuls* $\mathfrak{J}$ zukommt, welcher der Geschwindigkeit parallel ist, $\mathfrak{J} = m\mathfrak{v}$, und daß vor und nach einer Reaktion die Summe der Impulse der beteiligten Körper die gleiche ist. Der skalare Faktor m ist die träge Masse; so war dieser Begriff im Grunde schon von GALILEI und HUYGENS eingeführt worden. Durch das Relativitätsprinzip erkennt man, daß das Impulsgesetz das weitere zur Folge hat, nach welchem auch die Massensumme $\sum m$ durch eine Reaktion sich nicht ändert. Indem man den Vorgang von zwei völlig gleich beschaffenen Körpern, die mit entgegengesetzt gleichen Geschwindigkeiten $\pm \mathfrak{v}$ gegeneinander gejagt werden und sich dabei zu einem einzigen, notwendig ruhenden Körper vereinigen, von einem beliebigen normalen Bezugssystem aus studiert, erkennt man bei Zugrundelegung der GALILEIschen Kinematik, die aus der EINSTEINschen durch den Grenzübergang zu $c \to \infty$

entspringt, daß die Masse von dem Bewegungszustand und infolgedessen auch von dem inneren Zustand eines Körpers unabhängig ist. Hingegen ergibt sich auf Grund der EINSTEINschen Kinematik die Formel

$$m = \frac{m_0}{\sqrt{1-v^2}},$$

wo m_0 die nur vom inneren Zustand abhängige Ruhmasse, v der Betrag der Geschwindigkeit ist und $c=1$ gesetzt wurde. Messungen an Kathodenstrahlen bestätigten die Formel um so genauer, je mehr sich die Messungsmethoden verbesserten. Man versteht aus dieser Formel, daß der Trägheitswiderstand eines Körpers mit seiner Geschwindigkeit so anwächst, daß diese niemals die Lichtgeschwindigkeit erreicht. Die Veränderung der Masse mit dem Bewegungszustand des Körpers hat zur Folge, daß sie auch von inneren Zustandsänderungen beeinflußt wird, z. B. bei Erwärmung eines Körpers einen Zuwachs erfährt. Natürlich ist die Massenänderung des Körpers unabhängig davon, *wie* diese Zustandsänderung zustande kommt. Zusammen mit dem Faktum, daß für ein abgeschlossenes Körpersystem die Summe der Massenänderungen verschwindet, zeigt dies an, erstens, daß träge Masse und Energie dasselbe sind, und zweitens, daß das Energiemaß einer Zustandsänderung als die Differenz von den einzelnen Zuständen zukommenden *Energieniveaus* aufzufassen ist. Dieses Gesetz von der Trägheit der Energie, das sich in den üblichen Einheiten in der heute so populär gewordenen Formel, Energie $E=mc^2$, ausdrückt, ist zweifellos die wichtigste Folgerung aus der Relativitätstheorie; sie wurde von EINSTEIN schon in seiner ersten Arbeit 1905 gezogen, und schon damals faßte er die Anwendung derselben auf Kernreaktionen ins Auge, bei denen der der freiwerdenden Energie entsprechende Massendefekt meßbare Größenordnung erreichen mag. Das ist ein Gebiet, das inzwischen ins Zentrum der Forschung gerückt ist, von dem damals aber nur die Erscheinungen des spontanen radioaktiven Zerfalls bekannt waren. Um die Größenordnung zu kennzeichnen, gebe ich als Beispiel die Bildung eines Lithium-Atoms aus drei Protonen und drei Neutronen; die Masse (das Atomgewicht) des Lithiums ist 6,01692, der Massendefekt 0,03432, entsprechend einem Energieverlust von $5{,}11 \cdot 10^{-5}$ erg je Atom. Die MAXWELLsche Theorie schreibt dem elektromagnetischen Felde Dichte und Stromdichte der Energie und des Impulses zu. Ein Stück des Feldes ist nicht ein „Körper", an dem man Bewegungs- und inneren Zustand unterscheiden kann. Hier drückt sich das Gesetz von der Trägheit der Energie darin aus, daß der Energiestrom gleich der Impulsdichte ist. An dem Beispiel eines ruhenden Körpers, der eine kugelförmige Lichtwelle vom Impuls 0 aussendet, entdeckte EINSTEIN zuerst das Gesetz von der Trägheit der Energie, indem er feststellte, daß die ausgesandte Energie durch eine entsprechende Abnahme der trägen Masse des lichtaussendenden Körpers kompensiert werden muß. Er erkannte sogleich, daß dies Gesetz dieselbe universelle Gültigkeit besitzt wie das Relativitätsprinzip, aus dem es zwingend hervorgeht.

3. *Verbindung mit der Quantentheorie.*

In eine neue Epoche tritt die SR ein durch ihre Verbindung mit der das atomare Geschehen beherrschenden *Quantentheorie*, wie sie in mathematisch präziser Form um 1925 von HEISENBERG und SCHRÖDINGER aufgestellt wurde [*10*]. Die Verbindung ist nicht ohne Schwierigkeiten zu vollziehen. Die als Funktion von Ort (x_1, x_2, x_3) und Impuls (p_1, p_2, p_3) ausgedrückte Energie p_4, welche nach den HAMILTONschen

Gleichungen der klassischen Mechanik die Bewegung eines freien Elektrons bestimmt, lautet

$$p_4 = \sqrt{m^2 + (p_1^2 + p_2^2 + p_3^2)},$$

wo m die konstante Ruhmasse ist. Bei der quantentheoretischen Übersetzung dieses Ausdrucks, bei welcher p_k durch den Operator $\dfrac{\hbar}{i}\dfrac{\partial}{\partial x_k}$ zu ersetzen ist ($i = \sqrt{-1}$, $\hbar$ die durch einen Faktor 2π modifizierte PLANCKsche Wirkungskonstante), macht die Quadratwurzel Schwierigkeiten. Schreibt man aber die Gleichung in ihrer rationalen Form,

$$p_4^2 - (p_1^2 + p_2^2 + p_3^2) = m^2, \tag{1}$$

welche die relativistische Invarianz unmittelbar in Evidenz setzt, so ergibt die Übertragung nicht die von der Quantentheorie allgemein vorgeschriebene Form. DIRAC überwand dieses Hindernis durch die den Mathematikern wohlbekannte, aber in ihren Händen unfruchtbar gebliebene Bemerkung, daß die quadratische Form der Variablen p_k auf der linken Seite von (1) sich mit Hilfe gewisser hyperkomplexer Zahlen γ_k, deren Multiplikation nicht kommutativ ist, als das Quadrat einer Linearform $\sum_k \gamma_k p_k$ schreiben läßt, und er setzte darum die Gleichung an

$$\sum_k \gamma_k p_k = m,$$

die der quantenmechanischen Übersetzung keine Schwierigkeiten in den Weg legt [*11*]. Die Physiker müssen mir verzeihen, wenn ich hier um der Kürze willen diese reichlich abstrakte Fassung von DIRACs Grundidee wähle. Gemäß seinem Ansatz wird das Wellenfeld des Elektrons nicht durch eine skalare Funktion ψ der vier Weltkoordinaten x_k beschrieben, sondern durch eine Größe mit vier Komponenten ψ_q, die sich unter dem Einfluß einer LORENTZ-Transformation der Koordinaten in einer ungewöhnlichen, in der üblichen Vektor- und Tensorrechnung nicht vorgesehenen Weise transformieren. Ein gemeinsamer konstanter Phasenfaktor $e^{-i\lambda}$ vom absoluten Betrag 1 bleibt in den ψ_q unbestimmt. Aus dem HAMILTONschen Prinzip entnimmt man ferner die Regel, daß man das auf das Elektron einwirkende elektromagnetische Feld einfach dadurch berücksichtigen kann, daß man die Operatoren $\frac{\partial}{\partial x_k}$ durch $\frac{\partial}{\partial x_k} + i\varphi_k$ ersetzt, wo φ_k die mit $\varepsilon/\hbar$ multiplizierten Komponenten des elektromagnetischen Potentials sind (ε = elektrische Elementarladung). Diese Dinge werden hernach im Rahmen der AR unter dem Titel Eichinvarianz von besonderer Wichtigkeit werden. Die geschilderte LORENTZ-invariante DIRACsche Theorie des Elektrons gibt in wunderbarer Weise Rechenschaft über den aus der Analyse der Atomspektren von S. GOUDSMIT, G. E. UHLENBECK und W. PAULI erschlossenen *Elektronenspin*, über den anomalen ZEEMANN-Effekt, die Feinstruktur des Wasserstoffspektrums und viele andere Dinge. Man kann wohl sagen, daß die Tatsachen der Spektroskopie heute die zuverlässigste Stütze für das Relativitätsprinzip abgeben.

Der DIRACsche Erfolg ist um so bemerkenswerter, als bei dem Übergang von einem Teilchen, Photon oder Elektron, zu einer unbestimmten Anzahl von in Wechselwirkung miteinander stehenden Photonen und Elektronen die Verschmelzung von Quanten- und Relativitätstheorie auf Hindernisse stößt, die, trotz vielversprechender Ansätze, noch nicht aus dem Wege geräumt werden konnten. Ich glaube aber, niemand denkt daran, deswegen der Relativitätstheorie den Laufpaß zu geben; sie ist dafür zu fest in dem ganzen Gebäude unserer theoretischen Physik verankert.

B. Allgemeine Relativitätstheorie.

1. Der Grundgedanke.

Es ließ sich nicht vermeiden, daß ich hier für einen Augenblick das Gebiet der gestrigen Vorträge, die Quantentheorie[1]), berührte. Aber nun ist es höchste Zeit für mich, von der speziellen zur allgemeinen Relativitätstheorie überzugehen. Es wurde schon oben gesagt, daß wir zur begrifflichen Beschreibung der Naturvorgänge die Weltpunkte auf Koordinaten beziehen müssen, daß aber die Erscheinungen selber durch diese an sich willkürliche Namengebung natürlich nicht beeinflußt werden. Der Übergang von einem zu einem andern Koordinatensystem geschieht durch eine (stetige) Koordinatentransformation. Von was für Gesetzen auch immer die Natur beherrscht sein mag, ich kann deren Formulierung ein willkürliches Koordinatensystem zugrunde legen, und sie werden alsdann invariant sein gegenüber beliebigen Koordinatentransformationen. Freilich muß ich dabei das Trägheits- und Kausalfeld oder das metrische Feld, aus dem beide abgeleitet werden, mit unter die physikalischen Zustandsgrößen aufnehmen. Das Prinzip der Invarianz gegenüber beliebigen Koordinatentransformationen ist also an sich nichtssagend, und der physikalisch entscheidende Gedanke, der von der speziellen zur allgemeinen Relativitätstheorie führt, liegt denn auch woanders als in diesem Prinzip. Die Einsicht in die Relativität des Ortes scheint uns zu zwingen, alle Bewegungszustände und nicht nur die gleichförmigen Translationen als gleichwertig zu erachten. So haben denn schon zu Newtons Zeit Denker wie Leibniz und Huygens, später Euler, sich um das Rätsel bemüht, was der offenkundigen dynamischen

---

[1]) Vgl. die Vorträge von W. Heisenberg, M. von Laue und P. Harteck, Naturwiss. **38**, 49 ff. (1951).

Ungleichwertigkeit der kinematisch gleichwertigen Bewegungszustände zugrunde liegt. In neuerer Zeit war es ERNST MACH, der mit allem Nachdruck das allgemeine Prinzip der Relativität der Bewegung verfocht, und das Studium von MACH (neben dem von HUME) war auf EINSTEIN nach seinem eigenen Geständnis von maßgebendem Einfluß [12].

Wir haben als Trägheitsfeld diejenige Struktur der Welt bezeichnet, die einem Körper eine durch Anfangsort und -richtung in der Welt eindeutig bestimmte Bewegung aufnötigt, in der er zu beharren bestrebt ist, solange er nicht durch äußere Kräfte abgelenkt wird. Die wirkliche Bewegung resultiert aus dem Kampf zwischen Trägheit (Beharrungstendenz) und Kraft. Lassen Sie mich an ein Beispiel anknüpfen, das, wenn ich mich recht besinne, PHILIPP LENARD auf der Naturforscherversammlung in Bad Nauheim 1920 in die Diskussion über Relativitätstheorie hineinwarf: Ein Zug stößt mit einem entgegenfahrenden Zuge zusammen, während er an dem Kirchturm eines Dorfes vorüberfährt; warum, fragte LENARD, geht der Zug in Trümmer, und nicht der Kirchturm, wo doch der Kirchturm relativ zum Zug einen ebenso starken Bewegungsruck erfährt wie der Zug relativ zum Kirchturm? Die unvoreingenommene, von keiner Relativitätstheorie angekränkelte Antwort ist wohl klar: der Zug wird zerrissen durch den Konflikt seiner eigenen Trägheit mit den auf ihn von dem zusammenstoßenden Zug ausgeübten Molekularkräften; während der Kirchturm ruhig der ihm durch das Trägheitsfeld vorgeschriebenen Bahn folgt. In dem von der SR aufgestellten, bis auf eine LORENTZ-Transformation normierten Koordinatensystem erscheint das Trägheitsfeld als eine starre, der Welt ein für allemal innewohnende geometrische Beschaffenheit: während es enorme Wirkungen auf die Materie ausübt, ist es selbst über alle Einwirkungen der Materie erhaben. Dagegen sträubt sich unser Gerechtigkeitsgefühl: was Wirkungen auf die Materie ausübt, muß auch Wirkungen von ihr erleiden. Wo aber sind in der Natur Anzeichen dafür vorhanden, daß das Trägheitsfeld nicht vorgegeben, sondern den Einwirkungen der Materie gegenüber nachgiebig ist? Hier setzt EINSTEINs fundamentaler Gedanke ein: die *Gravitation* ist dieses Anzeichen. Wenn dies stimmt, wenn in dem Dualismus von Kraft und Trägheit die Gravitation auf die Seite der Trägheit gehört, so würde auf einmal die seltsame Tatsache der *Übereinstimmung von schwerer und träger Masse* verständlich, die durch die feinsten Messungen immer wieder bestätigt wurde. Die Kraft, mit welcher ein elektrisches Feld an einem geladenen Körper angreift, ist seiner Ladung proportional; so ist die Kraft, mit welcher das Gravitationsfeld an einem Körper angreift, seinem Gewicht = schwerer Masse proportional. Aber während die elektrische Ladung ponderabler Körper in keiner Weise mit ihrer trägen Masse zusammenhängt, stimmt merkwürdigerweise ihre schwere Masse, ihre Gravitationsladung, stets mit der trägen Masse überein. Ist EINSTEINs Erklärung richtig, welche die Schwerkraft auf eine Linie mit der Zentrifugalkraft stellt, so müssen wir die an sich unbefriedigende Vorstellung eines fest vorgegebenen Trägheitsfeldes fallen lassen und müssen statt dessen nach Differentialgesetzen suchen, welche das Trägheits- = Schwere-Feld so mit den vorhandenen Massen verknüpfen wie die MAXWELLschen Gleichungen das elektromagnetische Feld mit den dasselbe erzeugenden Ladungen. Dies war das Programm, welches EINSTEIN konzipierte.

Zu seiner Durchführung war er gezwungen, mit beliebigen Koordinaten und allgemeinen invarianten Differentialgleichungen zu operieren. In mathematisch zwingender Weise ergaben sich dabei die Feldgleichungen der Gravitation, die an Stelle des NEWTONschen Gravitationsgesetzes treten. So sehr ihre mathematische Form von der NEWTONschen abweicht, führen sie, doch in großer Annäherung zu den gleichen Resultaten. Nur drei kleine Abweichungen erreichen ein der Beobachtung zugängliches Maß: eine Störung des Merkur-Perihel, die sich über die von den andern Planeten der NEWTONschen Theorie gemäß verursachten Störungen überlagert [*13*], die Ablenkung eines nahe an der Sonne vorübergehenden Lichtstrahles und die Rotverschiebung der Spektrallinien im Gravitationsfeld. In allen Fällen ergaben die Messungen Übereinstimmung mit der EINSTEINschen Voraussage innerhalb der Fehlergrenzen. Die eklatanteste Bestätigung wird vielleicht von den Spektren jener Zwergsterne von enormer Dichte geliefert, von denen der lichtschwache Begleiter des Sirius ein Beispiel ist. Nach meiner Meinung hat der EINSTEINsche Grundgedanke, der mit einem Schlage das alte Rätsel der Bewegung löst, in Kombination mit diesen empirischen Resultaten, eine solche Durchschlagskraft, daß ich nicht glauben kann, daß man je zur speziellen Relativitätstheorie mit ihrer festen metrischen Trägheits- und Kausalstruktur zurückkehren wird; wozu neuerdings E. A. MILNE und G. D. BIRKHOFF uns verleiten wollten [*14*].

Die EINSTEINsche Lösung des Bewegungsproblems lehrt, daß es überhaupt nicht um den Gegensatz von absoluter und relativer Bewegung geht. Läßt man beliebige Koordinaten zu, so kann man nicht nur einen, sondern alle in der Welt vorhandenen Massenpunkte simultan auf Ruhe transformieren; der Begriff der relativen hat so gut wie der der absoluten Bewegung seinen Sinn verloren. Dagegen bleibt die dynamische Auszeichnung der geodätischen Weltlinien als der reinen

Trägheitsbewegung bestehen, aber das sie bestimmende metrische Feld steht in Wechselwirkung mit der Materie: GALILEIs dynamische Auffassung der Bewegung erfährt dadurch eine konkretere Deutung. Solche Spekulationen wie die von MACH, wonach die Sterne des Weltalls die Ebene des FOUCAULTschen Pendels führen, die der Ausbildung der Theorie vielleicht Vorschub geleistet haben, sollte man nicht länger mit dem nüchternen physikalischen Gehalt der Theorie vermengen. Freilich ist es eine Tatsache, daß in einem geeigneten Koordinatensystem das die Gravitation mitumfassende metrische Feld wenig von dem homogenen Zustand abweicht, der durch die MINKOWSKIsche Geometrie beschrieben wurde. Gebrauchen wir mit EINSTEIN das alte Wort *Äther* für das metrische Feld, so würde dies darauf hinweisen, daß in der Wechselwirkung von Äther und Materie der Äther zwar kein die Materie bewegender und von ihr unbewegter Gott ist, aber doch ein übermächtiger Riese, und daß hierauf das nahe Zusammengehen von Trägheitskompaß und Sternenkompaß beruht.

2. *Mathematischer und physikalischer Ausbau.*

RIEMANN hatte, nach dem Muster der GAUSSschen Behandlung krummer Flächen, in der Mitte des 19. Jahrhunderts eine Infinitesimalgeometrie n-dimensionaler Mannigfaltigkeiten ausgebildet. Dieses Werkzeugs konnte sich EINSTEIN bei der Durchführung seiner Theorie bedienen. Die Linienelemente, welche einen Punkt P der Mannigfaltigkeit mit den unendlich benachbarten Punkten P' verbinden, bilden die unendlich kleinen Vektoren des dem Punkte P zugehörigen Vektorkompasses. In der Tat erleiden bei beliebiger Transformation der Koordinaten x_k die Differentiale dx_k, die relativen Koordinaten des variablen Nachbarpunktes P' mit Bezug auf den festen

Punkt P, lediglich eine *lineare* Transformation. Indem RIEMANN im Unendlichkleinen die Gültigkeit der euklidischen Geometrie, das ist im wesentlichen des pythagoreischen Lehrsatzes annimmt, kann er in allgemein invarianter Weise dem Linienelement mit den Komponenten dx_k eine *Länge ds* zuschreiben, deren Quadrat eine positive quadratische Form der dx_k ist,

$$ds^2 = \sum_{i,j} g_{ij}\, dx_i\, dx_j;$$

die Koeffizienten g_{ij} hängen vom Punkte P ab. EINSTEIN konnte diesen Ansatz ohne weiteres für die vierdimensionale Welt übernehmen, mit dem Unterschied natürlich, daß hier die quadratische Form nicht definit ist, sondern die Signatur 1 besitzt. Der symmetrische Tensor mit den 10 Komponenten $g_{ij} = g_{ji}$ beschreibt das *metrische Feld* und figuriert zugleich als *Gravitationspotential*. Das metrische Feld bestimmt eindeutig die infinitesimale Parallelverschiebung eines beliebigen Vektors in P nach den unendlich benachbarten Punkten P' und damit den *affinen Zusammenhang* der Welt, welcher durch die 40 CHRISTOFFELschen Drei-Indizes-Symbole $\Gamma^i_{kl} = \Gamma^i_{lk}$ (die Komponenten des Gravitationsfeldes) beschrieben wird. Aus ihnen entspringt durch abermalige Differentiation der RIEMANNsche *Krümmungstensor* vom Range 4 (das ist mit vier Indizes). Das Wort Krümmung hat hier oft zu Mißdeutungen Anlaß gegeben, und man sollte in der Tat diesen Tensor lieber Vektorwirbel nennen. Führt man nämlich die Vektoren des Kompasses in P durch fortgesetzte infinitesimale Parallelverschiebung längs einer nach P zurückführenden Kurve herum, so kehrt der Kompaß nicht in seine Anfangslage, sondern in einer dieser gegenüber verdrehten Lage zurück; die Vektorübertragung ist, wie man sagt, nicht integrabel. Eben diese Drehung gibt der Vektorwirbel an. Wenn er verschwindet, hat der RIEMANNsche Raum oder die EINSTEINsche Welt die besondere homogene, ihr durch die euklidische bzw. MINKOWSKIsche Geometrie zugeschriebene Struktur. Nach dem EINSTEINschen Gravitationsgesetz ist aber dieser Tensor oder vielmehr ein daraus durch die mathematische Operation der Kontraktion hervorgehender Tensor R_{ik} vom Range 2 nicht Null, sondern gleich dem die Materieverteilung kennzeichnenden Energie-Impuls-Tensor, multipliziert mit einer universellen Konstanten, der *Gravitationskonstanten* $\varkappa$.

Ich hoffe, ich habe hier vom Aufbau der Relativitätstheorie ein die wesentlichen Zusammenhänge leidlich getreu wiedergebendes Bild entworfen. Natürlich mußte ich simplifizieren. So einfach, wie es hier erscheinen mag, ist die Beziehung zwischen Erfahrung und Theorie nicht; so leicht hat es die Natur dem Forscher nicht gemacht, von den beobachtbaren Größen zu den Fundamentalgrößen vorzudringen, auf welchen die Theorie aufgebaut werden muß! Lassen Sie es mit dieser allgemeinen Verwahrung sein Bewenden haben, und lassen Sie mich nun zum Ausbau und dann zu dem im Laufe der letzten Jahrzehnte vorgenommenen Erweiterungen der AR übergehen.

Beim Ausbau macht die Einführung von *Dichte und Stromdichte von Energie und Impuls der Gravitation* eine gewisse Schwierigkeit. Es liegt ja geradezu in dem von EINSTEIN erkannten Wesen der Gravitation, daß sich das Gravitationsfeld, die Komponenten Γ des affinen Zusammenhangs, lokal „wegtransformieren" lassen; damit müssen dann auch jene Energie-Impuls-Größen zum Verschwinden kommen. Dennoch ergibt sich durch Integration ein nichtverschwindender Totalbetrag von invarianter Bedeutung [15]. Wie die aktive elektrische Ladung eines Teilchens durch den Fluß definiert werden kann, den das elektrische Feld durch eine das Teilchen umschließende gedachte Hülle sendet, so kann auch die *aktive*, die gravitationsfeld-erzeugende *Masse* als Fluß des Gravitationsfeldes durch eine solche Hülle gewonnen werden. Die Berechnung des Impulsstromes ergibt im elektromagnetischen Feld, daß die aktive Ladung zugleich als passive Ladung auftritt, an der die elektrischen Kräfte angreifen; dasselbe Verfahren liefert im Gravitationsfeld die Gleichheit von aktiver und passiver oder schwerer Masse.

Hiermit hängt eine andere wesentliche Leistung der allgemeinen Relativitätstheorie zusammen: die Herleitung der Bewegungsgleichungen eines mit Ladung und Masse begabten Teilchens aus den Feldgleichungen. Gestatten Sie mir, mich einer Ausdrucksweise zu bedienen, welche die vierdimensionale Welt mit ihrem metrischen Feld durch eine ziemlich, aber doch nicht völlig ebene zweidimensionale Fläche ersetzt. Darin beschreibt ein Teilchen wie ein Elektron eine feine, aber tiefe Furche. Wir wissen nicht, was diese Furche birgt, doch ihre Böschung ist uns zugänglich. Ohne uns also Gedanken über die innere Konstitution des Teilchens zu machen, kennzeichnen wir das Teilchen durch das dasselbe umgebende lokale Feld. Indem wir ausdrücken, daß dieses Feld sich in den Gesamtverlauf des den Feldgleichungen unterworfenen Feldes einbettet, erhalten wir die Bewegungsgleichungen [*16*].

Es ist nicht richtig, daß das Wirkungsprinzip, aus welchem die EINSTEINschen Gravitationsgesetze entspringen, durch die Forderung der Invarianz (zusammen mit der Forderung einer möglichst niedrigen Differentiationsordnung) *völlig* eindeutig bestimmt ist. Zu der von EINSTEIN ursprünglich angenommenen Wirkungsgröße kann ein zweites, besonders einfach gebautes Glied, mit einer willkürlichen Konstanten Λ multipliziert, hinzugefügt werden. EINSTEIN führte dieses „*kosmologische Glied*" zuerst ein, um den schon von der NEWTONschen Theorie her bekannten Schwierigkeiten zu entgehen, die sich aus der Annahme eines im großen ganzen gleichförmig mit Sternen erfüllten unendlichen Weltraums ergeben. Später hat er dieses sein Kind wieder verleugnet; aber man wird es wohl in der Diskussion der kosmologischen Fragen zulassen müssen, solange kein zwingender formaler oder empirischer Grund für seine Ausschließung ersichtlich ist. Die Ohnmacht der Gravitation im Haushalt der Atome wurde am Beginn durch eine reine Zahl 10^{40} ausgedrückt. Die ungewöhnliche Größenordnung dieser Zahl hat zu Spekulationen Anlaß gegeben, die sie mit dem Mißverhältnis zwischen Ausdehnung oder Masse der Elementarteilchen einerseits, des Universums andererseits, und damit letzten Endes mit der zufälligen Anzahl der in der Welt vorhandenen Teilchen zusammenbringen, oder die in der Gravitationskonstanten $\varkappa$ eine von dem Alter des Universums abhängige und mit ihm veränderliche Größe sehen. Aber dies sind Fragen, deren Diskussion ich gerne meinem Nachfolger an diesem Pult überlasse.

3. Versuche einer einheitlichen Feldtheorie.

Die MAXWELLschen Gleichungen für das elektromagnetische Feld im leeren Raum fließen aus einem sehr einfachen Wirkungsprinzip, das sich sofort von der speziellen in die allgemeine Relativitätstheorie übertragen läßt. Aber beide Felder, das metrische oder Gravitationsfeld und das elektromagnetische, stehen unverbunden nebeneinander. Es entstand natürlicherweise das Desideratum einer einheitlichen Feldtheorie, welche alle Erscheinungen umspannt. Von vornherein verband sich damit die Hoffnung, durch eine solche Theorie auch die atomare Konstitution der Materie erklären zu können. Noch vor der Entstehung der AR und mit Beschränkung auf die elektromagnetischen Erscheinungen hatte GUSTAV MIE 1912 das

Programm einer reinen Feldtheorie der Materie entworfen. Das Ziel, das ihm vorschwebte, war, die MAXWELLschen Gleichungen so zu modifizieren, daß sie eine oder wenige singularitätenfreie statische kugelsymmetrische Lösungen besitzen; diese würden dann dem Elektron und den Atomkernen der in der Natur vorkommenden Elemente entsprechen. DAVID HILBERT hatte zur selben Zeit, als EINSTEIN seine Grundgleichungen des Gravitationsfeldes aufstellte, dieses MIEsche Programm auf die allgemeine Relativitätstheorie übertragen [*17*]. EINSTEIN selber war weise genug, in seiner Fassung der Gravitationsgleichungen dem Beispiel der NEWTONschen Theorie zu folgen: wie hier in der Gleichung $\varDelta \varPhi = k\varrho$ für das Gravitationspotential $\varPhi$ auf der rechten Seite die (mit der Gravitationskonstanten k multiplizierte) Massendichte ϱ auftritt, so stellte er auf die rechte Seite seiner Gleichungen (deren linke der kontrahierte Krümmungstensor ist) einen Energie-Impuls-Tensor, der, wie er sagt, ,,eine formale Zusammenfassung aller Dinge war, deren Erfassung im Sinne einer Feldtheorie noch problematisch war. Natürlich", fügt er hinzu, ,,war ich keinen Augenblick im Zweifel, daß diese Fassung nur ein Notbehelf war" [*18*]. Viele Versuche sind seither unternommen worden, zu einer einheitlichen Feldtheorie zu gelangen, insbesondere auch von EINSTEIN selbst. Ich glaube nicht, daß das Ziel erreicht ist, oder auch nur, daß wir dem Ziel in den letzten drei Dezennien wesentlich näher gekommen sind. Jede die Gravitation mitumfassende Feldtheorie, welche die Atome nicht als Femdkörper einführt, steht dem Rätsel der reinen Zahl 10^{40} gegenüber, des Verhältnisses von elektrischem und Gravitations-Radius des Elektrons. Dennoch möchte ich mit einer kurzen Übersicht über diese Versuche mein Referat beschließen. Ich strebe keine Vollständigkeit an. Insbesondere soll die von EINSTEIN eine Zeitlang verfolgte, aber dann aufgegebene

Idee des Fernparallelismus unberücksichtigt gelassen werden, weil sie fast einer Rückkehr zur SR gleichkommt. Im übrigen unterscheide ich drei Gruppen durch die Stichworte: Eichinvarianz, Affintheorie, Preisgabe der Symmetrie.

a) Eichinvarianz. Die mathematische Aufgabe, als welche MIE und HILBERT das Problem angriffen, war die Bestimmung aller Invarianten, die von den vier elektromagnetischen Potentialen φ_k und ihren ersten Ableitungen sowie von den 10 Gravitationspotentialen g_{ij} und deren ersten und zweiten Ableitungen abhängen. Unter ihnen, nahmen sie an, müsse sich die Wirkungsgröße befinden. Aber die Auswahl war groß; es galt, ein Prinzip zu finden, das darunter eine engere, womöglich eine eindeutige Wahl traf. Sprecher glaubte 1918 dies im Prinzip der Eichinvarianz gefunden zu haben [*19*]. Beim Herumfahren eines Vektors längs einer geschlossenen Kurve durch fortgesetzte infinitesimale Parallelverschiebung kehrt dieser im allgemeinen in einer andern Lage zurück; seine Richtung hat sich geändert. Warum nicht auch seine Länge? Dies war mein Einfall. Ich nahm also, an die Relativität der Länge glaubend, an, daß ein willkürliches Eichmaß zur Messung der Längen von Linienelementen lokal festgelegt werden muß, und daß wohl eine infinitesimale Übertragung desselben von Weltpunkt zu Weltpunkt statt hat, daß aber diese so wenig integrabel zu sein braucht wie die Parallelübertragung der Richtungen von Vektoren. Es zeigte sich dann, daß zur Beschreibung des metrischen Feldes neben dem Tensorfeld g_{ij} noch ein Vektorfeld φ_k nötig ist, daß aber Invarianz statt hat bei gleichzeitiger Ersetzung der g_{ij} durch $e^{-\lambda} \cdot g_{ij}$ und der φ_k durch $\varphi_k + \dfrac{\partial \lambda}{\partial x_k}$, wo λ eine willkürliche Ortsfunktion in der

Welt ist („Eichinvarianz"). Da man weiß, daß eine solche Willkür wie die durch die Substitution

$$\varphi_k \to \varphi_k + \frac{\partial \lambda}{\partial x_k} \tag{2}$$

ausgedrückte in den elektromagnetischen Potentialen steckt — eine Erfahrung, welche MIE und HILBERT beim Aufbau ihrer Theorie ausdrücklich verleugnet hatten, — schien es plausibel, diese φ_k mit den (in einer unbekannten kosmischen Einheit gemessenen) elektromagnetischen Potentialen zu identifizieren. In der Tat ergab das Wirkungsprinzip, das durch die Forderung der Eichinvarianz wenigstens nahezu eindeutig festgelegt ist, daß die φ_k diese Rolle spielen. Die resultierenden Gleichungen sind den EINSTEIN-MAXWELLschen Gleichungen genügend ähnlich, um das erkennen zu lassen, weichen aber doch genügend davon ab, um der Hoffnung Raum zu geben, daß sie singularitätenfreie statische kugelsymmetrische Lösungen gestatten. Die entgegenstehenden mathematischen Schwierigkeiten haben es freilich verunmöglicht, dies zu entscheiden; aber in keiner der noch zu erwähnenden konkurrierenden Theorien steht es damit besser, und darum sind sie alle physikalisch ohne Frucht geblieben. EINSTEIN machte sogleich den Einwand, daß mein Prinzip von der Nichtintegrabilität der Längenübertragung mit der absoluten Stabilität der Frequenzen von Spektrallinien in Widerspruch stehe. Die Definition des Maßfeldes im Äther mit Hilfe von wirklichen Maßstäben und Uhren kann natürlich nur als eine vorläufige Anknüpfung an die Erfahrung gelten. Erst wenn die physikalischen Wirkungsgesetze aufgestellt sind, muß man aus ihnen ableiten, in welcher Beziehung die an jenen Körpern abgelesenen Meßresultate zu den Fundamentalgrößen der Theorie stehen. Die Erfahrungen, auf die sich EIN-

STEIN mir gegenüber berief, zeigen gewiß, daß die physikalisch gemessenen Längen nicht der kongruenten Verpflanzung von Strecken folgen, die zum Fundament meiner Theorie gehört. Ich habe keine Lust, diese Theorie, an die ich längst nicht mehr glaube, zu verteidigen. Aber ich konnte damals doch mit Recht auf das Faktum hinweisen, daß sie im Krümmungsradius der Welt, sozusagen nachträglich, ein absolutes lokales Eichmaß liefert, auf das sich spektrale Frequenzen und andere Längengrößen einstellen können und vielleicht gemäß dem geltenden Wirkungsprinzip wirklich einstellen.

Heute, nach Einführung der SCHRÖDINGER-DIRACschen ψ_q durch die Quantentheorie, glaube ich, können wir mit großer Bestimmtheit den Finger auf den Punkt legen, in welchem meine Theorie irrte: die Eichinvarianz verbindet die elektromagnetischen Potentiale nicht mit den g_{ij} der Gravitation, sondern mit den ψ_q des Materiefeldes. Das konnte ich freilich 1918 nicht wissen! Damals waren diese ψ noch völlig unbekannt. Im Rahmen der AR wird der willkürliche Phasenfaktor $e^{-i\lambda}$, der den ψ anhaftet, von einer Konstanten zu einer willkürlichen Ortsfunktion in der Welt. Es muß dann notwendig dem Differentialoperator $\partial/\partial x_k$, um ihm eine invariante Bedeutung zu sichern, die allgemeinere Form $\dfrac{\partial}{\partial x_k} + i\varphi_k$ gegeben werden, wobei die φ_k ein Vektorfeld bilden: verwandelt man ψ_q in $e^{-i\lambda} \cdot \psi_q$, so geht φ_k in $\varphi_k + \dfrac{\partial \lambda}{\partial x_k}$ über. Genau diese Vorschrift ist es aber, nach welcher die DIRACsche Theorie die Einwirkung des elektromagnetischen Feldes auf das Elektron wiedergibt, wenn φ_k als das mit $\varepsilon/\hbar$ multiplizierte elektromagnetische Potential gedeutet wird. Hier sind wir nicht im Gebiet der Spekulation, sondern der Erfahrung, und die Einheit, in welcher die φ_k gemessen werden, ist nicht eine unbekannte kosmische, sondern eine bekannte atomare Größe. Man sollte freilich jetzt lieber von Phasen- statt von Eichinvarianz sprechen.

Die durch (2) zum Ausdruck kommende Unbestimmtheit in den elektromagnetischen Potentialen φ_k ist jedenfalls, auch wenn man die φ mit keinen anderen Größen verknüpft, eine gesicherte Tatsache, und die Invarianz gegenüber der Substitution (2) mit der willkürlichen Ortsfunktion λ ist auf die gleiche Weise mit dem Gesetz von der Erhaltung der Ladung verknüpft wie die Invarianz gegenüber Koordinatentransformation mit dem der Erhaltung von Energieimpuls. Dem Umstand, daß nicht die Potentiale φ_k, sondern nur die daraus abgeleiteten Feldgrößen

$$f_{ik} = \frac{\partial \varphi_k}{\partial x_i} - \frac{\partial \varphi_i}{\partial x_k}$$

eine physikalische Bedeutung haben, kann man innerhalb des MIE-HILBERTschen Schemas Rechnung tragen und dadurch wenigstens eine gewisse Einschränkung in der Auswahl der zur Verfügung stehenden invarianten Wirkungsgrößen erzielen. So verfuhr BORN [20]. Statt der MAXWELLschen Wirkungsgröße L schlägt er insbesondere eine vor, welche unter Vernachlässigung der Gravitation so lautet:

$$\sqrt{1 + 2\beta L} - 1 \qquad (3)$$

(β ist eine kleine Konstante). Damit errang er wenigstens einen partiellen Erfolg, insofern die statischen kugelsymmetrischen Lösungen seiner Gleichungen zwar nicht singularitätenfrei sind, aber doch zu einer endlichen Energie führen.

KALUZA hatte 1921 den Gedanken, ob sich nicht die Invarianz gegenüber der Substitution (2) als Erweiterung der Invarianz gegenüber Koordinatentransformation auf eine fiktive 5. Weltkoordinate x_0 deuten ließe [21]. Er machte die spezielle Annahme, daß die Koordinaten x_1, x_2, x_3, x_4 sich wie bei EINSTEIN nur untereinander transformieren, während für x_0 ein beliebiges Transformationsgesetz von der besonderen Form

$$x_0 \to x_0 + \lambda(x_1, x_2, x_3, x_4) \qquad (4)$$

zugelassen wird. Setzt man dann eine quadratische Differentialform der fünf Variablen für die Beschreibung des metrischen Feldes an,

$$ds^2 = \sum_{\alpha,\beta} g_{\alpha\beta}\, dx_\alpha\, dx_\beta \quad (\alpha, \beta = 0, 1, 2, 3, 4),$$

so stellt sich heraus, daß g_{00} eine Invariante ist, die KALUZA durch $g_{00} = 1$ normiert (dies scheint zulässig, wenn man annimmt, daß nicht die Form ds^2 selber, sondern nur die Gleichung $ds^2 = 0$ eine physikalische Bedeutung hat), während die vier Größen $\varphi_k = g_{k0}$ sich gegenüber Transformationen von x_1, x_2, x_3, x_4 so wie die Komponenten eines Vektors verhalten, bei der Transformation (4) aber die Substitution (2) erleiden. (Der Index k läuft hier immer nur von 1 bis 4.) Man macht die zusätzliche Annahme, daß alle $g_{\alpha\beta}$ von x_0 unabhängig sind. Man kommt so in der Tat auf natürliche Weise auf die MAXWELL-EINSTEINschen Feldgleichungen, und die Bewegung nicht nur von ungeladenen, sondern auch von geladenen Teilchen verläuft längs geodätischer Weltlinien. Dennoch liegt hier kaum mehr vor als eine formale Zusammenfassung der beiden Felder, die zu keinem Erkenntnisfortschritt führen kann, da sie dem von BORN korrigierten MIE-HILBERTschen Schema keinerlei Einschränkungen auferlegt. Eine ansprechende geometrische Einkleidung des Formalismus liefert die projektive Geometrie. Anstatt der vier Weltkoordinaten x_k benutzt der projektive Geometer die durch $x_k = X_k/X_0$ eingeführten fünf homogenen Koordinaten X_α. Ein Punkt bestimmt nur die Verhältnisse dieser Koordinaten; indem man diese selbst festlegt, erteilt man einem Punkt ein *Gewicht*. Setzt man $X_0 = e^{x_0}$, so bedeutet der Umstand, daß x_1, x_2, x_3, x_4 sich nur untereinander transformieren, dies, daß das Zusammenfallen von Punkten verschiedenen Gewichts eine invariante Bedeutung hat, während die Transformation (4) die Willkür des Gewichts ausdrückt. Neben KALUZA hat OSKAR KLEIN diese Ansätze verfolgt; er ist später, im Zusammenhang mit quantentheoretischen Erwägungen, dazu übergegangen, die Annahme, daß Zustandsgrößen und Transformationsfunktionen einschließlich λ von x_0 nicht abhängen, dahin zu verallgemeinern, daß sie periodische Funktionen von x_0 sind, mit einer durch die universellen Naturkonstanten vorgeschriebenen Periode [22]. Die angedeutete projektive Form wurde, von 1930 ab, ausgebaut von VAN DANTZIG und SCHOUTEN, ferner von PAULI. Sie war in einer etwas anderen Gestalt schon vorher von O. VEBLEN und B. HOFFMANN entwickelt worden. PAULI hat auch die Ausdehnung der Theorie auf die ψ-Größen verfolgt. EINSTEIN zusammen mit W. MAYER hat in den gleichen Jahren eine nahverwandte Theorie konstruiert, deren Formalismus gleichfalls fünf unabhängige Variable benutzt [23]. Aus jüngster Zeit wären Arbeiten von PASCUAL JORDAN zu erwähnen.

b) Reine und gemischte Affintheorien. EDDINGTON dehnte meine „suggestion", daß der Krümmungsradius der Welt das Eichmaß liefert, von der skalaren Krümmung auf den Krümmungstensor R_{ij} aus und wurde so dazu geführt, der Welt von Hause aus keine Metrik, sondern einen durch 40 Größen $\Gamma^i_{kl} = \Gamma^i_{lk}$ ausgedrückten affinen Zusammenhang zuzuschreiben. In der Tat entstehen die Krümmungsgrößen R_{ij} aus ihnen allein. EINSTEINs Gravitationsgleichungen im leeren Raum, $R_{ij}=0$, hatten sich durch Hinzufügung des kosmologischen Gliedes in

$$R_{ij} = \Lambda \cdot g_{ij}$$

verwandelt; diese werden nun für EDDINGTON aus einem Naturgesetz zu einer *Definition* des metrischen Tensors g_{ij}. Diesen Gedanken aufgreifend, wies EINSTEIN alsbald darauf hin, daß dann die Gleichungen, welche die Komponenten Γ des affinen Zusammenhangs durch die g_{ij} ausdrücken, nicht länger als Definitionen aufgefaßt werden können, sondern aus einem Wirkungsprinzip abzuleitende Naturgesetze sein müssen. Und er fand in der Tat, daß sie sich ergeben, wenn man die einfachste Invariante, die im Rahmen der EDDINGTONschen Affintheorie möglich ist, als Wirkungsgröße wählt; das ist die Quadratwurzel aus der Determinante der R_{ij} [24]. Es treten dabei auch Terme auf, die sich als elektromagnetisches Potential deuten ließen, und die resultierenden Gleichungen sind einschließlich der kleinen kosmologischen Glieder mit ihren numerischen Koeffizienten genau mit den Feldgleichungen meiner metrischen Theorie identisch. Es ist mir schleierhaft, worauf diese merkwürdige Übereinstimmung beruht [25].

In dem Dilemma, ob man der Welt ursprünglich eine metrische oder eine affine Struktur zuschreiben soll, ist vielleicht der beste Standpunkt der neutrale, der sowohl die g wie die Γ als unabhängige Zustandsgrößen behandelt. Dann werden die beiden Sätze von Gleichungen, welche sie verbinden, zu Naturgesetzen, ohne daß die eine oder andere Hälfte als Definitionen eine bevorzugte Stellung bekommen. In der Tat zeigte EINSTEIN, daß ein Wirkungsprinzip von besonders simpler Bauart hier dieselben Gesetze liefert wie seine ursprüngliche rein-metrische Theorie [26]. Freilich führt dieser neutrale Standpunkt auch nicht über die rein-metrische Theorie hinaus, selbst nicht bei Einbeziehung des ψ-Feldes der Elektronen.

c) Preisgabe der Symmetrie. Ein beliebiger Tensor h_{ij} vom Range 2 spaltet in invarianter Weise in einen symmetrischen und einen schiefsymmetrischen Bestandteil:

$$h_{ij} = g_{ij} + f_{ij}; \quad g_{ji} = g_{ij}, \quad f_{ji} = -f_{ij}. \quad (5)$$

Diese kann man bzw. als Gravitationspotential und elektromagnetisches Feld deuten, die so zu einem einzigen Tensor h_{ij} zusammengefaßt erscheinen. Bei der Aufstellung seiner besonderen Wirkungsgröße des elektromagnetischen Feldes (3) war schon BORN von diesem Gedanken ausgegangen [27]. Systematisch haben dann EINSTEIN und SCHRÖDINGER untersucht, was geschieht, wenn man für die Γ^i_{kl} (wie auch für die g_{ij}) die Symmetrieannahme $\Gamma^i_{kl} = \Gamma^i_{lk}$ fallen läßt. SCHRÖDINGER stellt sich dabei auf den rein-affinen, EINSTEIN auf den neutralen metrisch-affinen Standpunkt [28]. SCHRÖDINGER glaubt durch seine Theorie zum mindesten eine Art von Mesonen mitzuumfassen, erwartet aber wohl, daß das ganze System von Feldgleichungen erst dem Quantisierungsprozeß unterworfen werden muß, ehe es die atomaren Erscheinungen zu erklären fähig ist. EINSTEIN nährt in seinem Busen noch immer die kühne Hoffnung, daß die Feldgleichungen selber ohne quantentheoretische Umdeutung dies leisten.

Ich gestehe, daß ich als Mathematiker mir von einer so formalen Verallgemeinerung wie dem Fallenlassen der Symmetriebedingungen nichts versprechen kann. Die Symmetrie der g_{ij} und der Γ^i_{kl} hat eine über das Formale weit hinausgehende Bedeutung, nämlich die, daß die *Natur* der Metrik und des affinen Zusammenhangs *eine* und allerorten die gleiche ist. Statt an der Symmetrie zu rütteln, sollte man nach einer andersartigen reicheren Struktur fahnden, deren Natur aber wiederum überall die gleiche sein müßte. Wenn man der Mathematik eine für die Aufstellung physikalischer Theorien wichtige Lehre entnehmen kann, so ist es die, daß nur Größen, die unter ihrem spezifischen Transformationsgesetz *unzerlegbar* sind, eine einheitliche physikalische Entität darstellen; eine solche Größe ist der symmetrische und der schiefsymmetrische Tensor, g und f, aber nicht ihre Zusammenfassung (5). PAULI formuliert dieses Prinzip so: Was Gott getrennt hat, soll der Mensch nicht zusammenfügen. Durch die Preisgabe der Symmetrie ist die Mannigfaltigkeit der als Wirkungsgröße zur Verfügung stehenden Invarianten gewaltig gewachsen, während doch das Bestreben sein sollte, die Möglichkeiten einzuschränken. Offenbar sind wir doch nicht klug genug, um durch reines Denken — „aus dem hohlen Bauch", glaube ich, war früher der Ausdruck der Münchener Physiker dafür — die universelle Struktur der Welt und die sie beherrschenden Feldgesetze zu finden. Und ich glaube auch nicht, daß unser gegenwärtiges Wissen über die Wellenfelder der Elementarteilchen dafür irgend zureichend ist. Hier wie anderswo ist dafür gesorgt, daß unsere Bäume nicht in den Himmel (oder in die Hölle) wachsen.

Um aber nicht mit bloßer Kritik zu enden, will ich zum Schluß noch mein Scherflein zur Spekulation beitragen [*29*]. Die MAXWELLschen Gleichungen, in denen die Potentiale φ_k als die unabhängigen Zustandsgrößen figurieren, sind linear, und es besteht Invarianz gegenüber der Substitution (2). EINSTEINS Gravitationstheorie ergibt für die 10 Potentiale $\gamma_{ij} = \gamma_{ji}$ eines unendlich schwachen Gravitationsfeldes eben-

83

falls lineare Gleichungen, und diese sind invariant gegenüber der zu (2) analogen Substitution

$$\gamma_{ij} \to \gamma_{ij} + \left(\frac{\partial \xi_i}{\partial x_j} + \frac{\partial \xi_j}{\partial x_i}\right)$$

mit vier willkürlichen Funktionen ξ_i; eine Invarianzeigenschaft, die die Koordinateninvarianz der strengen Gleichungen widerspiegelt. Vielleicht sollte man zunächst einmal auf diesem *linearen* Niveau nach einer Vereinigung von γ_{ij} und φ_k fahnden. Die Quantentheorie läßt die elektromagnetischen Potentiale φ_k als ein vom Prinzip der Phaseninvarianz gefordertes Anhängsel an die das Elektron darstellenden Feldgrößen ψ erscheinen. Frage: Sind die γ_{ij} in analogem Sinne ein Appendix an das Wellenfeld X eines unbekannten Elementarteilchens „Graviton"? Erst nachdem diese Frage beantwortet ist, sollte man jenen Übergang zur nichtlinearen Theorie versuchen, bei welchem die γ_{ij} sich in die wirklichen Zustandsgrößen g_{ij} des metrischen Feldes (zurück-)verwandeln; ein Prozeß, der dann notwendig auch die φ_k (samt den ψ und dem unbekannten X) mitgreifen würde und so in organischer Weise eine nichtlineare Theorie des MAXWELLschen Feldes ergäbe. Ich bin weit davon entfernt, dieses Programm durchführen zu können.

Literatur.

[1] Über die Entwicklung von EINSTEINS Ideen vgl. seine „Autobiographical Notes" in Albert Einstein Philosopher-Scientist, Bd. VII der Library of Living Philosophers, herausgeg. von PAUL A. SCHILPP. Evanston, Ill., 1949. (In der Folge zitiert als AE.) — [2] Enquiry concerning Human Understanding, Book II, Chap. 13, Sections 7—10. — [3] „Dialogo sopra i due massimi sistemi del mondo", in Bd. VII, S. 198, der Opere, Edizione nazionale. Florenz 1890 bis 1909. Neudruck 1929—. — [4] Siehe z. B. S. 10—12 der englischen Ausgabe der Philosophiae naturalis principia mathematica von F. Cajori, Berkeley, Calif., 1934, zweiter Druck 1946; auch das den

Definitionen I, II und IV folgende Scholium auf S. 6—7; betreffs der Beziehung zu NEWTONS Theologie: COTES' Vorrede zur 2. Aufl. der Principia, S. XXXII, (Cajori) und Principia, S.546,(Cajori); ferner NEWTONS Optics, S. 370, (Ausgabe von E. T.Whittaker, London 1931) und der Briefwechsel zwischen Leibniz und S. Clarke in G. W. LEIBNIZ, Philosophische Schriften, Bd.VII, S. 352—440, (Ausgabe von Gerhardt). — [5] Principia, S. 419, Ausgabe von Cajori. — [6] BRUNOS Del infinito universo e mondi erschien 1584, die erste Aufl. von NEWTONS Principia 1687. — [7] Opere, ed. naz., Bd. VII, S. 212—214. — [8] Über die Entwicklung bis 1920 orientiert am besten der Artikel V 19: Relativitätstheorie von W. PAULI, in der Enzyklopädie der mathematischen Wissenschaften, Bd. V, Teil 2, S. 539—775, 1904—1922 (zitiert als „Pauli, Enc."). — [9] Ich entnehme diese Zahlangaben dem schönen Artikel von MAX VON LAUE über Inertia and Energy, AE, S. 503—533. Andere frühe Hinweise auf kernphysikalische Anwendungen siehe bei PAULI, Enz., S. 681. — [10] Die grundlegenden Arbeiten von HEISENBERG und von ihm, BORN und JORDAN erschienen in der Z. Physik 33—35 (1925/26); die von E. SCHRÖDINGER sind zusammengefaßt in den Abhandlungen zur Wellenmechanik. Leipzig 1927. — [11] Proc. Roy. Soc. Lond. A 117, 610; 118, 351 (1928). — [12] Siehe AE, S. 52. — [13] Siehe die genaue Diskussion in dem Vortrag über Relativity Effects in Planetary Motion, den G. M. CLEMENCE im Rahmen des Princetoner Symposium aus Anlaß von EINSTEINS siebzigstem Geburtstag, hielt: Proc. Amer. Philos. Soc. 93, 532—534 (1949). — [14] Siehe für MILNE: AE, S.415—435; für BIRKHOFF: Proc. Nat. Acad. Sci. USA 29, 231 (1943) und die Bemerkungen von H. WEYL über mögliche lineare Theorien der Gravitation in Amer. J. Math. 66, 591—604 (1944). — [15] EINSTEIN: Sitzgsber. preuss. Akad. Wiss., Math.-naturwiss. Kl. 1918, 448. — [16] WEYL, H.: Raum, Zeit, Materie, 5. Aufl. Berlin 1923, § 38. Mit viel größerer Sorgfalt, auch zur Bestimmung der Wechselwirkung mehrerer Teilchen, wurde dieser Weg dann in mehreren Arbeiten von EINSTEIN und INFELD beschritten; vgl. die letzte abschließende Arbeit, die im Canadian J. Math. 1, 209—241 (1949) erschien. — [17] MIE, G.: Ann. Physik 37, 39, 40 (1912/13). — HILBERT, D.: Die Grundlagen der Physik. Nachr. Ges. Wiss. Göttingen, Math.-physik. Kl. 1915 u. 1917. — [18] AE, S. 74. — [19] Vgl. die Darstellung in Raum, Zeit, Materie, 5. Aufl., S. 298—308. — [20] BORN, M.: Proc. Roy. Soc., Lond. A 143, 410 (1934). — SCHRÖDINGER, E.: Proc. Roy. Soc., Lond. A 150, 465 (1935). — [21] KALUZA: Sitzgsber. preuss. Akad. Wiss., Physik.-math. Kl. 1921, 966. — [22] KLEIN, O.: Z. Physik 37, 895 (1926); 46, 188 (1927). — Vgl. ferner: O. KLEIN, Ark. Mat., Astronom. Fysik, Ser. A 34, Nr 1 (1946). Weitere Publikationen stehen in Aussicht. — [23] SCHOUTEN u. VAN DANTZIG: Proc. Amsterdam 34, 1398 (1931).— Z. Physik 78, 639 (1932). — DANTZIG, VAN: Math. Ann. 106, 400

(1932). — PAULI, W.: Ann. Physik (5) 18, 305—372 (1933). — VEBLEN, O., u. B. HOFFMANN: Projective relativity. Physic. Rev. 36, 810—822 (1930). — VEBLEN, O.: Projektive Relativitätstheorie, Ergebnisse der Mathematik, Bd. II/1. Berlin 1933. — EINSTEIN, A., u. W. MAYER: Sitzgsber. preuss. Akad. Wiss., Math.-naturwiss. Kl. 1931, 541—557; 1932, 130—137. — [*24*] EINSTEIN: Sitzgsber. preuss. Akad. Wiss., Math.-naturwiss. Kl. 1923, 32, 76, 137. — EDDINGTON, A. S.: Mathematical Theory of Relativity, 2. Aufl., Note 14. — [*25*] Vgl. zu allen diesen Ausführungen H. WEYL, Geometrie und Physik. Naturwiss. 19, 49—58 (1931). — [*26*] EINSTEIN, A.: Sitzgsber. preuss. Akad. Wiss., Math.-naturwiss. Kl. 1925, 414. — WEYL, H.: Physic. Rev. 77, 699—701 (1950). — [*27*] BORN, M.: Proc. Roy. Soc., Lond. A 144, 425—451 (1934). — [*28*] Von SCHRÖDINGER zitiere ich die drei Arbeiten betitelt „The final affine Field Laws" in Proc. Roy. Irish Acad. A 51, 163—171, 205—216; 52, 1—9 (1947/48); voraufgehende Arbeiten sind dort angeführt. Besonders nützlich ist die Übersicht der verschiedenen Theorien in der 2. Abh. EINSTEINS letzte Version seiner Theorie findet man im Appendix II von The Meaning of Relativity, 3. Aufl., S. 109—147. Princeton, N. J. 1949. Vorbereitet war sie durch die Arbeiten von EINSTEIN und STRAUS in Amer. J. Math. 46, 578 (1945) und 47, 731 (1946). Nach Abschluß dieses Artikels erschien E. SCHRÖDINGERs Buch Space-Time Structure. Cambridge 1950. — [*29*] WEYL, H.: Amer. J. Math. 66, 602 (1944).

Institute for Advanced Study Princeton, N. J.
Eingegangen am 8. November 1950.

Erster Teil

Die Abhandlungen zur Speziellen Relativitätstheorie

Abhandlung [1]
Äther und Relativitätstheorie
Albert Einstein, Rede, gehalten am 5. Mai 1920
an der Reichsuniversität zu Leiden.
Springer, Berlin 1920

Meine Herren Kuratoren, Professoren, Doktoren und Studenten dieser Universität! Sie alle ferner, meine Damen und Herren, welche diese Feier durch Ihre Anwesenheit ehren!

Wie kommen die Physiker dazu, neben der der Abstraktion des Alltagslebens entstammenden Idee, der ponderabeln Materie, die Idee von der Existenz einer anderen Materie, des Äthers, zu setzen? Der Grund dafür liegt wohl in denjenigen Erscheinungen, welche zur Theorie der Fernkräfte Veranlassung gegeben haben, und in den Eigenschaften des Lichtes, welche zur Undulationstheorie geführt haben. Wir wollen diesen beiden Gegenständen eine kurze Betrachtung widmen.

Das nicht-physikalische Denken weiß nichts von Fernkräften. Bei dem Versuch einer kausalen Durchdringung der Erfahrungen, welche wir an den Körpern machen, scheint es zunächst keine anderen Wechselwirkungen zu geben als solche durch unmittelbare Berührung, z. B. Bewegungs-Übertragung durch Stoß, Druck und Zug, Erwärmung oder Einleitung einer Verbrennung durch eine Flamme usw. Allerdings spielt bereits in der Alltagserfahrung die Schwere, also eine Fernkraft, eine Hauptrolle. Da uns aber in der alltäglichen Erfahrung die Schwere der Körper als etwas Konstantes, an keine räumlich oder zeitlich v e r ä n d e r l i c h e Ursache Gebundenes entgegentritt, so denken wir uns im Alltagsleben zu der Schwere überhaupt keine Ursache und werden uns deshalb ihres Charakters als Fernkraft nicht bewußt. Erst durch Newtons Gravitations-Theorie wurde eine Ursache für die Schwere gesetzt, indem letztere als Fernkraft gedeutet wurde, die von Massen herrührt. Newtons Theorie bedeutet wohl den größten Schritt, den das Streben nach kausaler Verkettung der Naturerscheinungen je gemacht hat. Und doch erzeugte diese Theorie bei Newtons Zeitgenossen lebhaftes Unbehagen, weil sie mit dem aus der sonstigen Erfahrung fließenden Prinzip in Widerspruch zu treten schien, daß es nur Wechselwirkung durch Berührung, nicht aber durch unvermittelte Fernwirkung gebe.

Der menschliche Erkenntnistrieb erträgt einen solchen Dualismus nur mit Widerstreben. Wie konnte man die Einheitlichkeit der Auffassung von den Naturkräften retten? Entweder man konnte versuchen, die Kräfte, welche uns als Berührungskräfte entgegentreten, ebenfalls als Fernkräfte aufzufassen, welche sich allerdings nur bei sehr geringer Entfernung bemerkbar machen; dies war der Weg, welcher von Newtons Nachfolgern, die ganz unter dem Banne seiner Lehre standen, zumeist bevorzugt wurde. Oder aber man konnte annehmen, daß die Newtonschen Fernkräfte nur s c h e i n b a r unvermittelte Fernkräfte seien, daß sie aber in Wahrheit durch ein den Raum durchdringendes Medium übertragen würden, sei es durch Bewegungen, sei es durch elastische Deformation dieses Mediums. So führt das Streben nach Vereinheitlichung unserer Auffassung von der Natur der Kräfte zur Ätherhypothese. Allerdings brachte letztere der Gravitationstheorie und der Physik überhaupt zunächst keinen Fortschritt, so daß man sich daran gewöhnte, Newtons Kraftgesetz als nicht mehr weiter zu reduzierendes Axiom zu behandeln. Die Ätherhypothese mußte aber stets im Denken der Physiker eine Rolle spielen, wenn auch zunächst meist nur eine latente Rolle.

Als in der ersten Hälfte des 19. Jahrhunderts die weitgehende Ähnlichkeit offenbar wurde, welche zwischen den Eigenschaften des Lichtes und denen der elastischen Wellen in ponderabeln Körpern besteht, gewann die Ätherhypothese eine neue Stütze. Es schien unzweifelhaft, daß das Licht als Schwingungsvorgang eines den Weltraum erfüllenden, elastischen, trägen Mediums gedeutet werden müsse. Auch schien aus der Polarisierbarkeit des Lichtes mit Notwendigkeit hervorzugehen, daß dieses Medium — der Äther — von der Art eines festen Körpers sein müsse, weil nur in einem solchen, nicht aber in einer Flüssigkeit Transversalwellen möglich sind. Man mußte so zu der Theorie des „quasistarren" Lichtäthers kommen, dessen Teile relativ zueinander keine anderen Bewegungen auszuführen vermögen als die kleinen Deformationsbewegungen, welche den Lichtwellen entsprechen.

Diese Theorie — auch Theorie des ruhenden Lichtäthers genannt — fand ferner eine gewichtige Stütze in dem auch für die spezielle Relativitätstheorie fundamentalen Experimente von Fizeau, aus welchem man schließen mußte, daß der Lichtäther an den Bewegungen der Körper nicht teilnehme. Auch die Erscheinung der Aberration sprach für die Theorie des quasistarren Äthers.

Die Entwicklung der Elektrizitätstheorie auf dem von Maxwell und Lorentz gewiesenen Wege brachte eine ganz eigenartige und unerwartete Wendung in die Entwicklung unserer den Äther betreffenden Vorstellungen. Für Maxwell selbst war zwar der Äther noch ein Gebilde mit rein mechanischen Eigenschaften, wenn auch mit mechanischen Eigenschaften viel komplizierterer Art als die der greifbaren festen Körper. Aber weder Maxwell noch seinen Nachfolgern gelang es, ein mechanisches Modell für den

Äther auszudenken, das eine befriedigende mechanische Interpretation der Maxwellschen Gesetze des elektromagnetischen Feldes geliefert hätte. Die Gesetze waren klar und einfach, die mechanischen Deutungen schwerfällig und widerspruchsvoll. Beinahe unvermerkt paßten sich die theoretischen Physiker dieser vom Standpunkte ihres mechanischen Programms recht betrübenden Sachlage an, insbesondere unter dem Einfluß der elektrodynamischen Untersuchungen von Heinrich Hertz. Während sie nämlich vordem von einer endgültigen Theorie gefordert hatten, daß sie mit Grundbegriffen auskomme, die ausschließlich der Mechanik angehören (z. B. Massendichten, Geschwindigkeiten, Deformationen, Druckkräfte), gewöhnten sie sich allmählich daran, elektrische und magnetische Feldstärken als Grundbegriffe neben den mechanischen Grundbegriffen zuzulassen, ohne für sie eine mechanische Interpretation zu fordern. So wurde allmählich die rein mechanische Naturauffassung verlassen. Diese Wandlung führte aber zu einem auf die Dauer unerträglichen Dualismus in den Grundlagen. Um ihm zu entgehen, suchte man umgekehrt die mechanischen Grundbegriffe auf die elektrischen zu reduzieren, zumal die Versuche an β-Strahlen und raschen Kathodenstrahlen das Vertrauen in die strenge Gültigkeit der mechanischen Gleichungen Newtons erschütterten.

Bei H. Hertz ist der angedeutete Dualismus noch ungemildert. Bei ihm tritt die Materie nicht nur als Trägerin von Geschwindigkeiten, kinetischer Energie und mechanischen Druckkräften, sondern auch als Trägerin von elektromagnetischen Feldern auf. Da solche Felder auch im Vakuum — d. h. im freien Äther — auftreten, so erscheint auch der Äther als Träger von elektromagnetischen Feldern. Er erscheint der ponderabeln Materie als durchaus gleichartig und nebengeordnet. Er nimmt in der Materie an den Bewegungen dieser teil und hat im leeren Raum überall eine Geschwindigkeit, derart, daß die Äthergeschwindigkeit im ganzen Raume stetig verteilt ist. Der Hertzsche Äther unterscheidet sich grundsätzlich in nichts von der (zum Teil in Äther bestehenden) ponderabeln Materie.

Die Hertzsche Theorie litt nicht nur an dem Mangel, daß sie der Materie und dem Äther einerseits mechanische, anderseits elektrische Zustände zuschrieb, die in keinem gedanklichen Zusammenhange miteinander stehen; sie widersprach auch dem Ergebnis des wichtigen Fizeauschen Versuches über die Ausbreitungsgeschwindigkeit des Lichtes in bewegten Flüssigkeiten und anderen gesicherten Erfahrungsergebnissen.

So standen die Dinge, als H. A. Lorentz eingriff. Er brachte die Theorie in Einklang mit der Erfahrung und erreichte dies durch eine wunderbare Vereinfachung der theoretischen Grundlagen. Er erzielte diesen wichtigsten Fortschritt der Elektrizitätstheorie seit Maxwell, indem er dem Äther seine mechanischen, der Materie ihre elektromagnetischen Qualitäten wegnahm. Wie im leeren Raume, so auch im Innern der materiellen Körper war ausschließlich der Äther, nicht aber die atomistisch gedachte Materie, Sitz der elektromagnetischen Felder. Die Elementarteilchen der Materie sind nach Lorentz a l l e i n fähig, Bewegungen auszuführen; ihre elektromagnetische Wirksamkeit liegt einzig darin, daß sie elektrische Ladungen tragen. So gelang es Lorentz, alles elektromagnetische Geschehen auf die Maxwellschen Vakuum-Feldgleichungen zu reduzieren.

Was die mechanische Natur des Lorentzschen Äthers anlangt, so kann man etwas scherzhaft von ihm sagen, daß Unbeweglichkeit die einzige mechanische Eigenschaft sei, die ihm H. A. Lorentz noch gelassen hat. Man kann hinzufügen, daß die ganze Änderung der Ätherauffassung, welche die spezielle Relativitätstheorie brachte, darin bestand, daß sie dem Äther seine letzte mechanische Qualität, nämlich die Unbeweglichkeit, wegnahm. Wie dies zu verstehen ist, soll gleich dargelegt werden.

Der Raum-Zeittheorie und Kinematik der speziellen Relativitätstheorie hat die Maxwell-Lorentzsche Theorie des elektromagnetischen Feldes als Modell gedient. Diese Theorie genügt daher den Bedingungen der speziellen Relativitätstheorie; sie erhält aber, von letzterer aus betrachtet, ein neuartiges Aussehen. Sei nämlich K ein Koordinatensystem, relativ zu welchem der Lorentzsche Äther in Ruhe ist, so gelten die Maxwell-Lorentzschen Gleichungen zunächst in bezug auf K. Nach der speziellen Relativitätstheorie gelten aber dieselben Gleichungen in ganz ungeändertem Sinne auch in bezug auf jedes neue Koordinatensystem K[1], welches in bezug auf K in gleichförmiger Translationsbewegung ist. Es entsteht nun die bange Frage: Warum soll ich das System K, welchem die Systeme K[1] physikalisch vollkommen gleichwertig sind, in der Theorie vor letzterem durch die Annahme auszeichnen, daß der Äther relativ zu ihm ruhe? Eine solche Asymmetrie des theoretischen Gebäudes, dem keine Asymmetrie des Systems der Erfahrungen entspricht, ist für den Theoretiker unerträglich. Es scheint mir die physikalische Gleichwertigkeit von K und K[1] mit der Annahme, daß der Äther relativ zu K ruhe, relativ zu K[1] aber bewegt sei, zwar nicht vom logischen Standpunkte geradezu unrichtig, aber doch unannehmbar.

Der nächstliegende Standpunkt, den man dieser Sachlage gegenüber einnehmen konnte, schien der folgende zu sein. Der Äther existiert überhaupt nicht. Die elektromagnetischen Felder sind nicht Zustände eines Mediums, sondern selbständige Realitäten, die auf nichts anderes zurückzuführen sind und die an keinen Träger gebunden sind, genau wie die Atome der ponderabeln Materie. Diese Auffassung liegt um so näher, weil gemäß der Lorentzschen

Theorie die elektromagnetische Strahlung Impuls und Energie mit sich führt wie die ponderable Materie, und weil Materie und Strahlung nach der speziellen Relativitätstheorie beide nur besondere Formen verteilter Energie sind, indem ponderable Masse ihre Sonderstellung verliert und nur als besondere Form der Energie erscheint.

Indessen lehrt ein genaueres Nachdenken, daß diese Leugnung des Äthers nicht notwendig durch das spezielle Relativitätsprinzip gefordert wird. Man kann die Existenz eines Äthers annehmen; nur muß man darauf verzichten, ihm einen bestimmten Bewegungszustand zuzuschreiben, d. h. man muß ihm durch Abstraktion das letzte mechanische Merkmal nehmen, welches ihm Lorentz noch gelassen hatte. Später werden wir sehen, daß diese Auffassungsweise, deren gedankliche Möglichkeit ich sogleich durch einen etwas hinkenden Vergleich deutlicher zu machen suche, durch die Ergebnisse der allgemeinen Relativitätstheorie gerechtfertigt wird.

Man denke sich Wellen auf einer Wasseroberfläche. Man kann an diesem Vorgang zwei ganz verschiedene Dinge beschreiben. Man kann erstens verfolgen, wie sich die wellenförmige Grenzfläche zwischen Wasser und Luft im Laufe der Zeit ändert. Man kann aber auch — etwa mit Hilfe von kleinen schwimmenden Körpern — verfolgen, wie sich die Lage der einzelnen Wasserteilchen im Laufe der Zeit ändert. Würde es derartige schwimmende Körperchen zum Verfolgen der Bewegung der Flüssigkeitsteilchen prinzipiell nicht geben, ja würde überhaupt an dem ganzen Vorgang nichts anderes als die zeitlich veränderliche Lage des von Wasser eingenommenen Raumes sich bemerkbar machen, so hätten wir keinen Anlaß zu der Annahme, daß das Wasser aus beweglichen Teilchen bestehe. Aber wir könnten es gleichwohl als Medium bezeichnen.

Etwas Ähnliches liegt bei dem elektromagnetischen

Felde vor. Man kann sich nämlich das Feld als in Kraftlinien bestehend vorstellen. Will man diese Kraftlinien sich als etwas Materielles im gewohnten Sinne deuten, so ist man versucht, die dynamischen Vorgänge als Bewegungsvorgänge dieser Kraftlinien zu deuten, derart, daß jede einzelne Kraftlinie durch die Zeit hindurch verfolgt wird. Es ist indessen wohl bekannt, daß eine solche Betrachtungsweise zu Widersprüchen führt.

Verallgemeinernd müssen wir sagen. Es lassen sich ausgedehnte physikalische Gegenstände denken, auf welche der Bewegungsbegriff keine Anwendung finden kann. Sie dürfen nicht als aus Teilchen bestehend gedacht werden, die sich einzeln durch die Zeit hindurch verfolgen lassen. In der Sprache Minkowskis drückt sich dies so aus: nicht jedes in der vierdimensionalen Welt ausgedehnte Gebilde läßt sich als aus Weltfäden zusammengesetzt auffassen. Das spezielle Relativitätsprinzip verbietet uns, den Äther als aus zeitlich verfolgbaren Teilchen bestehend anzunehmen, aber die Ätherhypothese an sich widerstreitet der speziellen Relativitätstheorie nicht. Nur muß man sich davor hüten, dem Äther einen Bewegungszustand zuzusprechen.

Allerdings erscheint die Ätherhypothese vom Standpunkte der speziellen Relativitätstheorie zunächst als eine leere Hypothese. In den elektromagnetischen Feldgleichungen treten außer den elektrischen Ladungsdichten n u r die Feldstärken auf. Der Ablauf der elektromagnetischen Vorgänge im Vakuum scheint durch jenes innere Gesetz völlig bestimmt zu sein, unbeeinflußt durch andere physikalische Größen. Die elektromagnetischen Felder erscheinen als letzte, nicht weiter zurückführbare Realitäten, und es erscheint zunächst überflüssig, ein homogenes, intropes Äthermedium zu postulieren, als dessen Zustände jene Felder aufzufassen wären.

Anderseits läßt sich aber zugunsten der Ätherhypothese ein wichtiges Argument anführen. Den Äther leugnen, bedeutet letzten Endes annehmen, daß dem leeren Raume keinerlei physikalische Eigenschaften zukomme. Mit dieser Auffassung stehen die fundamentalen Tatsachen der Mechanik nicht im Einklang. Das mechanische Verhalten eines im leeren Raume frei schwebenden körperlichen Systems hängt nämlich außer von den relativen Lagen (Abständen) und relativen Geschwindigkeiten noch von seinem Drehungszustande ab, der physikalisch nicht als ein dem System an sich zukommendes Merkmal aufgefaßt werden kann. Um die Drehung des Systems wenigstens formal als etwas Reales ansehen zu können, objektiviert Newton den Raum. Dadurch, daß er seinen absoluten Raum zu den realen Dingen rechnet, ist für ihn auch die Drehung relativ zu einem absoluten Raum etwas Reales. Newton hätte seinen absoluten Raum ebensogut „Äther" nennen können; wesentlich ist ja nur, daß neben den beobachtbaren Objekten noch ein anderes, nicht wahrnehmbares Ding als real angesehen werden muß, um die Beschleunigung bzw. die Rotation als etwas Reales ansehen zu können.

Mach suchte zwar der Notwendigkeit, etwas nicht beobachtbares Reales anzunehmen, dadurch zu entgehen, daß er in die Mechanik statt der Beschleunigung gegen den absoluten Raum eine mittlere Beschleunigung gegen die Gesamtheit der Massen der Welt zu setzen strebte. Aber ein Trägheitswiderstand gegenüber relativer Beschleunigung ferner Massen setzt unvermittelte Fernwirkung voraus. Da der moderne Physiker eine solche nicht annehmen zu dürfen glaubt, so landet er auch bei dieser Auffassung wieder beim Äther, der die Trägheitswirkungen zu vermitteln hat. Dieser Ätherbegriff, auf den die Machsche Betrachtungsweise führt, unterscheidet sich aber wesentlich vom Ätherbegriff Newtons, Fresnels und H. A. Lorentz'. Dieser

Machsche Äther b e d i n g t nicht nur das Verhalten der trägen Massen, sondern w i r d in seinem Zustand a u c h bedingt durch die trägen Massen.

Der Machsche Gedanke findet seine volle Entfaltung in dem Äther der allgemeinen Relativitätstheorie. Nach dieser Theorie sind die metrischen Eigenschaften des Raum-Zeit-Kontinuums in der Umgebung der einzelnen Raum-Zeitpunkte verschieden und mitbedingt durch die außerhalb des betrachteten Gebietes vorhandene Materie. Diese raum-zeitliche Veränderlichkeit der Beziehungen von Maßstäben und Uhren zueinander, bzw. die Erkenntnis, daß der „leere Raum" in physikalischer Beziehung weder homogen noch isotrop sei, welche uns dazu zwingt, seinen Zustand durch zehn Funktionen, die Gravitationspotentiale $g_{\mu\nu}$ zu beschreiben, hat die Auffassung, daß der Raum physikalisch leer sei, wohl endgültig beseitigt. Damit ist aber auch der Ätherbegriff wieder zu einem deutlichen Inhalt gekommen, freilich zu einem Inhalt, der von dem des Äthers der mechanischen Undulationstheorie des Lichtes weit verschieden ist. Der Äther der allgemeinen Relativitätstheorie ist ein Medium, welches selbst a l l e r mechanischen und kinematischen Eigenschaften bar ist, aber das mechanische (und elektromagnetische) Geschehen mitbestimmt.

Das prinzipiell Neuartige des Äthers der allgemeinen Relativitätstheorie gegenüber dem Lorentzschen Äther besteht darin, daß der Zustand des ersteren an jeder Stelle bestimmt ist durch gesetzliche Zusammenhänge mit der Materie und mit dem Ätherzustande in benachbarten Stellen in Gestalt von Differentialgleichungen, während der Zustand des Lorentzschen Äthers bei Abwesenheit von elektromagnetischen Feldern durch nichts außer ihm bedingt und überall der gleiche ist. Der Äther der allgemeinen Relativitätstheorie geht gedanklich dadurch in den Lorentzschen über, daß man die ihn beschreibenden Raumfunktionen durch

Konstante ersetzt, indem man absieht von den seinen Zustand bedingenden Ursachen. Man kann also wohl auch sagen, daß der Äther der allgemeinen Relativitätstheorie durch Relativierung aus dem Lorentzschen Äther hervorgegangen ist.

Über die Rolle, welche der neue Äther im physikalischen Weltbilde der Zukunft zu spielen berufen ist, sind wir noch nicht im klaren. Wir wissen, daß er die metrischen Beziehungen im raum-zeitlichen Kontinuum, z. B. die Konfigurationsmöglichkeiten fester Körper sowie die Gravitationsfelder bestimmt; aber wir wissen nicht, ob er am Aufbau der die Materie konstituierenden elektrischen Elementarteilchen einen wesentlichen Anteil hat. Wir wissen auch nicht, ob seine Struktur nur in der Nähe ponderabler Massen von der Struktur des Lorentzschen wesentlich abweicht, ob die Geometrie von Räumen kosmischer Ausdehnung eine nahezu euklidische ist. Wir können aber auf Grund der relativistischen Gravitationsgleichungen behaupten, daß eine Abweichung vom euklidischen Verhalten bei Räumen von kosmischer Größenordnung dann vorhanden sein muß, wenn eine auch noch so kleine positive mittlere Dichte der Materie in der Welt existiert. In diesem Falle muß die Welt notwendig räumlich geschlossen und von endlicher Größe sein, wobei ihre Größe durch den Wert jener mittleren Dichte bestimmt wird.

Betrachten wir das Gravitationsfeld und das elektromagnetische Feld vom Standpunkt der Ätherhypothese, so besteht zwischen beiden ein bemerkenswerter prinzipieller Unterschied. Kein Raum und auch kein Teil des Raumes ohne Gravitationspotentiale; denn diese verleihen ihm seine metrischen Eigenschaften, ohne welche er überhaupt nicht gedacht werden kann. Die Existenz des Gravitationsfeldes ist an die Existenz des Raumes unmittelbar gebunden. Dagegen kann ein Raumteil sehr wohl ohne elektromagnetisches Feld gedacht werden; das elektromagnetische Feld scheint also im Gegensatz zum Gravitationsfeld gewissermaßen nur sekundär an den Äther gebunden zu sein, indem die formale Natur des elektromagnetischen Feldes durch die des Gravitationsäthers noch gar nicht bestimmt ist. Es sieht nach dem heutigen Zustande der Theorie so aus, als beruhe das elektromagnetische Feld dem Gravitationsfeld gegenüber auf einem völlig neuen formalen Motiv, als hätte die Natur den Gravitationsäther statt mit Feldern vom Typus der elektromagnetischen, ebensogut mit Feldern eines ganz anderen Typus, z. B. mit Feldern eines skalaren Potentials, ausstatten können.

Da nach unseren heutigen Auffassungen auch die Elementarteilchen der Materie ihrem Wesen nach nichts anderes sind als Verdichtungen des elektromagnetischen Feldes, so kennt unser heutiges Weltbild zwei begrifflich vollkommen voneinander getrennte, wenn auch kausal aneinander gebundene Realitäten, nämlich Gravitationsäther und elektromagnetisches Feld oder — wie man sie auch nennen könnte — Raum und Materie.

Natürlich wäre es ein großer Fortschritt, wenn es gelingen würde, das Gravitationsfeld und das elektromagnetische Feld zusammen als ein einheitliches Gebilde aufzufassen. Dann erst würde die von Faraday und Maxwell begründete Epoche der theoretischen Physik zu einem befriedigenden Abschluß kommen. Es würde dann der Gegensatz Äther — Materie verblassen und die ganze Physik zu einem ähnlich geschlossenen Gedankensystem werden wie Geometrie, Kinematik und Gravitationstheorie durch die allgemeine Relativitätstheorie. Ein überaus geistvoller Versuch in dieser Richtung ist von dem Mathematiker H. Weyl gemacht worden; doch glaube ich nicht, daß seine Theorie der Wirklichkeit gegenüber standhalten wird. Wir dürfen ferner beim Denken an die nächste Zukunft der theoretischen Physik die Möglichkeit nicht unbedingt abweisen, daß die in der Quantentheorie zusammengefaßten Tatsachen der Feldtheorie unübersteigbare Grenzen setzen könnten.

Zusammenfassend können wir sagen: Nach der allgemeinen Relativitätstheorie ist der Raum mit physikalischen Qualitäten ausgestattet; es existiert also in diesem Sinne ein Äther. Gemäß der allgemeinen Relativitätstheorie ist ein Raum ohne Äther undenkbar; denn in einem solchen gäbe es nicht nur keine Lichtfortpflanzung, sondern auch keine Existenzmöglichkeit von Maßstäben und Uhren, also auch keine räumlich-zeitlichen Entfernungen im Sinne der Physik. Dieser Äther darf aber nicht mit der für ponderable Medien charakteristischen Eigenschaft ausgestattet gedacht werden, aus durch die Zeit verfolgbaren Teilen zu bestehen; der Bewegungsbegriff darf auf ihn nicht angewendet werden.

Abhandlung [2]
Zur Elektrodynamik bewegter Körper
Albert Einstein, Annalen der Physik 17, 891-921 (1905)

Daß die Elektrodynamik Maxwells — wie dieselbe gegenwärtig aufgefaßt zu werden pflegt — in ihrer Anwendung auf bewegte Körper zu Asymmetrien führt, welche den Phänomenen nicht anzuhaften scheinen, ist bekannt. Man denke z. B. an die elektrodynamische Wechselwirkung zwischen einem Magneten und einem Leiter. Das beobachtbare Phänomen hängt hier nur ab von der Relativbewegung von Leiter und Magnet, während nach der üblichen Auffassung die beiden Fälle, daß der eine oder der andere dieser Körper der bewegte sei, streng voneinander zu trennen sind. Bewegt sich nämlich der Magnet und ruht der Leiter, so entsteht in der Umgebung des Magneten ein elektrisches Feld von gewissem Energiewerte, welches an den Orten, wo sich Teile des Leiters befinden, einen Strom erzeugt. Ruht aber der Magnet und bewegt sich der Leiter, so entsteht in der Umgebung des Magneten kein elektrisches Feld, dagegen im Leiter eine elektromotorische Kraft, welcher an sich keine Energie entspricht, die aber — Gleichheit der Relativbewegung bei den beiden ins Auge gefaßten Fällen vorausgesetzt — zu elektrischen Strömen von derselben Größe und demselben Verlaufe Veranlassung gibt, wie im ersten Falle die elektrischen Kräfte.

Beispiele ähnlicher Art, sowie die mißlungenen Versuche, eine Bewegung der Erde relativ zum „Lichtmedium" zu konstatieren, führen zu der Vermutung, daß dem Begriffe der absoluten Ruhe nicht nur in der Mechanik, sondern auch in der Elektrodynamik keine Eigenschaften der Erscheinungen entsprechen, sondern daß vielmehr für alle Koordinatensysteme, für welche die mechanischen Gleichungen gelten, auch die gleichen elektrodynamischen und optischen Gesetze gelten, wie dies für die Größen erster Ordnung bereits erwiesen ist. Wir wollen diese Vermutung (deren Inhalt im folgenden „Prinzip der Relativität" genannt werden wird) zur Voraussetzung erheben und außerdem die mit ihm nur scheinbar unverträgliche Voraussetzung einführen, daß sich das Licht im leeren Raume stets mit einer bestimmten, vom Bewegungszustande des emittierenden Körpers unabhängigen Geschwindigkeit V fortpflanze. Diese beiden Voraussetzungen genügen, um zu einer einfachen und widerspruchsfreien Elektrodynamik bewegter Körper zu gelangen unter Zugrundelegung der Maxwellschen Theorie für ruhende Körper. Die Einführung eines „Lichtäthers" wird sich insofern als überflüssig erweisen, als nach der zu entwickelnden Auffassung weder ein mit besonderen Eigenschaften ausgestatteter „absolut ruhender Raum" eingeführt, noch einem Punkte des leeren Raumes, in welchem elektromagnetische Prozesse stattfinden, ein Geschwindigkeitsvektor zugeordnet wird.

Die zu entwickelnde Theorie stützt sich — wie jede andere Elektrodynamik — auf die Kinematik des starren Körpers, da die Aussagen einer jeden Theorie Beziehungen zwischen starren Körpern (Koordinatensystemen), Uhren und elektromagnetischen Prozessen betreffen. Die nicht genügende Berücksichtigung dieses Umstandes ist die Wurzel der Schwierigkeiten, mit denen die Elektrodynamik bewegter Körper gegenwärtig zu kämpfen hat.

I. Kinematischer Teil.

§ 1. Definition der Gleichzeitigkeit.

Es liege ein Koordinatensystem vor, in welchem die Newtonschen mechanischen Gleichungen gelten. Wir nennen dies Koordinatensystem zur sprachlichen Unterscheidung von später einzuführenden Koordinatensystemen und zur Präzisierung der Vorstellung das „ruhende System".

Ruht ein materieller Punkt relativ zu diesem Koordinatensystem, so kann seine Lage relativ zu letzterem durch starre Maßstäbe unter Benutzung der Methoden der euklidischen Geometrie bestimmt und in kartesischen Koordinaten ausgedrückt werden.

Wollen wir die *Bewegung* eines materiellen Punktes beschreiben, so geben wir die Werte seiner Koordinaten in

Funktion der Zeit. Es ist nun wohl im Auge zu behalten, daß eine derartige mathematische Beschreibung erst dann einen physikalischen Sinn hat, wenn man sich vorher darüber klar geworden ist, was hier unter „Zeit" verstanden wird.

893   Wir haben zu berücksichtigen, daß alle unsere Urteile, in welchen die Zeit eine Rolle spielt, immer Urteile über *gleichzeitige Ereignisse* sind. Wenn ich z. B. sage: „Jener Zug kommt hier um 7 Uhr an," so heißt dies etwa: „Das Zeigen des kleinen Zeigers meiner Uhr auf 7 und das Ankommen des Zuges sind gleichzeitige Ereignisse."[1])

Es könnte scheinen, daß alle die Definition der „Zeit" betreffenden Schwierigkeiten dadurch überwunden werden könnten, daß ich an Stelle der „Zeit" die „Stellung des kleinen Zeigers meiner Uhr" setze. Eine solche Definition genügt in der Tat, wenn es sich darum handelt, eine Zeit zu definieren ausschließlich für den Ort, an welchem sich die Uhr eben befindet; die Definition genügt aber nicht mehr, sobald es sich darum handelt, an verschiedenen Orten stattfindende Ereignisreihen miteinander zeitlich zu verknüpfen, oder — was auf dasselbe hinausläuft — Ereignisse zeitlich zu werten, welche in von der Uhr entfernten Orten stattfinden.

Wir könnten uns allerdings damit begnügen, die Ereignisse dadurch zeitlich zu werten, daß ein samt der Uhr im Koordinatenursprung befindlicher Beobachter jedem von einem zu wertenden Ereignis Zeugnis gebenden, durch den leeren Raum zu ihm gelangenden Lichtzeichen die entsprechende Uhrzeigerstellung zuordnet. Eine solche Zuordnung bringt aber den Übelstand mit sich, daß sie vom Standpunkte des mit der Uhr versehenen Beobachters nicht unabhängig ist, wie wir durch die Erfahrung wissen. Zu einer weit praktischeren Festsetzung gelangen wir durch folgende Betrachtung.

Befindet sich im Punkte A des Raumes eine Uhr, so kann ein in A befindlicher Beobachter die Ereignisse in der unmittelbaren Umgebung von A zeitlich werten durch Aufsuchen

---

1) Die Ungenauigkeit, welche in dem Begriffe der Gleichzeitigkeit zweier Ereignisse an (annähernd) demselben Orte steckt und gleichfalls durch eine Abstraktion überbrückt werden muß, soll hier nicht erörtert werden.

der mit diesen Ereignissen gleichzeitigen Uhrzeigerstellungen. Befindet sich auch im Punkte B des Raumes eine Uhr — wir wollen hinzufügen, „eine Uhr von genau derselben Beschaffenheit wie die in A befindliche" — so ist auch eine zeitliche Wertung der Ereignisse in der unmittelbaren Umgebung von B durch einen in B befindlichen Beobachter möglich. Es ist aber ohne weitere Festsetzung nicht möglich, ein Ereignis in A mit einem Ereignis in B zeitlich zu vergleichen; wir haben bisher nur eine „A-Zeit" und eine „B-Zeit", aber keine für A und B gemeinsame „Zeit" definiert. Die letztere Zeit kann nun definiert werden, indem man *durch Definition* festsetzt, daß die „Zeit", welche das Licht braucht, um von A nach B zu gelangen, gleich ist der „Zeit", welche es braucht, um von B nach A zu gelangen. Es gehe nämlich ein Lichtstrahl zur „A-Zeit" t_A von A nach B ab, werde zur „B-Zeit" t_B in B gegen A zu reflektiert und gelange zur „A-Zeit" t'_A nach A zurück. Die beiden Uhren laufen definitionsgemäß synchron, wenn

$$t_B - t_A = t'_A - t_B.$$

Wir nehmen an, daß diese Definition des Synchronismus in widerspruchsfreier Weise möglich sei, und zwar für beliebig viele Punkte, daß also allgemein die Beziehungen gelten:

1. Wenn die Uhr in B synchron mit der Uhr in A läuft, so läuft die Uhr in A synchron mit der Uhr in B.

2. Wenn die Uhr in A sowohl mit der Uhr in B als auch mit der Uhr in C synchron läuft, so laufen auch die Uhren in B und C synchron relativ zueinander.

Wir haben so unter Zuhilfenahme gewisser (gedachter) physikalischer Erfahrungen festgelegt, was unter synchron laufenden, an verschiedenen Orten befindlichen, ruhenden Uhren zu verstehen ist und damit offenbar eine Definition von „gleichzeitig" und „Zeit" gewonnen. Die „Zeit" eines Ereignisses ist die mit dem Ereignis gleichzeitige Angabe einer am Orte des Ereignisses befindlichen, ruhenden Uhr, welche mit einer bestimmten, ruhenden Uhr, und zwar für alle Zeitbestimmungen mit der nämlichen Uhr, synchron läuft.

Wir setzen noch der Erfahrung gemäß fest, daß die Größe

$$\frac{2\,\overline{AB}}{t'_A - t_A} = V$$

eine universelle Konstante (die Lichtgeschwindigkeit im leeren Raume) sei.

Wesentlich ist, daß wir die Zeit mittels im ruhenden System ruhender Uhren definiert haben; wir nennen die eben definierte Zeit wegen dieser Zugehörigkeit zum ruhenden System „die Zeit des ruhenden Systems".

§ 2. Über die Relativität von Längen und Zeiten.

Die folgenden Überlegungen stützen sich auf das Relativitätsprinzip und auf das Prinzip der Konstanz der Lichtgeschwindigkeit, welche beiden Prinzipien wir folgendermaßen definieren.

1. Die Gesetze, nach denen sich die Zustände der physikalischen Systeme ändern, sind unabhängig davon, auf welches von zwei relativ zueinander in gleichförmiger Translationsbewegung befindlichen Koordinatensystemen diese Zustandsänderungen bezogen werden.

2. Jeder Lichtstrahl bewegt sich im „ruhenden" Koordinatensystem mit der bestimmten Geschwindigkeit V, unabhängig davon, ob dieser Lichtstrahl von einem ruhenden oder bewegten Körper emittiert ist. Hierbei ist

$$\text{Geschwindigkeit} = \frac{\text{Lichtweg}}{\text{Zeitdauer}},$$

wobei „Zeitdauer" im Sinne der Definition des § 1 aufzufassen ist.

Es sei ein ruhender starrer Stab gegeben; derselbe besitze, mit einem ebenfalls ruhenden Maßstabe gemessen, die Länge l. Wir denken uns nun die Stabachse in die X-Achse des ruhenden Koordinatensystems gelegt und dem Stabe hierauf eine gleichförmige Paralleltranslationsbewegung (Geschwindigkeit v) längs der X-Achse im Sinne der wachsenden x erteilt. Wir fragen nun nach der Länge des *bewegten* Stabes, welche wir uns durch folgende zwei Operationen ermittelt denken:

a) Der Beobachter bewegt sich samt dem vorher genannten Maßstabe mit dem auszumessenden Stabe und mißt direkt durch Anlegen des Maßstabes die Länge des Stabes, ebenso, wie wenn sich auszumessender Stab, Beobachter und Maßstab in Ruhe befänden.

b) Der Beobachter ermittelt mittels im ruhenden Systeme aufgestellter, gemäß § 1 synchroner, ruhender Uhren, in welchen Punkten des ruhenden Systems sich Anfang und Ende des auszumessenden Stabes zu einer bestimmten Zeit t befinden. Die Entfernung dieser beiden Punkte, gemessen mit dem schon benutzten, in diesem Falle ruhenden Maßstabe ist ebenfalls eine Länge, welche man als „Länge des Stabes" bezeichnen kann.

Nach dem Relativitätsprinzip muß die bei der Operation a) zu findende Länge, welche wir „die Länge des Stabes im bewegten System" nennen wollen, gleich der Länge l des ruhenden Stabes sein.

Die bei der Operation b) zu findende Länge, welche wir „die Länge des (bewegten) Stabes im ruhenden System" nennen wollen, werden wir unter Zugrundelegung unserer beiden Prinzipien bestimmen und finden, daß sie von l verschieden ist.

Die allgemein gebrauchte Kinematik nimmt stillschweigend an, daß die durch die beiden erwähnten Operationen bestimmten Längen einander genau gleich seien, oder mit anderen Worten, daß ein bewegter starrer Körper in der Zeitepoche t in geometrischer Beziehung vollständig durch *denselben* Körper, wenn er in bestimmter Lage *ruht*, ersetzbar sei.

Wir denken uns ferner an den beiden Stabenden (A und B) Uhren angebracht, welche mit den Uhren des ruhenden Systems synchron sind, d. h. deren Angaben jeweilen der „Zeit des ruhenden Systems" an den Orten, an welchen sie sich gerade befinden, entsprechen; diese Uhren sind also „synchron im ruhenden System".

Wir denken uns ferner, daß sich bei jeder Uhr ein mit ihr bewegter Beobachter befinde, und daß diese Beobachter auf die beiden Uhren das im § 1 aufgestellte Kriterium für den synchronen Gang zweier Uhren anwenden. Zur Zeit[1]) t_A gehe ein Lichtstrahl von A aus, werde zur Zeit t_B in B reflektiert und gelange zur Zeit t'_A nach A zurück. Unter Berücksichtigung des Prinzipes von der Konstanz der Lichtgeschwindigkeit finden wir:

$$t_B - t_A = \frac{r_{AB}}{V - v}$$

und

$$t'_A - t_B = \frac{r_{AB}}{V + v},$$

wobei r_{AB} die Länge des bewegten Stabes — im ruhenden System gemessen — bedeutet. Mit dem bewegten Stabe bewegte Beobachter würden also die beiden Uhren nicht synchron gehend finden, während im ruhenden System befindliche Beobachter die Uhren als synchron laufend erklären würden.

Wir sehen also, daß wir dem Begriffe der Gleichzeitigkeit keine *absolute* Bedeutung beimessen dürfen, sondern daß zwei Ereignisse, welche, von einem Koordinatensystem aus betrachtet, gleichzeitig sind, von einem relativ zu diesem System bewegten System aus betrachtet, nicht mehr als gleichzeitige Ereignisse aufzufassen sind.

§ 3. Theorie der Koordinaten- und Zeittransformation von dem ruhenden auf ein relativ zu diesem in gleichförmiger Translationsbewegung befindliches System.

Seien im „ruhenden" Raume zwei Koordinatensysteme, d. h. zwei Systeme von je drei von einem Punkte ausgehenden, aufeinander senkrechten starren materiellen Linien, gegeben. Die X-Achsen beider Systeme mögen zusammenfallen, ihre Y- und Z-Achsen bezüglich parallel sein. Jedem Systeme sei ein starrer Maßstab und eine Anzahl Uhren beigegeben, und es seien beide Maßstäbe sowie alle Uhren beider Systeme einander genau gleich.

---

1) „Zeit" bedeutet hier „Zeit des ruhenden Systems" und zugleich „Zeigerstellung der bewegten Uhr, welche sich an dem Orte, von dem die Rede ist, befindet".

Es werde nun dem Anfangspunkte des einen der beiden Systeme (k) eine (konstante) Geschwindigkeit v in Richtung der wachsenden x des anderen, ruhenden Systems (K) erteilt, welche sich auch den Koordinatenachsen, dem betreffenden Maßstabe sowie den Uhren mitteilen möge. Jeder Zeit t des ruhenden Systems K entspricht dann eine bestimmte Lage der Achsen des bewegten Systems und wir sind aus Symmetriegründen befugt anzunehmen, daß die Bewegung von k so beschaffen sein kann, daß die Achsen des bewegten Systems zur Zeit t (es ist mit „t" immer eine Zeit des ruhenden Systems bezeichnet) den Achsen des ruhenden Systems parallel seien.

Wir denken uns nun den Raum sowohl vom ruhenden System K aus mittels des ruhenden Maßstabes als auch vom bewegten System k mittels des mit ihm bewegten Maßstabes ausgemessen und so die Koordinaten x, y, z bez. ξ, η, ζ ermittelt. Es werde ferner mittels der im ruhenden System befindlichen ruhenden Uhren durch Lichtsignale in der in § 1 angegebenen Weise die Zeit t des ruhenden Systems für alle Punkte des letzteren bestimmt, in denen sich Uhren befinden; ebenso werde die Zeit τ des bewegten Systems für alle Punkte des bewegten Systems, in welchen sich relativ zu letzterem ruhende Uhren befinden, bestimmt durch Anwendung der in § 1 genannten Methode der Lichtsignale zwischen den Punkten, in denen sich die letzteren Uhren befinden.

Zu jedem Wertsystem x, y, z, t, welches Ort und Zeit eines Ereignisses im ruhenden System vollkommen bestimmt, gehört ein jenes Ereignis relativ zum System k festlegendes Wertsystem ξ, η, ζ, τ, und es ist nun die Aufgabe zu lösen, das diese Größen verknüpfende Gleichungssystem zu finden.

Zunächst ist klar, daß die Gleichungen *linear* sein müssen wegen der Homogenitätseigenschaften, welche wir Raum und Zeit beilegen.

Setzen wir $x' = x - vt$, so ist klar, daß einem im System k ruhenden Punkte ein bestimmtes, von der Zeit unabhängiges Wertsystem x', y, z zukommt. Wir bestimmen zuerst τ als Funktion von x', y, z und t. Zu diesem Zwecke haben wir in Gleichungen auszudrücken, daß τ nichts anderes ist als der Inbegriff der Angaben von im System k ruhenden Uhren, welche nach der im § 1 gegebenen Regel synchron gemacht worden sind.

Vom Anfangspunkt des Systems k aus werde ein Lichtstrahl zur Zeit τ_0 längs der X-Achse nach x' gesandt und von dort zur Zeit τ_1 nach dem Koordinatenursprung reflektiert, wo er zur Zeit τ_2 anlange; so muß dann sein:
$$\tfrac{1}{2}(\tau_0 + \tau_2) = \tau_1$$
oder, indem man die Argumente der Funktion τ beifügt und das Prinzip der Konstanz der Lichtgeschwindigkeit im ruhenden Systeme anwendet:
$$\tfrac{1}{2}\left[\tau(0,0,0,t) + \tau\left(0,0,0,\left\{t + \frac{x'}{V-v} + \frac{x'}{V+v}\right\}\right)\right]$$
$$= \tau\left(x',0,0,t + \frac{x'}{V-v}\right).$$

Hieraus folgt, wenn man x' unendlich klein wählt:
$$\tfrac{1}{2}\left(\frac{1}{V-v} + \frac{1}{V+v}\right)\frac{\partial \tau}{\partial t} = \frac{\partial \tau}{\partial x'} + \frac{1}{V-v}\frac{\partial \tau}{\partial t},$$
oder
$$\frac{\partial \tau}{\partial x'} + \frac{v}{V^2 - v^2}\frac{\partial \tau}{\partial t} = 0.$$

Es ist zu bemerken, daß wir statt des Koordinatenursprunges jeden anderen Punkt als Ausgangspunkt des Lichtstrahles hätten wählen können und es gilt deshalb die eben erhaltene Gleichung für alle Werte von x', y, z.

Eine analoge Überlegung — auf die H- und Z-Achse angewandt — liefert, wenn man beachtet, daß sich das Licht längs dieser Achsen vom ruhenden System aus betrachtet stets mit der Geschwindigkeit $\sqrt{V^2 - v^2}$ fortpflanzt:
$$\frac{\partial \tau}{\partial y} = 0$$
$$\frac{\partial \tau}{\partial z} = 0.$$

Aus diesen Gleichungen folgt, da τ eine *lineare* Funktion ist:
$$\tau = a\left(t - \frac{v}{V^2 - v^2}x'\right),$$

wobei a eine vorläufig unbekannte Funktion $\varphi(v)$ ist und der Kürze halber angenommen ist, daß im Anfangspunkte von k für $\tau = 0$ $t = 0$ sei.

Mit Hilfe dieses Resultates ist es leicht, die Größen ξ, η, ζ zu ermitteln, indem man durch Gleichungen ausdrückt, daß sich das Licht (wie das Prinzip der Konstanz der Lichtgeschwindigkeit in Verbindung mit dem Relativitätsprinzip verlangt) auch im bewegten System gemessen mit der Geschwindigkeit V fortpflanzt. Für einen zur Zeit $\tau = 0$ in Richtung der wachsenden ξ ausgesandten Lichtstrahl gilt:

$$\xi = V\tau,$$

oder

$$\xi = a V\left(t - \frac{v}{V^2 - v^2} x'\right).$$

Nun bewegt sich aber der Lichtstrahl relativ zum Anfangspunkt von k im ruhenden System gemessen mit der Geschwindigkeit $V - v$, so daß gilt:

$$\frac{x'}{V - v} = t.$$

Setzen wir diesen Wert von t in die Gleichung für ξ ein, so erhalten wir:

$$\xi = a \frac{V^2}{V^2 - v^2} x'.$$

Auf analoge Weise finden wir durch Betrachtung von längs den beiden anderen Achsen bewegte Lichtstrahlen:

$$\eta = V\tau = a V\left(t - \frac{v}{V^2 - v^2} x'\right),$$

wobei

$$\frac{y}{\sqrt{V^2 - v^2}} = t; \quad x' = 0;$$

also

$$\eta = a \frac{V}{\sqrt{V^2 - v^2}} y$$

und

$$\zeta = a \frac{V}{\sqrt{V^2 - v^2}} z.$$

Setzen wir für x' seinen Wert ein, so erhalten wir:

$$\tau = \varphi(v)\beta\left(t - \frac{v}{V^2}x\right),$$
$$\xi = \varphi(v)\beta(x - vt),$$
$$\eta = \varphi(v)y,$$
$$\zeta = \varphi(v)z,$$

wobei
$$\beta = \frac{1}{\sqrt{1 - \left(\frac{v}{V}\right)^2}}$$

und φ eine vorläufig unbekannte Funktion von v ist. Macht man über die Anfangslage des bewegten Systems und über den Nullpunkt von τ keinerlei Voraussetzung, so ist auf den rechten Seiten dieser Gleichungen je eine additive Konstante zuzufügen.

Wir haben nun zu beweisen, daß jeder Lichtstrahl sich, im bewegten System gemessen, mit der Geschwindigkeit V fortpflanzt, falls dies, wie wir angenommen haben, im ruhenden System der Fall ist; denn wir haben den Beweis dafür noch nicht geliefert, daß das Prinzip der Konstanz der Lichtgeschwindigkeit mit dem Relativitätsprinzip vereinbar sei.

Zur Zeit $t = \tau = 0$ werde von dem zu dieser Zeit gemeinsamen Koordinatenursprung beider Systeme aus eine Kugelwelle ausgesandt, welche sich im System K mit der Geschwindigkeit V ausbreitet. Ist (x, y, z) ein eben von dieser Welle ergriffener Punkt, so ist also

$$x^2 + y^2 + z^2 = V^2 t^2.$$

Diese Gleichung transformieren wir mit Hilfe unserer Transformationsgleichungen und erhalten nach einfacher Rechnung:

$$\xi^2 + \eta^2 + \zeta^2 = V^2 \tau^2.$$

Die betrachtete Welle ist also auch im bewegten System betrachtet eine Kugelwelle von der Ausbreitungsgeschwindigkeit V. Hiermit ist gezeigt, daß unsere beiden Grundprinzipien miteinander vereinbar sind.

In den entwickelten Transformationsgleichungen tritt noch eine unbekannte Funktion φ von v auf, welche wir nun bestimmen wollen.

Wir führen zu diesem Zwecke noch ein drittes Koordinatensystem K' ein, welches relativ zum System k derart in Paralleltranslationsbewegung parallel zur Ξ-Achse begriffen sei, daß sich dessen Koordinatenursprung mit der Geschwindigkeit $-v$ auf der Ξ-Achse bewege. Zur Zeit $t=0$ mögen alle drei Koordinatenanfangspunkte zusammenfallen und es sei für $t = x = y = z = 0$ die Zeit t' des Systems K' gleich Null. Wir nennen x', y', z' die Koordinaten, im System K' gemessen, und erhalten durch zweimalige Anwendung unserer Transformationsgleichungen:

$$t' = \varphi(-v)\beta(-v)\left\{\tau + \frac{v}{V^2}\xi\right\} = \varphi(v)\varphi(-v)t,$$

$$x' = \varphi(-v)\beta(-v)\{\xi + v\tau\} = \varphi(v)\varphi(-v)x,$$

$$y' = \varphi(-v)\eta = \varphi(v)\varphi(-v)y,$$

$$z' = \varphi(-v)\zeta = \varphi(v)\varphi(-v)z.$$

Da die Beziehungen zwischen x', y', z' und x, y, z die Zeit t nicht enthalten, so ruhen die Systeme K und K' gegeneinander, und es ist klar, daß die Transformation von K auf K' die identische Transformation sein muß. Es ist also:

$$\varphi(v)\varphi(-v) = 1.$$

Wir fragen nun nach der Bedeutung von $\varphi(v)$. Wir fassen das Stück der H-Achse des Systems k ins Auge, das zwischen $\xi=0$, $\eta=0$, $\zeta=0$ und $\xi=0$, $\eta=l$, $\zeta=0$ gelegen ist. Dieses Stück der H-Achse ist ein relativ zum System K mit der Geschwindigkeit v senkrecht zu seiner Achse bewegter Stab, dessen Enden in K die Koordinaten besitzen:

$$x_1 = vt, \quad y_1 = \frac{l}{\varphi(v)}, \quad z_1 = 0$$

und

$$x_2 = vt, \quad y_2 = 0, \quad z_2 = 0.$$

Die Länge des Stabes, in K gemessen, ist also $l/\varphi(v)$; damit ist die Bedeutung der Funktion φ gegeben. Aus Symmetriegründen ist nun einleuchtend, daß die im ruhenden System gemessene Länge eines bestimmten Stabes, welcher senkrecht zu seiner Achse bewegt ist, nur von der Geschwindigkeit, nicht aber von der Richtung und dem Sinne der Bewegung abhängig sein kann. Es ändert sich also die im ruhenden System gemessene Länge des bewegten Stabes nicht, wenn v mit $-v$ vertauscht wird. Hieraus folgt:

oder
$$\frac{l}{\varphi(v)} = \frac{l}{\varphi(-v)},$$

$$\varphi(v) = \varphi(-v).$$

Aus dieser und der vorhin gefundenen Relation folgt, daß $\varphi(v) = 1$ sein muß, so daß die gefundenen Transformationsgleichungen übergehen in:

$$\tau = \beta\left(t - \frac{v}{V^2}x\right),$$
$$\xi = \beta(x - vt),$$
$$\eta = y,$$
$$\zeta = z,$$

wobei
$$\beta = \frac{1}{\sqrt{1 - \left(\dfrac{v}{V}\right)^2}},$$

§ 4. Physikalische Bedeutung der erhaltenen Gleichungen, bewegte starre Körper und bewegte Uhren betreffend.

Wir betrachten eine starre Kugel[1]) vom Radius R, welche relativ zum bewegten System k ruht, und deren Mittelpunkt im Koordinatenursprung von k liegt. Die Gleichung der Oberfläche dieser relativ zum System K mit der Geschwindigkeit v bewegten Kugel ist:

$$\xi^2 + \eta^2 + \zeta^2 = R^2.$$

Die Gleichung dieser Oberfläche ist in x, y, z ausgedrückt zur Zeit $t = 0$:

$$\frac{x^2}{\left(\sqrt{1 - \left(\dfrac{v}{V}\right)^2}\right)^2} + y^2 + z^2 = R^2.$$

Ein starrer Körper, welcher in ruhendem Zustande ausgemessen die Gestalt einer Kugel hat, hat also in bewegtem Zustande —

---

1) Das heißt einen Körper, welcher ruhend untersucht Kugelgestalt besitzt.

vom ruhenden System aus betrachtet — die Gestalt eines Rotationsellipsoides mit den Achsen

$$R\sqrt{1-\left(\frac{v}{V}\right)^2},\ R,\ R.$$

Während also die Y- und Z-Dimension der Kugel (also auch jedes starren Körpers von beliebiger Gestalt) durch die Bewegung nicht modifiziert erscheinen, erscheint die X-Dimension im Verhältnis $1:\sqrt{1-(v/V)^2}$ verkürzt, also um so stärker, je größer v ist. Für $v = V$ schrumpfen alle bewegten Objekte — vom „ruhenden" System aus betrachtet — in flächenhafte Gebilde zusammen. Für Überlichtgeschwindigkeiten werden unsere Überlegungen sinnlos; wir werden übrigens in den folgenden Betrachtungen finden, daß die Lichtgeschwindigkeit in unserer Theorie physikalisch die Rolle der unendlich großen Geschwindigkeiten spielt.

Es ist klar, daß die gleichen Resultate von im „ruhenden" System ruhenden Körpern gelten, welche von einem gleichförmig bewegten System aus betrachtet werden. —

Wir denken uns ferner eine der Uhren, welche relativ zum ruhenden System ruhend die Zeit t, relativ zum bewegten System ruhend die Zeit τ anzugeben befähigt sind, im Koordinatenursprung von k gelegen und so gerichtet, daß sie die Zeit τ angibt. Wie schnell geht diese Uhr, vom ruhenden System aus betrachtet?

Zwischen die Größen x, t und τ, welche sich auf den Ort dieser Uhr beziehen, gelten offenbar die Gleichungen:

$$\tau = \frac{1}{\sqrt{1-\left(\frac{v}{V}\right)^2}}\left(t - \frac{v}{V^2}x\right)$$

und

$$x = vt.$$

Es ist also

$$\tau = t\sqrt{1-\left(\frac{v}{V}\right)^2} = t - \left(1 - \sqrt{1-\left(\frac{v}{V}\right)^2}\right)t,$$

woraus folgt, daß die Angabe der Uhr (im ruhenden System betrachtet) pro Sekunde um $\left(1 - \sqrt{1-(v/V)^2}\right)$ Sek. oder — bis auf Größen vierter und höherer Ordnung um $\frac{1}{2}(v/V)^2$ Sek. zurückbleibt.

Hieraus ergibt sich folgende eigentümliche Konsequenz. Sind in den Punkten A und B von K ruhende, im ruhenden System betrachtet, synchron gehende Uhren vorhanden, und bewegt man die Uhr in A mit der Geschwindigkeit v auf der Verbindungslinie nach B, so gehen nach Ankunft dieser Uhr in B die beiden Uhren nicht mehr synchron, sondern die von A nach B bewegte Uhr geht gegenüber der von Anfang an in B befindlichen um $\frac{1}{2} t v^2 / V^2$ Sek. (bis auf Größen vierter und höherer Ordnung) nach, wenn t die Zeit ist, welche die Uhr von A nach B braucht.

Man sieht sofort, daß dies Resultat auch dann noch gilt, wenn die Uhr in einer beliebigen polygonalen Linie sich von A nach B bewegt, und zwar auch dann, wenn die Punkte A und B zusammenfallen.

Nimmt man an, daß das für eine polygonale Linie bewiesene Resultat auch für eine stetig gekrümmte Kurve gelte, so erhält man den Satz: Befinden sich in A zwei synchron gehende Uhren und bewegt man die eine derselben auf einer geschlossenen Kurve mit konstanter Geschwindigkeit, bis sie wieder nach A zurückkommt, was t Sek. dauern möge, so geht die letztere Uhr bei ihrer Ankunft in A gegenüber der unbewegt gebliebenen um $\frac{1}{2} t (v/V)^2$ Sek. nach. Man schließt daraus, daß eine am Erdäquator befindliche Unruhuhr um einen sehr kleinen Betrag langsamer laufen muß als eine genau gleich beschaffene, sonst gleichen Bedingungen unterworfene, an einem Erdpole befindliche Uhr.

§ 5. Additionstheorem der Geschwindigkeiten.

In dem längs der X-Achse des Systems K mit der Geschwindigkeit v bewegten System k bewege sich ein Punkt gemäß den Gleichungen:

$$\xi = w_\xi \tau,$$
$$\eta = w_\eta \tau,$$
$$\zeta = 0,$$

wobei w_ξ und w_η Konstanten bedeuten.

Gesucht ist die Bewegung des Punktes relativ zum System K. Führt man in die Bewegungsgleichungen des Punktes mit Hilfe der in § 3 entwickelten Transformationsgleichungen die Größen x, y, z, t ein, so erhält man:

$$x = \frac{w_\xi + v}{1 + \frac{v w_\xi}{V^2}} t,$$

$$y = \frac{\sqrt{1 - \left(\frac{v}{V}\right)^2}}{1 + \frac{v w_\xi}{V^2}} w_\eta t,$$

$$z = 0.$$

Das Gesetz vom Parallelogramm der Geschwindigkeiten gilt also nach unserer Theorie nur in erster Annäherung. Wir setzen:

$$U^2 = \left(\frac{dx}{dt}\right)^2 + \left(\frac{dy}{dt}\right)^2,$$

$$w^2 = w_\xi^2 + w_\eta^2$$

und

$$\alpha = \operatorname{arctg} \frac{w_y}{w_x}; \quad *)$$

α ist dann als der Winkel zwischen den Geschwindigkeiten v und w anzusehen. Nach einfacher Rechnung ergibt sich:

$$U = \frac{\sqrt{(v^2 + w^2 + 2vw \cos \alpha) - \left(\frac{vw \sin \alpha}{V}\right)^2}}{1 + \frac{vw \cos \alpha}{V^2}}.$$

Es ist bemerkenswert, daß v und w in symmetrischer Weise in den Ausdruck für die resultierende Geschwindigkeit eingehen. Hat auch w die Richtung der X-Achse (Ξ-Achse), so erhalten wir:

$$U = \frac{v + w}{1 + \frac{vw}{V^2}}.$$

Aus dieser Gleichung folgt, daß aus der Zusammensetzung zweier Geschwindigkeiten, welche kleiner sind als V, stets eine Geschwindigkeit kleiner als V resultiert. Setzt man nämlich

---

* (Anmerkung des Herausgebers:) Die Gleichung muß richtig lauten:

$$\alpha = \operatorname{arctg} \frac{w_\eta}{w_\xi}$$

$v = V - \varkappa$, $w = V - \lambda$, wobei $\varkappa$ und λ positiv und kleiner als V seien, so ist:
$$U = V \frac{2V - \varkappa - \lambda}{2V - \varkappa - \lambda + \frac{\varkappa \lambda}{V}} < V.$$

Es folgt ferner, daß die Lichtgeschwindigkeit V durch Zusammensetzung mit einer „Unterlichtgeschwindigkeit" nicht geändert werden kann. Man erhält für diesen Fall:
$$U = \frac{V + w}{1 + \frac{w}{V}} = V.$$

Wir hätten die Formel für U für den Fall, daß v und w gleiche Richtung besitzen, auch durch Zusammensetzen zweier Transformationen gemäß § 3 erhalten können. Führen wir neben den in § 3 figurierenden Systemen K und k noch ein drittes, zu k in Parallelbewegung begriffenes Koordinatensystem k' ein, dessen Anfangspunkt sich auf der Ξ-Achse mit der Geschwindigkeit w bewegt, so erhalten wir zwischen den Größen x, y, z, t und den entsprechenden Größen von k' Gleichungen, welche sich von den in § 3 gefundenen nur dadurch unterscheiden, daß an Stelle von „v" die Größe

$$\frac{v + w}{1 + \frac{v w}{V^2}}$$

tritt; man sieht daraus, daß solche Paralleltransformationen — wie dies sein muß — eine Gruppe bilden.

Wir haben nun die für uns notwendigen Sätze der unseren zwei Prinzipien entsprechenden Kinematik hergeleitet und gehen dazu über, deren Anwendung in der Elektrodynamik zu zeigen.

II. Eektrodynamischer Teil.

§ 6. Transformation der Maxwell-Hertzschen Gleichungen für den leeren Raum. Über die Natur der bei Bewegung in einem Magnetfeld auftretenden elektromotorischen Kräfte.

Die Maxwell-Hertzschen Gleichungen für den leeren Raum mögen gültig sein für das ruhende System K, so daß gelten möge:

$$\frac{1}{V}\frac{\partial X}{\partial t} = \frac{\partial N}{\partial y} - \frac{\partial M}{\partial z}, \quad \frac{1}{V}\frac{\partial L}{\partial t} = \frac{\partial Y}{\partial z} - \frac{\partial Z}{\partial y},$$

$$\frac{1}{V}\frac{\partial Y}{\partial t} = \frac{\partial L}{\partial z} - \frac{\partial N}{\partial x}, \quad \frac{1}{V}\frac{\partial M}{\partial t} = \frac{\partial Z}{\partial x} - \frac{\partial X}{\partial z},$$

$$\frac{1}{V}\frac{\partial Z}{\partial t} = \frac{\partial M}{\partial x} - \frac{\partial L}{\partial y}, \quad \frac{1}{V}\frac{\partial N}{\partial t} = \frac{\partial X}{\partial y} - \frac{\partial Y}{\partial x},$$

wobei (X, Y, Z) den Vektor der elektrischen, (L, M, N) den der magnetischen Kraft bedeutet.

Wenden wir auf diese Gleichungen die in § 3 entwickelte Transformation an, indem wir die elektromagnetischen Vorgänge auf das dort eingeführte, mit der Geschwindigkeit v bewegte Koordinatensystem beziehen, so erhalten wir die Gleichungen:

$$\frac{1}{V}\frac{\partial X}{\partial \tau} = \frac{\partial \beta\left(N - \frac{v}{V}Y\right)}{\partial \eta} - \frac{\partial \beta\left(M + \frac{v}{V}Z\right)}{\partial \zeta},$$

$$\frac{1}{V}\frac{\partial \beta\left(Y - \frac{v}{V}N\right)}{\partial \tau} = \frac{\partial L}{\partial \zeta} - \frac{\partial \beta\left(N - \frac{v}{V}Y\right)}{\partial \xi},$$

$$\frac{1}{V}\frac{\partial \beta\left(Z + \frac{v}{V}M\right)}{\partial \tau} = \frac{\partial \beta\left(M + \frac{v}{V}Z\right)}{\partial \xi} - \frac{\partial L}{\partial \eta},$$

$$\frac{1}{V}\frac{\partial L}{\partial \tau} = \frac{\partial \beta\left(Y - \frac{v}{V}N\right)}{\partial \zeta} - \frac{\partial \beta\left(Z + \frac{v}{V}M\right)}{\partial \eta},$$

$$\frac{1}{V}\frac{\partial \beta\left(M + \frac{v}{V}Z\right)}{\partial \tau} = \frac{\partial \beta\left(Z + \frac{v}{V}M\right)}{\partial \xi} - \frac{\partial X}{\partial \zeta},$$

$$\frac{1}{V}\frac{\partial \beta\left(N - \frac{v}{V}Y\right)}{\partial \tau} = \frac{\partial X}{\partial \eta} - \frac{\partial \beta\left(Y - \frac{v}{V}N\right)}{\partial \xi},$$

wobei

$$\beta = \frac{1}{\sqrt{1 - \left(\frac{v}{V}\right)^2}}.$$

Das Relativitätsprinzip fordert nun, daß die Maxwell-Hertzschen Gleichungen für den leeren Raum auch im System k gelten, wenn sie im System K gelten, d. h. daß für die im bewegten System k durch ihre ponderomotorischen Wirkungen auf elektrische bez. magnetische Massen definierten Vektoren der elektrischen und magnetischen Kraft $((X', Y' Z')$ und $(L', M', N'))$ des bewegten Systems k die Gleichungen gelten:

$$\frac{1}{V}\frac{\partial X'}{\partial \tau} = \frac{\partial N'}{\partial \eta} - \frac{\partial M'}{\partial \zeta}, \quad \frac{1}{V}\frac{\partial L'}{\partial \tau} = \frac{\partial Y'}{\partial \zeta} - \frac{\partial Z'}{\partial \eta},$$

$$\frac{1}{V}\frac{\partial Y'}{\partial \tau} = \frac{\partial L'}{\partial \zeta} - \frac{\partial N'}{\partial \xi}, \quad \frac{1}{V}\frac{\partial M'}{\partial \tau} = \frac{\partial Z'}{\partial \xi} - \frac{\partial X'}{\partial \zeta},$$

$$\frac{1}{V}\frac{\partial Z'}{\partial \tau} = \frac{\partial M'}{\partial \xi} - \frac{\partial L'}{\partial \eta}, \quad \frac{1}{V}\frac{\partial N'}{\partial \tau} = \frac{\partial X'}{\partial \eta} - \frac{\partial Y'}{\partial \xi}.$$

Offenbar müssen nun die beiden für das System k gefundenen Gleichungssysteme genau dasselbe ausdrücken, da beide Gleichungssysteme den Maxwell-Hertzschen Gleichungen für das System K äquivalent sind. Da die Gleichungen beider Systeme ferner bis auf die die Vektoren darstellenden Symbole übereinstimmen, so folgt, daß die in den Gleichungssystemen an entsprechenden Stellen auftretenden Funktionen bis auf einen für alle Funktionen des einen Gleichungssystems gemeinsamen, von ξ, η, ζ und τ unabhängigen, eventuell von v abhängigen Faktor $\psi(v)$ übereinstimmen müssen. Es gelten also die Beziehungen:

$$X' = \psi(v) X, \qquad L' = \psi(v) L,$$
$$Y' = \psi(v)\beta \left(Y - \frac{v}{V} N\right), \quad M' = \psi(v)\beta \left(M + \frac{v}{V} Z\right),$$
$$Z' = \psi(v)\beta \left(Z + \frac{v}{V} M\right), \quad N' = \psi(v)\beta \left(N - \frac{v}{V} Y\right).$$

Bildet man nun die Umkehrung dieses Gleichungssystems, erstens durch Auflösen der soeben erhaltenen Gleichungen, zweitens durch Anwendung der Gleichungen auf die inverse Transformation (von k auf K), welche durch die Geschwindigkeit $-v$ charakterisiert ist, so folgt, indem man berücksichtigt, daß die beiden so erhaltenen Gleichungssysteme identisch sein müssen:

$$\varphi(v) \cdot \varphi(-v) = 1.$$

Ferner folgt aus Symmetriegründen[1])
$$\varphi(v) = \varphi(-v);$$
es ist also
$$\varphi(v) = 1,$$
und unsere Gleichungen nehmen die Form an:

$$X' = X, \qquad L' = L,$$
$$Y' = \beta\left(Y - \frac{v}{V}N\right), \quad M' = \beta\left(M + \frac{v}{V}Z\right),$$
$$Z' = \beta\left(Z + \frac{v}{V}M\right), \quad N' = \beta\left(N - \frac{v}{V}Y\right).$$

Zur Interpretation dieser Gleichungen bemerken wir folgendes. Es liegt eine punktförmige Elektrizitätsmenge vor, welche im ruhenden System K gemessen von der Größe „eins" sei, d. h. im ruhenden System ruhend auf eine gleiche Elektrizitätsmenge im Abstand 1 cm die Kraft 1 Dyn ausübe. Nach dem Relativitätsprinzip ist diese elektrische Masse auch im bewegten System gemessen von der Größe „eins". Ruht diese Elektrizitätsmenge relativ zum ruhenden System, so ist definitionsgemäß der Vektor (X, Y, Z) gleich der auf sie wirkenden Kraft. Ruht die Elektrizitätsmenge gegenüber dem bewegten System (wenigstens in dem betreffenden Augenblick), so ist die auf sie wirkende, in dem bewegten System gemessene Kraft gleich dem Vektor (X', Y', Z'). Die ersten drei der obigen Gleichungen lassen sich mithin auf folgende zwei Weisen in Worte kleiden:

1. Ist ein punktförmiger elektrischer Einheitspol in einem elektromagnetischen Felde bewegt, so wirkt auf ihn außer der elektrischen Kraft eine „elektromotorische Kraft", welche unter Vernachlässigung von mit der zweiten und höheren Potenzen von v/V multiplizierten Gliedern gleich ist dem mit der Lichtgeschwindigkeit dividierten Vektorprodukt der Bewegungsgeschwindigkeit des Einheitspoles und der magnetischen Kraft. (Alte Ausdrucksweise.)

---

[1]) Ist z. B. $X = Y = Z = L = M = 0$ und $N \neq 0$, so ist aus Symmetriegründen klar, daß bei Zeichenwechsel von v ohne Änderung des numerischen Wertes auch Y' sein Vorzeichen ändern muß, ohne seinen numerischen Wert zu ändern.

2. Ist ein punktförmiger elektrischer Einheitspol in einem elektromagnetischen Felde bewegt, so ist die auf ihn wirkende Kraft gleich der an dem Orte des Einheitspoles vorhandenen elektrischen Kraft, welche man durch Transformation des Feldes auf ein relativ zum elektrischen Einheitspol ruhendes Koordinatensystem erhält. (Neue Ausdrucksweise.)

Analoges gilt über die „magnetomotorischen Kräfte". Man sieht, daß in der entwickelten Theorie die elektromotorische Kraft nur die Rolle eines Hilfsbegriffes spielt, welcher seine Einführung dem Umstande verdankt, daß die elektrischen und magnetischen Kräfte keine von dem Bewegungszustande des Koordinatensystems unabhängige Existenz besitzen.

Es ist ferner klar, daß die in der Einleitung angeführte Asymmetrie bei der Betrachtung der durch Relativbewegung eines Magneten und eines Leiters erzeugten Ströme verschwindet. Auch werden die Fragen nach dem „Sitz" der elektrodynamischen elektromotorischen Kräfte (Unipolarmaschinen) gegenstandslos.

§ 7. Theorie des Dopplerschen Prinzips und der Aberration.

Im Systeme K befinde sich sehr ferne vom Koordinatenursprung eine Quelle elektrodynamischer Wellen, welche in einem den Koordinatenursprung enthaltenden Raumteil mit genügender Annäherung durch die Gleichungen dargestellt sei:

$$X = X_0 \sin \Phi, \quad L = L_0 \sin \Phi,$$
$$Y = Y_0 \sin \Phi, \quad M = M_0 \sin \Phi, \quad \Phi = \omega \left(t - \frac{a x + b y + c z}{V} \right).$$
$$Z = Z_0 \sin \Phi, \quad N = N_0 \sin \Phi,$$

Hierbei sind (X_0, Y_0, Z_0) und (L_0, M_0, N_0) die Vektoren, welche die Amplitude des Wellenzuges bestimmen, a, b, c die Richtungskosinus der Wellennormalen.

Wir fragen nach der Beschaffenheit dieser Wellen, wenn dieselben von einem in dem bewegten System k ruhenden Beobachter untersucht werden. — Durch Anwendung der in § 6 gefundenen Transformationsgleichungen für die elektrischen und magnetischen Kräfte und der in § 3 gefundenen Transformationsgleichungen für die Koordinaten und die Zeit erhalten wir unmittelbar:

$$X' = X_0 \sin \Phi', \qquad L' = L_0 \sin \Phi',$$

$$Y' = \beta \left(Y_0 - \frac{v}{V} N_0\right) \sin \Phi', \qquad M' = \beta \left(M_0 + \frac{v}{V} Z_0\right) \sin \Phi',$$

$$Z' = \beta \left(Z_0 + \frac{v}{V} M_0\right) \sin \Phi', \qquad N' = \beta \left(N_0 - \frac{v}{V} Y_0\right) \sin \Phi',$$

$$\Phi' = \omega' \left(\tau - \frac{a' \xi + b' \eta + c' \zeta}{V}\right),$$

wobei

$$\omega' = \omega \beta \left(1 - a \frac{v}{V}\right),$$

$$a' = \frac{a - \frac{v}{V}}{1 - a \frac{v}{V}},$$

$$b' = \frac{b}{\beta \left(1 - a \frac{v}{V}\right)},$$

$$c' = \frac{c}{\beta \left(1 - a \frac{v}{V}\right)}$$

gesetzt ist.

Aus der Gleichung für ω' folgt: Ist ein Beobachter relativ zu einer unendlich fernen Lichtquelle von der Frequenz ν mit der Geschwindigkeit v derart bewegt, daß die Verbindungslinie „Lichtquelle–Beobachter" mit der auf ein relativ zur Lichtquelle ruhendes Koordinatensystem bezogenen Geschwindigkeit des Beobachters den Winkel φ bildet, so ist die von dem Beobachter wahrgenommene Frequenz ν' des Lichtes durch die Gleichung gegeben:

$$\nu' = \nu \frac{1 - \cos \varphi \frac{v}{V}}{\sqrt{1 - \left(\frac{v}{V}\right)^2}}.$$

Dies ist das Dopplersche Prinzip für beliebige Geschwindigkeiten. Für $\varphi = 0$ nimmt die Gleichung die übersichtliche Form an:

$$\nu' = \nu \sqrt{\frac{1 - \frac{v}{V}}{1 + \frac{v}{V}}}.$$

Man sieht, daß — im Gegensatz zu der üblichen Auffassung — für $v = -\infty$, $v' = \infty$ ist.

Nennt man φ' den Winkel zwischen Wellennormale (Strahlrichtung) im bewegten System und der Verbindungslinie „Lichtquelle–Beobachter", so nimmt die Gleichung für a' die Form an:

$$\cos \varphi' = \frac{\cos \varphi - \dfrac{v}{V}}{1 - \dfrac{v}{V} \cos \varphi}.$$

Diese Gleichung drückt das Aberrationsgesetz in seiner allgemeinsten Form aus. Ist $\varphi = \pi/2$, so nimmt die Gleichung die einfache Gestalt an:

$$\cos \varphi' = -\frac{v}{V}.$$

Wir haben nun noch die Amplitude der Wellen, wie dieselbe im bewegten System erscheint, zu suchen. Nennt man A bez. A' die Amplitude der elektrischen oder magnetischen Kraft im ruhenden bez. im bewegten System gemessen, so erhält man:

$$A'^2 = A^2 \frac{\left(1 - \dfrac{v}{V} \cos \varphi\right)^2}{1 - \left(\dfrac{v}{V}\right)^2},$$

welche Gleichung für $\varphi = 0$ in die einfachere übergeht:

$$A'^2 = A^2 \frac{1 - \dfrac{v}{V}}{1 + \dfrac{v}{V}}.$$

Es folgt aus den entwickelten Gleichungen, daß für einen Beobachter, der sich mit der Geschwindigkeit V einer Lichtquelle näherte, diese Lichtquelle unendlich intensiv erscheinen müßte.

§ 8. Transformation der Energie der Lichtstrahlen. Theorie des auf vollkommene Spiegel ausgeübten Strahlungsdruckes.

Da $A^2/8\pi$ gleich der Lichtenergie pro Volumeneinheit ist, so haben wir nach dem Relativitätsprinzip $A'^2/8\pi$ als die Lichtenergie im bewegten System zu betrachten. Es wäre daher A'^2/A^2 das Verhältnis der „bewegt gemessenen" und „ruhend gemessenen" Energie eines bestimmten Lichtkomplexes, wenn das Volumen eines Lichtkomplexes in K gemessen und in k gemessen das gleiche wäre. Dies ist jedoch nicht der Fall. Sind a, b, c die Richtungskosinus der Wellennormalen des Lichtes im ruhenden System, so wandert durch die Oberflächenelemente der mit Lichtgeschwindigkeit bewegten Kugelfläche

$$(x - Vat)^2 + (y - Vbt)^2 + (z - Vct)^2 = R^2$$

keine Energie hindurch; wir können daher sagen, daß diese Fläche dauernd denselben Lichtkomplex umschließt. Wir fragen nach der Energiemenge, welche diese Fläche im System k betrachtet umschließt, d. h. nach der Energie des Lichtkomplexes relativ zum System k.

Die Kugelfläche ist — im bewegten System betrachtet — eine Ellipsoidfläche, welche zur Zeit $\tau = 0$ die Gleichung besitzt:

$$\left(\beta\xi - a\beta\frac{v}{V}\xi\right)^2 + \left(\eta - b\beta\frac{v}{V}\xi\right)^2 + \left(\zeta - c\beta\frac{v}{V}\xi\right)^2 = R^2.$$

Nennt man S das Volumen der Kugel, S' dasjenige dieses Ellipsoides, so ist, wie eine einfache Rechnung zeigt:

$$\frac{S'}{S} = \frac{\sqrt{1 - \left(\frac{v}{V}\right)^2}}{1 - \frac{v}{V}\cos\varphi}.$$

Nennt man also E die im ruhenden System gemessene, E' die im bewegten System gemessene Lichtenergie, welche von der betrachteten Fläche umschlossen wird, so erhält man:

$$\frac{E'}{E} = \frac{\frac{A'^2}{8\pi}S'}{\frac{A^2}{8\pi}S} = \frac{1 - \frac{v}{V}\cos\varphi}{\sqrt{1 - \left(\frac{v}{V}\right)^2}},$$

welche Formel für $\varphi = 0$ in die einfachere übergeht:

$$\frac{E'}{E} = \sqrt{\frac{1 - \frac{v}{V}}{1 + \frac{v}{V}}}.$$

Es ist bemerkenswert, daß die Energie und die Frequenz eines Lichtkomplexes sich nach demselben Gesetze mit dem Bewegungszustande des Beobachters ändern.

Es sei nun die Koordinatenebene $\xi = 0$ eine vollkommen spiegelnde Fläche, an welcher die im letzten Paragraph betrachteten ebenen Wellen reflektiert werden. Wir fragen nach dem auf die spiegelnde Fläche ausgeübten Lichtdruck und nach der Richtung, Frequenz und Intensität des Lichtes nach der Reflexion.

Das einfallende Licht sei durch die Größen A, $\cos \varphi$, ν (auf das System K bezogen) definiert. Von k aus betrachtet sind die entsprechenden Größen:

$$A' = A \frac{1 - \frac{v}{V} \cos \varphi}{\sqrt{1 - \left(\frac{v}{V}\right)^2}},$$

$$\cos \varphi' = \frac{\cos \varphi - \frac{v}{V}}{1 - \frac{v}{V} \cos \varphi},$$

$$\nu' = \nu \frac{1 - \frac{v}{V} \cos \varphi}{\sqrt{1 - \left(\frac{v}{V}\right)^2}}.$$

Für das reflektierte Licht erhalten wir, wenn wir den Vorgang auf das System k beziehen:

$$A'' = A',$$
$$\cos \varphi'' = - \cos \varphi',$$
$$\nu'' = \nu'.$$

Endlich erhält man durch Rücktransformieren aufs ruhende System K für das reflektierte Licht:

$$A''' = A'' \frac{1 + \frac{v}{V}\cos\varphi''}{\sqrt{1-\left(\frac{v}{V}\right)^2}} = A \frac{1 - 2\frac{v}{V}\cos\varphi + \left(\frac{v}{V}\right)^2}{1 - \left(\frac{v}{V}\right)^2},$$

$$\cos\varphi''' = \frac{\cos\varphi'' + \frac{v}{V}}{1 + \frac{v}{V}\cos\varphi''} = -\frac{\left(1+\left(\frac{v}{V}\right)^2\right)\cos\varphi - 2\frac{v}{V}}{1 - 2\frac{v}{V}\cos\varphi + \left(\frac{v}{V}\right)^2},$$

$$v''' = v'' \frac{1 + \frac{v}{V}\cos\varphi''}{\sqrt{1-\left(\frac{v}{V}\right)^2}} = v \frac{1 - 2\frac{v}{V}\cos\varphi + \left(\frac{v}{V}\right)^2}{\left(1 - \frac{v}{V}\right)^2}.$$

Die auf die Flächeneinheit des Spiegels pro Zeiteinheit auftreffende (im ruhenden System gemessene) Energie ist offenbar $A^2/8\pi\,(V\cos\varphi - v)$. Die von der Flächeneinheit des Spiegels in der Zeiteinheit sich entfernende Energie ist $A'''^2/8\pi\,(-V\cos\varphi''' + v)$. Die Differenz dieser beiden Ausdrücke ist nach dem Energieprinzip die vom Lichtdrucke in der Zeiteinheit geleistete Arbeit. Setzt man die letztere gleich dem Produkt $P \cdot v$, wobei P der Lichtdruck ist, so erhält man:

$$P = 2 \frac{A^2}{8\pi} \frac{\left(\cos\varphi - \frac{v}{V}\right)^2}{1 - \left(\frac{v}{V}\right)^2}.$$

In erster Annäherung erhält man in Übereinstimmung mit der Erfahrung und mit anderen Theorien

$$P = 2 \frac{A^2}{8\pi} \cos^2\varphi.$$

Nach der hier benutzten Methode können alle Probleme der Optik bewegter Körper gelöst werden. Das Wesentliche ist, daß die elektrische und magnetische Kraft des Lichtes, welches durch einen bewegten Körper beeinflußt wird, auf ein relativ zu dem Körper ruhendes Koordinatensystem transformiert werden. Dadurch wird jedes Problem der Optik bewegter Körper auf eine Reihe von Problemen der Optik ruhender Körper zurückgeführt.

§ 9. Transformation der Maxwell-Hertzschen Gleichungen mit Berücksichtigung der Konvektionsströme.

Wir gehen aus von den Gleichungen:

$$\frac{1}{V}\left\{u_x \varrho + \frac{\partial X}{\partial t}\right\} = \frac{\partial N}{\partial y} - \frac{\partial M}{\partial z}, \quad \frac{1}{V}\frac{\partial L}{\partial t} = \frac{\partial Y}{\partial z} - \frac{\partial Z}{\partial y},$$

$$\frac{1}{V}\left\{u_y \varrho + \frac{\partial Y}{\partial t}\right\} = \frac{\partial L}{\partial z} - \frac{\partial N}{\partial x}, \quad \frac{1}{V}\frac{\partial M}{\partial t} = \frac{\partial Z}{\partial x} - \frac{\partial X}{\partial z},$$

$$\frac{1}{V}\left\{u_z \varrho + \frac{\partial Z}{\partial t}\right\} = \frac{\partial M}{\partial x} - \frac{\partial L}{\partial y}, \quad \frac{1}{V}\frac{\partial N}{\partial t} = \frac{\partial X}{\partial y} - \frac{\partial Y}{\partial x},$$

wobei

$$\varrho = \frac{\partial X}{\partial x} + \frac{\partial Y}{\partial y} + \frac{\partial Z}{\partial z}$$

die 4π-fache Dichte der Elektrizität und (u_x, u_y, u_z) den Geschwindigkeitsvektor der Elektrizität bedeutet. Denkt man sich die elektrischen Massen unveränderlich an kleine, starre Körper (Ionen, Elektronen) gebunden, so sind diese Gleichungen die elektromagnetische Grundlage der Lorentzschen Elektrodynamik und Optik bewegter Körper.

Transformiert man diese Gleichungen, welche im System K gelten mögen, mit Hilfe der Transformationsgleichungen von § 3 und § 6 auf das System k, so erhält man die Gleichungen:

$$\frac{1}{V}\left\{u_\xi \varrho' + \frac{\partial X'}{\partial \tau}\right\} = \frac{\partial N'}{\partial \eta} - \frac{\partial M'}{\partial \zeta}, \quad \frac{\partial L'}{\partial \tau} = \frac{\partial Y'}{\partial \zeta} - \frac{\partial Z'}{\partial \eta},$$

$$\frac{1}{V}\left\{u_\eta \varrho' + \frac{\partial Y'}{\partial \tau}\right\} = \frac{\partial L'}{\partial \zeta} - \frac{\partial N'}{\partial \xi}, \quad \frac{\partial M'}{\partial \tau} = \frac{\partial Z'}{\partial \xi} - \frac{\partial X'}{\partial \zeta},$$

$$\frac{1}{V}\left\{u_\zeta \varrho' + \frac{\partial Z'}{\partial \tau}\right\} = \frac{\partial M'}{\partial \xi} - \frac{\partial L'}{\partial \eta}, \quad \frac{\partial N'}{\partial \tau} = \frac{\partial X'}{\partial \eta} - \frac{\partial Y'}{\partial \xi},$$

wobei

$$\frac{u_x - v}{1 - \frac{u_x v}{V^2}} = u_\xi,$$

$$\frac{u_y}{\beta\left(1 - \frac{u_x v}{V^2}\right)} = u_\eta, \quad \varrho' = \frac{\partial X'}{\partial \xi} + \frac{\partial Y'}{\partial \eta} + \frac{\partial Z'}{\partial \zeta} = \beta\left(1 - \frac{v u_x}{V^2}\right)\varrho$$

$$\frac{u_z}{\beta\left(1 - \frac{u_x v}{V^2}\right)} = u_\zeta.$$

Da — wie aus dem Additionstheorem der Geschwindigkeiten (§ 5) folgt — der Vektor (u_ξ, u_η, u_ζ) nichts anderes ist als die Geschwindigkeit der elektrischen Massen im System k gemessen, so ist damit gezeigt, daß unter Zugrundelegung unserer kinematischen Prinzipien die elektrodynamische Grundlage der Lorentzschen Theorie der Elektrodynamik bewegter Körper dem Relativitätsprinzip entspricht.

Es möge noch kurz bemerkt werden, daß aus den entwickelten Gleichungen leicht der folgende wichtige Satz gefolgert werden kann: Bewegt sich ein elektrisch geladener Körper beliebig im Raume und ändert sich hierbei seine Ladung nicht, von einem mit dem Körper bewegten Koordinatensystem aus betrachtet, so bleibt seine Ladung auch — von dem „ruhenden" System K aus betrachtet — konstant.

§ 10. Dynamik des (langsam beschleunigten) Elektrons.

In einem elektromagnetischen Felde bewege sich ein punktförmiges, mit einer elektrischen Ladung ε versehenes Teilchen (im folgenden „Elektron" genannt), über dessen Bewegungsgesetz wir nur folgendes annehmen:

Ruht das Elektron in einer bestimmten Epoche, so erfolgt in dem nächsten Zeitteilchen die Bewegung des Elektrons nach den Gleichungen

$$\mu \frac{d^2 x}{d t^2} = \varepsilon X$$

$$\mu \frac{d^2 y}{d t^2} = \varepsilon Y$$

$$\mu \frac{d^2 z}{d t^2} = \varepsilon Z,$$

wobei x, y, z die Koordinaten des Elektrons, μ die Masse des Elektrons bedeutet, sofern dasselbe langsam bewegt ist.

Es besitze nun zweitens das Elektron in einer gewissen Zeitepoche die Geschwindigkeit v. Wir suchen das Gesetz, nach welchem sich das Elektron im unmittelbar darauf folgenden Zeitteilchen bewegt.

Ohne die Allgemeinheit der Betrachtung zu beeinflussen, können und wollen wir annehmen, daß das Elektron in dem Momente, wo wir es ins Auge fassen, sich im Koordinatensprung befinde und sich längs der X-Achse des Systems K mit der Geschwindigkeit v bewege. Es ist dann einleuchtend, daß das Elektron im genannten Momente ($t = 0$) relativ zu einem längs der X-Achse mit der konstanten Geschwindigkeit v parallelbewegten Koordinatensystem k ruht.

Aus der oben gemachten Voraussetzung in Verbindung mit dem Relativitätsprinzip ist klar, daß sich das Elektron in der unmittelbar folgenden Zeit (für kleine Werte von t) vom System k aus betrachtet nach den Gleichungen bewegt:

$$\mu \frac{d^2 \xi}{d \tau^2} = \varepsilon X',$$

$$\mu \frac{d^2 \eta}{d \tau^2} = \varepsilon Y',$$

$$\mu \frac{d^2 \zeta}{d \tau^2} = \varepsilon Z',$$

wobei die Zeichen ξ, η, ζ, τ, X', Y', Z' sich auf das System k beziehen. Setzen wir noch fest, daß für $t = x = y = z = 0$ $\tau = \xi = \eta = \zeta = 0$ sein soll, so gelten die Transformationsgleichungen der §§ 3 und 6, so daß gilt:

$$\tau = \beta \left(t - \frac{v}{V^2} x \right),$$

$$\xi = \beta (x - v t), \qquad X' = X,$$

$$\eta = y, \qquad Y' = \beta \left(Y - \frac{v}{V} N \right),$$

$$\zeta = z, \qquad Z' = \beta \left(Z + \frac{v}{V} M \right).$$

Mit Hilfe dieser Gleichungen transformieren wir die obigen Bewegungsgleichungen vom System k auf das System K und erhalten:

(A)
$$\begin{cases} \dfrac{d^2 x}{d t^2} = \dfrac{\varepsilon}{\mu} \dfrac{1}{\beta^3} X, \\ \dfrac{d^2 y}{d t^2} = \dfrac{\varepsilon}{\mu} \dfrac{1}{\beta} \left(Y - \dfrac{v}{V} N \right), \\ \dfrac{d^2 z}{d t^2} = \dfrac{\varepsilon}{\mu} \dfrac{1}{\beta} \left(Z + \dfrac{v}{V} M \right). \end{cases}$$

Wir fragen nun in Anlehnung an die übliche Betrachtungsweise nach der „longitudinalen" und „transversalen" Masse des bewegten Elektrons. Wir schreiben die Gleichungen (A) in der Form

$$\mu \beta^3 \frac{d^2 x}{dt^2} = \varepsilon X = \varepsilon X',$$

$$\mu \beta^2 \frac{d^2 y}{dt^2} = \varepsilon \beta \left(Y - \frac{v}{V} N\right) = \varepsilon Y',$$

$$\mu \beta^2 \frac{d^2 z}{dt^2} = \varepsilon \beta \left(Z + \frac{v}{V} M\right) = \varepsilon Z'$$

und bemerken zunächst, daß $\varepsilon X'$, $\varepsilon Y'$, $\varepsilon Z'$ die Komponenten der auf das Elektron wirkenden ponderomotorischen Kraft sind, und zwar in einem in diesem Moment mit dem Elektron mit gleicher Geschwindigkeit wie dieses bewegten System betrachtet. (Diese Kraft könnte beispielsweise mit einer im letzten System ruhenden Federwage gemessen werden.) Wenn wir nun diese Kraft schlechtweg „die auf das Elektron wirkende Kraft" nennen und die Gleichung

Massenzahl × Beschleunigungszahl = Kraftzahl

aufrechterhalten, und wenn wir ferner festsetzen, daß die Beschleunigungen im ruhenden System K gemessen werden sollen, so erhalten wir aus obigen Gleichungen:

$$\text{Longitudinale Masse} = \frac{\mu}{\left(\sqrt{1 - \left(\frac{v}{V}\right)^2}\right)^3},$$

$$\text{Transversale Masse} = \frac{\mu}{1 - \left(\frac{v}{V}\right)^2}.$$

Natürlich würde man bei anderer Definition der Kraft und der Beschleunigung andere Zahlen für die Massen erhalten; man ersieht daraus, daß man bei der Vergleichung verschiedener Theorien der Bewegung des Elektrons sehr vorsichtig verfahren muß.

Wir bemerken, daß diese Resultate über die Masse auch für die ponderabeln materiellen Punkte gilt; denn ein ponderabler materieller Punkt kann durch Zufügen einer *beliebig kleinen* elektrischen Ladung zu einem Elektron (in unserem Sinne) gemacht werden.

Wir bestimmen die kinetische Energie des Elektrons. Bewegt sich ein Elektron vom Koordinatenursprung des Systems K aus mit der Anfangsgeschwindigkeit 0 beständig auf der X-Achse unter der Wirkung einer elektrostatischen Kraft X, so ist klar, daß die dem elektrostatischen Felde entzogene Energie den Wert $\int \varepsilon X dx$ hat. Da das Elektron langsam beschleunigt sein soll und infolgedessen keine Energie in Form von Strahlung abgeben möge, so muß die dem elektrostatischen Felde entzogene Energie gleich der Bewegungsenergie W des Elektrons gesetzt werden. Man erhält daher, indem man beachtet, daß während des ganzen betrachteten Bewegungsvorganges die erste der Gleichungen (A) gilt:

$$W = \int \varepsilon X dx = \int_0^v \beta^3 v\, dv = \mu V^2 \left\{ \frac{1}{\sqrt{1-\left(\frac{v}{V}\right)^2}} - 1 \right\}.$$

W wird also für $v = V$ unendlich groß. Überlichtgeschwindigkeiten haben — wie bei unseren früheren Resultaten — keine Existenzmöglichkeit.

Auch dieser Ausdruck für die kinetische Energie muß dem oben angeführten Argument zufolge ebenso für ponderable Massen gelten.

Wir wollen nun die aus dem Gleichungssystem (A) resultierenden, dem Experimente zugänglichen Eigenschaften der Bewegung des Elektrons aufzählen.

1. Aus der zweiten Gleichung des Systems (A) folgt, daß eine elektrische Kraft Y und eine magnetische Kraft N dann gleich stark ablenkend wirken auf ein mit der Geschwindigkeit v bewegtes Elektron, wenn $Y = N \cdot v/V$. Man ersieht also, daß die Ermittelung der Geschwindigkeit des Elektrons aus dem Verhältnis der magnetischen Ablenkbarkeit A_m und der elektrischen Ablenkbarkeit A_e nach unserer Theorie für beliebige Geschwindigkeiten möglich ist durch Anwendung des Gesetzes:

$$\frac{A_m}{A_e} = \frac{v}{V}.$$

Diese Beziehung ist der Prüfung durch das Experiment zugänglich, da die Geschwindigkeit des Elektrons auch direkt,

z. B. mittels rasch oszillierender elektrischer und magnetischer Felder, gemessen werden kann.

2. Aus der Ableitung für die kinetische Energie des Elektrons folgt, daß zwischen der durchlaufenen Potentialdifferenz und der erlangten Geschwindigkeit v des Elektrons die Beziehung gelten muß:

$$P = \int X \, dx = \frac{\mu}{\varepsilon} V^2 \left\{ \frac{1}{\sqrt{1 - \left(\frac{v}{V}\right)^2}} - 1 \right\}.$$

3. Wir berechnen den Krümmungsradius R der Bahn, wenn eine senkrecht zur Geschwindigkeit des Elektrons wirkende magnetische Kraft N (als einzige ablenkende Kraft) vorhanden ist. Aus der zweiten der Gleichungen (A) erhalten wir:

$$-\frac{d^2 y}{d t^2} = \frac{v^2}{R} = \frac{\varepsilon}{\mu} \frac{v}{V} N \cdot \sqrt{1 - \left(\frac{v}{V}\right)^2}$$

oder

$$R = V^2 \frac{\mu}{\varepsilon} \cdot \frac{\frac{v}{V}}{\sqrt{1 - \left(\frac{v}{V}\right)^2}} \cdot \frac{1}{N}.$$

Diese drei Beziehungen sind ein vollständiger Ausdruck für die Gesetze, nach denen sich gemäß vorliegender Theorie das Elektron bewegen muß.

Zum Schlusse bemerke ich, daß mir beim Arbeiten an dem hier behandelten Probleme mein Freund und Kollege M. Besso treu zur Seite stand und daß ich demselben manche wertvolle Anregung verdanke.

Bern, Juni 1905.

(Eingegangen 30. Juni 1905.)

Abhandlung [3]
Ist die Trägheit eines Körpers von seinem Energieinhalt abhängig?
Albert Einstein, Annalen der Physik **18**, 639-641 (1905)

Die Resultate einer jüngst in diesen Annalen von mir publizierten elektrodynamischen Untersuchung[1]) führen zu einer sehr interessanten Folgerung, die hier abgeleitet werden soll.

Ich legte dort die Maxwell-Hertzschen Gleichungen für den leeren Raum nebst dem Maxwellschen Ausdruck für die elektromagnetische Energie des Raumes zugrunde und außerdem das Prinzip:

Die Gesetze, nach denen sich die Zustände der physikalischen Systeme ändern, sind unabhängig davon, auf welches von zwei relativ zueinander in gleichförmiger Parallel-Translationsbewegung befindlichen Koordinatensystemen diese Zustandsänderungen bezogen werden (Relativitätsprinzip).

Gestützt auf diese Grundlagen[2]) leitete ich unter anderem das nachfolgende Resultat ab (l. c. § 8):

Ein System von ebenen Lichtwellen besitze, auf das Koordinatensystem (x, y, z) bezogen, die Energie l; die Strahlrichtung (Wellennormale) bilde den Winkel φ mit der x-Achse des Systems. Führt man ein neues, gegen das System (x, y, z) in gleichförmiger Paralleltranslation begriffenes Koordinatensystem (ξ, η, ζ) ein, dessen Ursprung sich mit der Geschwindig-

---

1) A. Einstein, Ann. d. Phys. **17**. p. 891. 1905.
2) Das dort benutzte Prinzip der Konstanz der Lichtgeschwindigkeit ist natürlich in den Maxwellschen Gleichungen enthalten.

keit v längs der x-Achse bewegt, so besitzt die genannte Lichtmenge — im System (ξ, η, ζ) gemessen — die Energie:

$$l^* = l \frac{1 - \frac{v}{V} \cos \varphi}{\sqrt{1 - \left(\frac{v}{V}\right)^2}},$$

wobei V die Lichtgeschwindigkeit bedeutet. Von diesem Resultat machen wir im folgenden Gebrauch.

Es befinde sich nun im System (x, y, z) ein ruhender Körper, dessen Energie — auf das System (x, y, z) bezogen — E_0 sei. Relativ zu dem wie oben mit der Geschwindigkeit v bewegten System (ξ, η, ζ) sei die Energie des Körpers H_0.

Dieser Körper sende in einer mit der x-Achse den Winkel φ bildenden Richtung ebene Lichtwellen von der Energie $L/2$ (relativ zu (x, y, z) gemessen) und gleichzeitig eine gleich große Lichtmenge nach der entgegengesetzten Richtung. Hierbei bleibt der Körper in Ruhe in bezug auf das System (x, y, z). Für diesen Vorgang muß das Energieprinzip gelten und zwar (nach dem Prinzip der Relativität) in bezug auf beide Koordinatensysteme. Nennen wir E_1 bez. H_1 die Energie des Körpers nach der Lichtaussendung relativ zum System (x, y, z) bez. (ξ, η, ζ) gemessen, so erhalten wir mit Benutzung der oben angegebenen Relation:

$$E_0 = E_1 + \left[\frac{L}{2} + \frac{L}{2}\right],$$

$$H_0 = H_1 + \left[\frac{L}{2} \frac{1 - \frac{v}{V} \cos \varphi}{\sqrt{1 - \left(\frac{v}{V}\right)^2}} + \frac{L}{2} \frac{1 + \frac{v}{V} \cos \varphi}{\sqrt{1 - \left(\frac{v}{V}\right)^2}}\right]$$

$$= H_1 + \frac{L}{\sqrt{1 - \left(\frac{v}{V}\right)^2}}.$$

Durch Subtraktion erhält man aus diesen Gleichungen:

$$(H_0 - E_0) - (H_1 - E_1) = L \left\{\frac{1}{\sqrt{1 - \left(\frac{v}{V}\right)^2}} - 1\right\}.$$

Die beiden in diesem Ausdruck auftretenden Differenzen von der Form $H - E$ haben einfache physikalische Bedeutungen. H und E sind Energiewerte desselben Körpers, bezogen auf zwei relativ zueinander bewegte Koordinatensysteme, wobei der Körper in dem einen System (System (x, y, z)) ruht. Es ist also klar, daß die Differenz $H-E$ sich von der kinetischen Energie K des Körpers in bezug auf das andere System (System (ξ, η, ζ)) nur durch eine additive Konstante C unterscheiden kann, welche von der Wahl der willkürlichen additiven Konstanten der Energien H und E abhängt. Wir können also setzen:

$$H_0 - E_0 = K_0 + C,$$
$$H_1 - E_1 = K_1 + C,$$

da C sich während der Lichtaussendung nicht ändert. Wir erhalten also:

$$K_0 - K_1 = L \left\{ \frac{1}{\sqrt{1 - \left(\frac{v}{V}\right)^2}} - 1 \right\}.$$

Die kinetische Energie des Körpers in bezug auf (ξ, η, ζ) nimmt infolge der Lichtaussendung ab, und zwar um einen von den Qualitäten des Körpers unabhängigen Betrag. Die Differenz $K_0 - K_1$ hängt ferner von der Geschwindigkeit ebenso ab wie die kinetische Energie des Elektrons (l. c. § 10).

Unter Vernachlässigung von Größen vierter und höherer Ordnung können wir setzen:

$$K_0 - K_1 = \frac{L}{V^2} \frac{v^2}{2}.$$

Aus dieser Gleichung folgt unmittelbar:

Gibt ein Körper die Energie L in Form von Strahlung ab, so verkleinert sich seine Masse um L/V^2. Hierbei ist es offenbar unwesentlich, daß die dem Körper entzogene Energie gerade in Energie der Strahlung übergeht, so daß wir zu der allgemeineren Folgerung geführt werden:

Die Masse eines Körpers ist ein Maß für dessen Energieinhalt; ändert sich die Energie um L, so ändert sich die Masse in demselben Sinne um $L/9 \cdot 10^{20}$, wenn die Energie in Erg und die Masse in Grammen gemessen wird.

Es ist nicht ausgeschlossen, daß bei Körpern, deren Energieinhalt in hohem Maße veränderlich ist (z. B. bei den Radiumsalzen), eine Prüfung der Theorie gelingen wird.

Wenn die Theorie den Tatsachen entspricht, so überträgt die Strahlung Trägheit zwischen den emittierenden und absorbierenden Körpern.

Bern, September 1905.

(Eingegangen 27. September 1905.)

Abhandlung [4]
Über das Relativitätsprinzip und die aus demselben gezogenen Folgerungen

Albert Einstein, Jahrbuch der Radioaktivität und Elektronik
4, 411-462 (1907) und 5, 98-99 (1908)

Die Newtonschen Bewegungsgleichungen behalten ihre Form, wenn man auf ein neues, relativ zu dem ursprünglich benutzten in gleichförmiger Translationsbewegung begriffenes Koordinatensystem transformiert nach den Gleichungen

$$x' = x - vt$$
$$y' = y$$
$$z' = z$$

Solange man an der Meinung festhielt, daß auf die Newtonschen Bewegungsgleichungen die ganze Physik aufgebaut werden könne, konnte man also nicht daran zweifeln, daß die Naturgesetze gleich ausfallen, auf welches von relativ zueinander gleichförmig bewegten (beschleunigungsfreien) Koordinatensystemen sie auch bezogen werden mögen. Jene Unabhängigkeit vom Bewegungszustande des benutzten Koordinatensystems, im folgenden „Relativitätsprinzip" genannt, schien aber mit einem Male in Frage gestellt durch die glänzenden Bestätigungen, welche die H. A. Lorentzsche Elektrodynamik bewegter Körper erfahren hat.[1]) Jene Theorie ist nämlich auf die Voraussetzung eines ruhenden, unbeweglichen Lichtäthers gegründet; ihre Grundgleichungen sind nicht so beschaffen, daß sie bei Anwendung der obigen Transformationsgleichungen in Gleichungen von der gleichen Form übergehen.

Seit dem Durchdringen jener Theorie mußte man erwarten, daß es gelingen werde, einen Einfluß der Bewegung der Erde relativ zum Lichtäther auf die optischen Erscheinungen nachzuweisen. Lorentz

---

1) H. A. Lorentz, Versuch einer Theorie der elektrischen und optischen Erscheinungen in bewegten Körpern. Leiden 1895. Neudruck Leipzig 1906.

bewies allerdings bekanntlich in jener Arbeit, daß nach seinen Grundannahmen eine Beeinflussung des Strahlenganges bei optischen Versuchen durch jene Relativbewegung nicht zu erwarten sei, sofern man sich bei der Rechnung auf die Glieder beschränkt, in denen das Verhältnis $\frac{v}{c}$ jener Relativgeschwindigkeit zur Lichtgeschwindigkeit im Vakuum in der ersten Potenz auftritt. Aber das negative Resultat des Experimentes von Michelson und Morley[2]) zeigte, daß in einem bestimmten Falle auch ein Effekt zweiter Ordnung $\left(\text{proportional } \frac{v^2}{c^2}\right)$ nicht vorhanden war, trotzdem er nach den Grundlagen der Lorentzschen Theorie bei dem Versuche sich hätte bemerkbar machen müssen.

Es ist bekannt, daß jener Widerspruch zwischen Theorie und Experiment durch die Annahme von H. A. Lorentz und Fitzgerald, nach welcher bewegte Körper in der Richtung ihrer Bewegung eine bestimmte Kontraktion erfahren, formell beseitigt wurde. Diese ad hoc eingeführte Annahme erschien aber doch nur als ein künstliches Mittel, um die Theorie zu retten; der Versuch von Michelson und Morley hatte eben gezeigt, daß Erscheinungen auch da dem Relativitätsprinzip entsprechen, wo dies nach der Lorentzschen Theorie nicht einzusehen war. Es hatte daher den Anschein, als ob die Lorentzsche Theorie wieder verlassen und durch eine Theorie ersetzt werden müsse, deren Grundlagen dem Relativitätsprinzip entsprechen, denn eine solche Theorie ließe das negative Ergebnis des Versuches von Michelson und Morley ohne weiteres voraussehen.

Es zeigte sich aber überraschenderweise, daß es nur nötig war, den Begriff der Zeit genügend scharf zu fassen, um über die soeben dargelegte Schwierigkeit hinweg zu kommen. Es bedurfte nur der Erkenntnis, daß man eine von H. A. Lorentz eingeführte Hilfsgröße, welche er „Ortszeit" nannte, als „Zeit" schlechthin definieren kann. Hält man an der angedeuteten Definition der Zeit fest, so entsprechen die Grundgleichungen der Lorentzschen Theorie dem Relativitätsprinzip, wenn man nur die obigen Transformationsgleichungen durch solche ersetzt, welche dem neuen Zeitbegriff entsprechen. Die Hypothese von H. A. Lorentz und Fitzgerald erscheint dann als eine zwingende Konsequenz der Theorie. Nur die Vorstellung eines Licht-

---

[2] A. A. Michelson und E. W. Morley, Amer. Journ. of Science (3) **34**, S. 333, 1887.

äthers als des Trägers der elektrischen und magnetischen Kräfte paßt nicht in die hier dargelegte Theorie hinein; elektromagnetische Felder erscheinen nämlich hier nicht als Zustände irgendeiner Materie, sondern als selbständig existierende Dinge, die der ponderabeln Materie gleichartig sind und mit ihr das Merkmal der Trägheit gemeinsam haben.

Im folgenden ist nun der Versuch gemacht, die Arbeiten zu einem Ganzen zusammenzufassen, welche bisher aus der Vereinigung von H. A. Lorentzscher Theorie und Relativitätsprinzip hervorgegangen sind.

In den ersten beiden Teilen der Arbeit sind die kinematischen Grundlagen sowie deren Anwendung auf die Grundgleichungen der Maxwell-Lorentzschen Theorie behandelt; dabei hielt ich mich an Arbeiten[1]) von H. A. Lorentz (Versl. Kon. Akad. v. Wet., Amsterdam 1904) und A. Einstein (Ann. d. Phys. **16**, 1905).

In dem ersten Abschnitt, in dem ausschließlich die kinematischen Grundlagen der Theorie angewendet worden sind, habe ich auch einige optische Probleme (Dopplersches Prinzip, Aberration, Mitführung des Lichtes durch bewegte Körper) behandelt; auf die Möglichkeit einer derartigen Behandlungsweise wurde ich durch eine mündliche Mitteilung und eine Arbeit (Ann. d. Phys. **23**, 989, 1907) von Herrn M. Laue, und durch eine (allerdings korrekturbedürftige) Arbeit von Herrn J. Laub (Ann. d. Phys. **32**, 1907) aufmerksam.

Im dritten Teil ist die Dynamik des materiellen Punktes (Elektrons) entwickelt. Zur Ableitung der Bewegungsgleichungen benutzte ich dieselbe Methode wie in meiner oben genannten Arbeit. Die Kraft ist definiert wie in der Planckschen Arbeit. Auch die Umformungen der Bewegungsgleichungen des materiellen Punktes, welche die Analogie der Bewegungsgleichungen mit denen der klassischen Mechanik so deutlich hervortreten lassen, sind dieser Arbeit entnommen.

Der vierte Teil befaßt sich mit den allgemeinen Folgerungen, betreffend die Energie und die Bewegungsgröße physikalischer Systeme, zu welchen die Relativitätstheorie führt. Dieselben sind in den Originalabhandlungen:

---

1) Es kommen auch noch die einschlägigen Arbeiten von E. Cohn in Betracht, von welchen ich aber hier keinen Gebrauch gemacht habe.

A. Einstein, Ann. d. Phys. **18**, 639, 1905 und Ann. d. Phys. **23**, 371, 1907, sowie M. Planck, Sitzungsber. d. Kgl. Preuß. Akad. d. Wissensch. XXIX, 1907 entwickelt worden, hier aber auf einem neuen Wege abgeleitet, der — wie mir scheint — den Zusammenhang jener Anwendungen mit den Grundlagen der Theorie besonders klar erkennen läßt. Auch die Abhängigkeit der Entropie und Temperatur vom Bewegungszustande ist hier behandelt; bezüglich der Entropie hielt ich mich ganz an die zuletzt zitierte Plancksche Abhandlung, die Temperatur bewegter Körper definierte ich wie Herr Mosengeil in seiner Arbeit über die bewegte Hohlraumstrahlung.[1])

Das wichtigste Ergebnis des vierten Teiles ist das von der trägen Masse der Energie. Dies Resultat legt die Frage nahe, ob die Energie auch schwere (gravitierende) Masse besitze. Ferner drängt sich die Frage auf, ob das Relativitätsprinzip auf beschleunigungfrei bewegte Systeme beschränkt sei. Um diese Fragen nicht ganz unerörtert zu lassen, habe ich dieser Abhandlung einen fünften Teil hinzugefügt, welcher eine neue relativitätstheoretische Betrachtung über Beschleunigung und Gravitation enthält.

I. Kinematischer Teil.

§ 1. **Prinzip von der Konstanz der Lichtgeschwindigkeit. Definition der Zeit. Relativitätsprinzip.**

Um irgendeinen physikalischen Vorgang beschreiben zu können, müssen wir imstande sein, die in den einzelnen Punkten des Raumes stattfindenden Veränderungen örtlich und zeitlich zu werten.

Zur örtlichen Wertung eines in einem Raumelement stattfindenden Vorganges von unendlich kurzer Dauer (Punktereignis) bedürfen wir eines Cartesischen Koordinatensystems, d. h. dreier aufeinander senkrecht stehender, starr miteinander verbundener, starrer Stäbe, sowie eines starren Einheitsmaßstabes.[1]) Die Geometrie gestattet, die Lage

---

1) Kurd von Mosengeil, Ann. d. Phys. **22**, 867, 1907.

1) Statt von „starren" Körpern, könnte hier sowie im folgenden ebenso gut von deformierenden Kräften nicht unterworfenen festen Körpern gesprochen werden.

eines Punktes bezw. den Ort eines Punktereignisses durch drei Maßzahlen (Koordinaten x, y, z) zu bestimmen.[2]) Für die zeitliche Wertung eines Punktereignisses bedienen wir uns einer Uhr, die relativ zum Koordinatensystem ruht und in deren unmittelbarer Nähe das Punktereignis stattfindet. Die Zeit des Punktereignisses ist definiert durch die gleichzeitige Angabe der Uhr.

Wir denken uns in vielen Punkten relativ zum Koordinatensystem ruhende Uhren angeordnet. Dieselben seien sämtlich gleichwertig, d. h. die Differenz der Angaben zweier solcher Uhren soll ungeändert bleiben, falls sie nebeneinander angeordnet werden. Denkt man sich diese Uhren irgendwie eingestellt, so erlaubt die Gesamtheit der Uhren, falls letztere in genügend kleinen Abständen angeordnet sind, ein beliebiges Punktereignis — etwa mittels der nächstgelegenen Uhr — zeitlich zu werten.

Der Inbegriff dieser Uhrangaben liefert uns aber gleichwohl noch keine „Zeit", wie wir sie für physikalische Zwecke nötig haben. Wir bedürfen vielmehr hierzu noch einer Vorschrift, nach welcher diese Uhren relativ zueinander eingestellt werden sollen.

Wir nehmen nun an, die Uhren können so gerichtet werden, daß die Fortpflanzungsgeschwindigkeit eines jeden Lichtstrahles im Vakuum — mit Hilfe dieser Uhren gemessen — allenthalben gleich einer universellen Konstante c wird, vorausgesetzt, daß das Koordinatensystem nicht beschleunigt ist. Sind A und B zwei relativ zum Koordinatensystem ruhende, mit Uhren ausgestattete Punkte, deren Entfernung r beträgt, und ist t_A die Angabe der Uhr in A, wenn ein durch das Vakuum in der Richtung AB sich fortpflanzender Lichtstrahl den Punkt A erreicht, t_B die Angabe der Uhr in B beim Eintreffen des Lichtstrahles in B, so soll also, wie auch die den Lichtstrahl emittierende Lichtquelle, sowie andere Körper bewegt sein mögen, stets

$$\frac{r}{t_B - t_A} = c$$

sein.

Daß die hier gemachte Annahme, welche wir „Prinzip von der Konstanz der Lichtgeschwindigkeit" nennen wollen, in der Natur wirklich erfüllt sei, ist keineswegs selbstverständlich, doch wird dies — wenigstens für ein Koordinatensystem von bestimmtem Bewegungszustande — wahrscheinlich gemacht durch die Bestätigungen, welche die, auf die Voraus-

---

2) Hierzu braucht man noch Hilfsstäbe (Lineale, Zirkel).

setzung eines absolut ruhenden Äthers gegründete Lorentzsche Theorie[1]) durch das Experiment erfahren hat.[2])

Den Inbegriff der Angaben aller gemäß dem vorhergehenden gerichteter Uhren, welche man sich in den einzelnen Raumpunkten relativ zum Koordinatensystem ruhend angeordnet denken kann, nennen wir die zu dem benutzten Koordinatensystem gehörige Zeit oder kurz die Zeit dieses Systems.

Das benutzte Koordinatensystem samt Einheitsmaßstab und den zur Ermittlung der Zeit des Systems dienenden Uhren, nennen wir „Bezugssystem S". Wir denken uns die Naturgesetze in bezug auf das Bezugssystem S ermittelt, welches etwa zunächst relativ zur Sonne ruhe. Hierauf werde das Bezugssystem S durch irgendeine äußere Ursache eine Zeitlang beschleunigt und gelange schließlich wieder in einen beschleunigungsfreien Zustand. Wie werden die Naturgesetze ausfallen, wenn man die Vorgänge auf das nunmehr in einem anderen Bewegungszustande befindliche Bezugssystem S bezieht?

In bezug hierauf machen wir nun die denkbar einfachste und durch das Experiment von Michelson und Morley nahe gelegte Annahme: **Die Naturgesetze sind unabhängig vom Bewegungszustande des Bezugssystems, wenigstens falls letzterer ein beschleunigungsfreier ist.**

Auf diese Annahme, welche wir „Relativitätsprinzip" nennen, sowie auf das oben angegebene Prinzip von der Konstanz der Lichtgeschwindigkeit werden wir uns im folgenden stützen.

§ 2. Allgemeine Bemerkungen, Raum und Zeit betreffend.

1. Wir betrachten eine Anzahl beschleunigungsfrei und gleich bewegter (d. h. relativ zueinander ruhender) starrer Körper. Nach dem Relativitätsprinzip schließen wir, daß die Gesetze, nach denen sich diese Körper relativ zueinander räumlich gruppieren lassen, bei Änderung des gemeinsamen Bewegungszustandes dieser Körper sich nicht ändern. Daraus folgt, daß die Gesetze der Geometrie die Lagerungsmöglichkeiten starrer Körper stets in der gleichen Weise

---

1) H. A. Lorentz, Versuch einer Theorie der elektrischen und optischen Erscheinungen in bewegten Körpern. Leiden 1895.

2) Insbesondere kommt in Betracht, daß diese Theorie den Mitführungskoeffizienten (Fizeauscher Versuch) im Einklang mit der Erfahrung lieferte.

bestimmen, unabhängig von deren gemeinsamem Bewegungszustande. Aussagen über die Gestalt eines beschleunigungsfrei bewegten Körpers haben daher unmittelbar einen Sinn. Wir wollen die Gestalt eines Körpers im dargelegten Sinn, die „Geometrische Gestalt" desselben nennen. Letztere ist offenbar nicht vom Bewegungszustande eines Bezugssystems abhängig.

2. Eine Zeitangabe hat gemäß der in § 1 gegebenen Definition der Zeit nur mit Bezug auf ein Bezugssystem von bestimmtem Bewegungszustande einen Sinn. Es ist daher zu vermuten (und wird sich im folgenden zeigen), daß zwei räumlich distante Punktereignisse, welche in bezug auf ein Bezugssystem S gleichzeitig sind, in bezug auf ein Bezugssystem S' von anderem Bewegungszustande im allgemeinen nicht gleichzeitig sind.

3. Ein aus den materiellen Punkten P bestehender Körper bewege sich irgendwie relativ zu einem Bezugssystem S. Zur Zeit t von S besitzt jeder materielle Punkt P eine bestimmte Lage in S, d. h. er koinzidiert mit einem bestimmten, relativ zu S ruhendem Punkte Π. Den Inbegriff der Lagen der Punkte Π relativ zum Koordinatensystem von S nennen wir die Lage, den Inbegriff der Lagenbeziehungen der Punkte Π untereinander die kinematische Gestalt des Körpers in bezug auf S für die Zeit t. Ruht der Körper relativ zu S, so ist seine kinematische Gestalt in bezug auf S mit seiner geometrischen Gestalt identisch.

Es ist klar, daß relativ zu einem Bezugssystem S ruhende Beobachter nur die auf S bezogene kinematische Gestalt eines relativ zu S bewegten Körpers zu ermitteln vermögen, nicht aber dessen geometrische Gestalt.

Im folgenden werden wir gewöhnlich nicht explizite zwischen geometrischer und kinematischer Gestalt unterscheiden; eine Aussage geometrischen Inhaltes betrifft die kinematische bezw. geometrische Gestalt, je nachdem dieselbe auf ein Bezugssystem S bezogen ist oder nicht.

§ 3. Koordinaten-Zeit-Transformation.

S und S' seien gleichwertige Bezugssysteme, d. h. diese Systeme mögen gleichlange Einheitsmaßstäbe und gleichlaufende Uhren besitzen, falls diese Gegenstände im Zustande relativer Ruhe miteinander verglichen werden. Es ist dann einleuchtend, daß jedes Naturgesetz, das in bezug auf S gilt, in genau gleicher Form auch in bezug auf S' gilt, falls S und S' relativ zueinander ruhen. Das Relativitätsprinzip verlangt jene vollkommene Übereinstimmung auch für den Fall, daß S' relativ zu S in gleichförmiger Translationsbewegung begriffen ist. Im speziellen muß sich also für die Lichtgeschwindigkeit im Vakuum in bezug auf beide Bezugssysteme dieselbe Zahl ergeben.

Ein Punktereignis sei relativ zu S durch die Variabeln x, y, z, t relativ zu S' durch die Variabeln x', y', z', t', bestimmt, wobei S und S' beschleunigungsfrei und relativ zueinander bewegt seien. Wir fragen nach den Gleichungen, welche zwischen den erstgenannten und den letztgenannten Variabeln bestehen.

Von diesen Gleichungen können wir sofort aussagen, daß sie in bezug auf die genannten Variabeln linear sein müssen, weil die Homogenitätseigenschaften des Raumes und der Zeit dies erfordern. Daraus folgt im speziellen, daß die Koordinatenebenen von S' — auf das Bezugssystem S bezogen — gleichförmig bewegte Ebenen sind; doch werden diese Ebenen im allgemeinen nicht aufeinander senkrecht stehen. Wählen wir jedoch die Lage der x'-Achse so, daß letztere — auf S bezogen — die gleiche Richtung hat, wie die auf S bezogene Translationsbewegung von S', so folgt aus Symmetriegründen, daß die auf S bezogenen Koordinatenebenen von S' aufeinander senkrecht stehen müssen. Wir können und wollen die Lagen der beiden Koordinatensysteme im speziellen so wählen, daß die x-Achse von S und die x'-Achse von S' dauernd zusammenfallen und daß die auf S bezogene y'-Achse von S' parallel der y-Achse von S ist. Ferner wollen wir als Anfangspunkt der Zeit in beiden Systemen den Augenblick wählen, in welchem die Koordinatenanfangspunkte koinzidieren; dann sind die gesuchten linearen Transformationsgleichungen homogen.

Aus der nun bekannten Lage der Koordinatenebenen von S' relativ zu S schließen wir unmittelbar, daß je zwei der folgenden Gleichungen gleichbedeutend sind:

$$x' = 0 \quad \text{und} \quad x - vt = 0$$
$$y' = 0 \quad \text{und} \quad y = 0$$
$$z' = 0 \quad \text{und} \quad z = 0$$

Drei der gesuchten Transformationsgleichungen sind also von der Form:

$$x' = a(x - vt)$$
$$y' = by$$
$$z' = cz.$$

Da die Ausbreitungsgeschwindigkeit des Lichtes im leeren Raume in bezug auf beide Bezugssysteme gleich c ist, so müssen die beiden Gleichungen:
$$x^2 + y^2 + z^2 = c^2 t^2$$
und
$$x'^2 + y'^2 + z'^2 = c^2 t'^2$$
gleichbedeutend sein. Hieraus und aus den soeben für x', y', z' gefundenen Ausdrücken schließt man nach einfacher Rechnung, daß die gesuchten Transformationsgleichungen von der Form sein müssen:
$$t' = \varphi(v) \cdot \beta \cdot \left(t - \frac{v}{c^2} x\right)$$
$$x' = \varphi(v) \cdot \beta \cdot (x - vt)$$
$$y' = \varphi(v) \cdot y$$
$$z' = \varphi(v) \cdot z.$$

Dabei ist
$$\beta = \frac{1}{\sqrt{1 - \frac{v^2}{c^2}}}$$
gesetzt.

Die noch unbestimmt gebliebene Funktion von v wollen wir nun bestimmen. Führen wir ein drittes mit S und S' gleichwertiges Bezugssystem S'' ein, welches relativ zu S' mit der Geschwindigkeit $-v$ bewegt und ebenso relativ zu S' orientiert ist, wie S' relativ zu S, so erhalten wir durch zweimalige Anwendung der eben erlangten Gleichungen
$$t'' = \varphi(v) \cdot \varphi(-v) \cdot t$$
$$x'' = \varphi(v) \cdot \varphi(-v) \cdot x$$
$$y'' = \varphi(v) \cdot \varphi(-v) \cdot y$$
$$z'' = \varphi(v) \cdot \varphi(-v) \cdot z.$$

Da die Koordinatenanfangspunkte von S und S'' dauernd zusammenfallen, die Achsen gleich orientiert und die Systeme „gleichwertige" sind, so ist diese Substitution die identische[1]), so daß
$$\varphi(v) \cdot \varphi(-v) = 1.$$

---

1) Dieser Schluß ist auf die physikalische Voraussetzung gegründet, daß die Länge eines Maßstabes, sowie die Ganggeschwindigkeit einer Uhr dadurch keine dauernde Änderung erleiden, daß diese Gegenstände in Bewegung gesetzt und wieder zur Ruhe gebracht werden.

Da ferner die Beziehung zwischen y und y' vom Vorzeichen von v nicht abhängen kann, ist,
$$\varphi(v) = \varphi(-v).$$
Es ist also [2]) $\varphi(v) = 1$, und die Transformationsgleichungen lauten

$$\left. \begin{array}{l} t' = \beta\left(t - \dfrac{v}{c^2}x\right) \\ x' = \beta(x - vt) \\ y' = y \\ z' = z \end{array} \right\} \quad \ldots \ldots (1)$$

wobei
$$\beta = \dfrac{1}{\sqrt{1 - \dfrac{v^2}{c^2}}}.$$

Löst man die Gleichungen (1) nach x, y, z, t auf, so erhält man die nämlichen Gleichungen, nur daß die „gestrichenen" durch die gleichnamigen „ungestrichenen" Größen und umgekehrt ersetzt sind, und v durch $-v$ ersetzt ist. Es folgt dies auch unmittelbar aus dem Relativitätsprinzip und aus der Erwägung, daß S relativ zu S' eine Paralleltranslation in Richtung der X'-Achse mit der Geschwindigkeit $-v$ ausführt.

Allgemein erhält man gemäß dem Relativitätsprinzip aus jeder richtigen Beziehung zwischen „gestrichenen" (mit Bezug auf S' definierten) und „ungestrichenen" (mit Bezug auf S definierten) Größen oder zwischen Größen nur einer dieser Gattungen wieder eine richtige Beziehung, wenn man die ungestrichenen durch die entsprechenden gestrichenen Zeichen und umgekehrt sowie v durch $-v$ ersetzt.

§ 4. **Folgerungen aus den Transformationsgleichungen, starre Körper und Uhren betreffend.**

1. Relativ zu S' ruhe ein Körper. x_1', y_1', z_1' und x_2' y_2' z_2' seien die auf S' bezogenen Koordinaten zweier materieller Punkte desselben. Zwischen den Koordinaten x_1, y_1, z_1 und x_2, y_2, z_2 dieser Punkte in bezug auf das Bezugssystem S bestehen zu jeder Zeit t von S nach den soeben abgeleiteten Transformationsgleichungen die Beziehungen

$$\left. \begin{array}{l} x_2 - x_1 = \sqrt{1 - \dfrac{v^2}{c^2}}(x_2' - x_1') \\ y_2 - y_1 = y_2' - y_1' \\ z_2 - z_1 = z_2' - z_1' \end{array} \right\} \ \ldots (2)$$

---

[2]) $\varphi(v) = -1$ kommt offenbar nicht in Betracht.

Die kinematische Gestalt eines in gleichförmiger Translationsbewegung begriffenen Körpers hängt also ab von dessen Geschwindigkeit relativ zum Bezugssystem, und zwar unterscheidet sich die kinematische Gestalt des Körpers von seiner geometrischen Gestalt lediglich durch eine Verkürzung in Richtung der Relativbewegung im Verhältnis $1 : \sqrt{1 - \frac{v^2}{c^2}}$. Eine Relativbewegung von Bezugssystemen mit Überlichtgeschwindigkeit ist mit unseren Prinzipien nicht vereinbar.

2. Im Koordinatenanfangspunkt von S' sei eine Uhr ruhend angeordnet, welche v_0 mal schneller laufe als die zur Zeitmessung in den Systemen S und S' benutzten Uhren, d. h. diese Uhr führe v_0-Perioden aus in einer Zeit, in welcher die Angabe einer relativ zu ihr ruhenden Uhr von der Art der in S und S' zur Zeitmessung benutzten Uhren um eine Einheit zunimmt. Wie schnell geht die erstgenannte Uhr vom System S aus betrachtet?

Die betrachtete Uhr beendet jeweilen eine Periode in den Zeitepochen $t_n' = \frac{n}{v_0}$, wobei n die ganzen Zahlen durchläuft, und für die Uhr dauernd $x' = 0$ ist. Hieraus erhält man mit Hilfe der beiden ersten Transformationsgleichungen für die Zeitepochen t_n, in denen die Uhr, von S aus betrachtet, jeweilen eine Periode beendet

$$t_n = \beta t_n' = \frac{\beta}{v_0} n.$$

Vom System S aus betrachtet führt die Uhr also, pro Zeiteinheit $v = \frac{v_0}{\beta} = v_0 \sqrt{1 - \frac{v^2}{c^2}}$ Perioden aus; oder: eine relativ zu einem Bezugssystem mit der Geschwindigkeit v gleichförmig bewegte Uhr geht von diesem Bezugssystem aus beurteilt im Verhältnis $1 : \sqrt{1 - \frac{v^2}{c^2}}$ langsamer als die nämliche Uhr, falls sie relativ zu jenem Bezugssystem ruht.

Die Formel $v = v_0 \sqrt{1 - \frac{v^2}{c^2}}$ gestattet eine sehr interessante Anwendung. Herr J. Stark hat im vorigen Jahre gezeigt[1]), daß die die Kanalstrahlen bildenden Ionen Linienspektra emittieren, indem er eine als Dopplereffekt zu deutende Verschiebung von Spektrallinien beobachtete.

---

1) J. Stark, Ann. d. Phys. **21**, 401, 1906.

Da der einer Spektrallinie entsprechende Schwingungsvorgang wohl als ein intraatomischer Vorgang zu betrachten ist, dessen Frequenz durch das Ion allein bestimmt ist, so können wir ein solches Ion als eine Uhr von bestimmter Frequenzzahl ν_0 ansehen, welch letztere man z. B. erhält, wenn man das von gleich beschaffenen, relativ zum Beobachter ruhenden Ionen ausgesandte Licht untersucht. Die obige Betrachtung zeigt nun, daß der Einfluß der Bewegung auf die von dem Beobachter zu ermittelnde Lichtfrequenz durch den Dopplereffekt noch nicht vollständig gegeben ist. Die Bewegung verringert vielmehr außerdem die (scheinbare) Eigenfrequenz der emittierenden Ionen gemäß obiger Beziehung.[2])

§ 5. **Additionstheorem der Geschwindigkeiten.**

Relativ zum System S' bewege sich ein Punkt gleichförmig gemäß den Gleichungen
$$x' = u_x' t'$$
$$y' = u_y' t'$$
$$z' = u_z' t'.$$

Ersetzt man x', y', z', t' durch ihre Ausdrücke in x, y, z, t vermittels der Transformationsgleichungen (1), so erhält man x, y, z in Funktion von t, also auch die Geschwindigkeitskomponenten w_x, w_y, w_z des Punktes in bezug auf S. Es ergibt sich so

$$\left. \begin{array}{l} u_x = \dfrac{u_x' + v}{1 + \dfrac{v u_x'}{c^2}} \\[2ex] u_y = \dfrac{\sqrt{1 - \dfrac{v^2}{c^2}}}{1 + \dfrac{v u_x'}{c^2}} u_y' \\[2ex] u_z = \dfrac{\sqrt{1 - \dfrac{v^2}{c^2}}}{1 + \dfrac{v u_x'}{c^2}} u_z' \end{array} \right\} \quad \ldots \ldots (3)$$

Das Gesetz vom Parallelogramm der Geschwindigkeiten gilt also nur in erster Annäherung. Setzen wir
$$u^2 = u_x^2 + u_y^2 + u_z^2$$
$$u'^2 = u_x'^2 + u_y'^2 + u_z'^2$$

---

[2]) Vgl. hierzu § 6 Gleich. (4a).

und bezeichnen wir mit α den Winkel zwischen der x'-Achse (v) und der Bewegungsrichtung des Punktes in bezug auf S' (w'), so ist

$$u = \frac{\sqrt{(v^2 + u'^2 + 2vu'\cos\alpha) - \left(\frac{vu'\sin\alpha}{c^2}\right)^2}}{1 + \frac{vu'\cos\alpha}{c^2}}.$$

Sind beide Geschwindigkeiten (v und u') gleichgerichtet, so hat man:

$$u = \frac{v + u'}{1 + \frac{vu'}{c^2}}.$$

Aus dieser Gleichung folgt, daß aus der Zusammensetzung zweier Geschwindigkeiten, welche kleiner sind als c, stets eine Geschwindigkeit resultiert, die kleiner als c ist. Setzt man nämlich $v = c - k$, $u' = c - \lambda$, wobei k und λ positiv und kleiner als c seien, so ist:

$$u = c\frac{2c - k - \lambda}{2c - k - \lambda + \frac{k\lambda}{c}} < c.$$

Es folgt ferner, daß die Zusammensetzung der Lichtgeschwindigkeit c und einer „Unterlichtgeschwindigkeit" wieder die Lichtgeschwindigkeit c ergibt.

Aus dem Additionstheorem der Geschwindigkeiten ergibt sich ferner noch die interessante Folgerung, daß es keine Wirkung geben kann, welche zur willkürlichen Signalgebung verwendet werden kann, und die sich schneller fortpflanzt als das Licht im Vakuum. Es erstrecke sich nämlich längs der x-Achse von S ein Materialstreifen, relativ zu welchem sich eine gewisse Wirkung (vom Materialstreifen aus beurteilt) mit der Geschwindigkeit W fortzupflanzen vermöge, und es befinde sich sowohl im Punkte $x = 0$ (Punkt A) als auch im Punkte $\dot{x} = \lambda$ (Punkt B) der x-Achse ein relativ zu S ruhender Beobachter. Der Beobachter in A sende vermittels der oben genannten Wirkung Zeichen zu dem Beobachter in B durch den Materialstreifen, welch letzterer nicht ruhe, sondern mit der Geschwindigkeit $v(<c)$ sich in der negativen x-Richtung bewege. Das Zeichen wird dann, wie aus der ersten der Gleichungen (3) hervorgeht, mit der Geschwindigkeit

$$\frac{W - v}{1 - \frac{Wv}{c^2}}$$

von A nach B übertragen. Die hierzu nötige Zeit T ist also

$$T = l\,\frac{1 - \dfrac{Wv}{c^2}}{W - v}.$$

Die Geschwindigkeit v kann jeglichen Wert unter c annehmen. Wenn also $W > c$ ist, wie wir angenommen haben, so kann man v stets so wählen, daß $T < 0$. Dies Resultat besagt, daß wir einen Übertragungsmechanismus für möglich halten müßten, bei dessen Benutzung die erzielte Wirkung der Ursache vorangeht. Wenn dies Resultat auch, meiner Ansicht nach, rein logisch genommen, keinen Widerspruch enthält, so widerstreitet es doch derart dem Charakter unserer gesamten Erfahrung, daß durch dasselbe die Unmöglichkeit der Annahme $W > c$ zur Genüge erwiesen erscheint.

§ 6. Anwendungen der Transformationsgleichungen auf einige Probleme der Optik.

Der Lichtvektor einer im Vakuum sich fortpflanzenden ebenen Lichtwelle sei, auf das System S bezogen, proportional zu

$$\sin \omega \left(t - \frac{lx + my + nz}{c} \right),$$

auf S' bezogen sei der Lichtvektor des nämlichen Vorganges proportional zu

$$\sin \omega' \left(t' - \frac{l'x' + m'y' + n'z'}{c} \right).$$

Die im § 3 entwickelten Transformationsgleichungen verlangen, daß zwischen den Größen ω, l, m, n und ω', l', m', n' die folgenden Beziehungen bestehen:

$$\left.\begin{aligned}
\omega' &= \omega \beta \left(1 - l\frac{v}{c} \right) \\
l' &= \frac{l - \dfrac{v}{c}}{1 - l\dfrac{v}{c}} \\
m' &= \frac{m}{\beta \left(1 - l\dfrac{v}{c} \right)} \\
n' &= \frac{n}{\beta \left(1 - l\dfrac{v}{c} \right)}
\end{aligned}\right\} \quad \ldots \ldots (4)$$

Die Formel für ω' wollen wir in zwei verschiedenen Weisen deuten, je nachdem wir uns den Beobachter als bewegt und die (unendlich ferne) Lichtquelle als ruhend, oder umgekehrt ersteren als ruhend und letztere als bewegt betrachten.

1. Ist ein Beobachter relativ zu einer unendlich fernen Lichtquelle von der Frequenz ν mit der Geschwindigkeit v derart bewegt, daß die Verbindungslinie „Lichtquelle-Beobachter" mit der auf ein relativ zur Lichtquelle ruhendes Koordinatensystem bezogenen Geschwindigkeit des Beobachters den Winkel φ bildet, so ist die von dem Beobachter wahrgenommene Frequenz ν' des Lichtes gegeben durch die Gleichung

$$\nu' = \nu \frac{1 - \cos\varphi \frac{v}{c}}{\sqrt{1 - \frac{v^2}{c^2}}}$$

2. Ist eine Lichtquelle, welche bezogen auf ein mit ihr bewegtes System die Frequenz ν_0 besitzt, derart bewegt, daß die Verbindungslinie „Lichtquelle-Beobachter" mit der auf ein relativ zum Beobachter ruhendes System bezogenen Geschwindigkeit der Lichtquelle den Winkel φ bildet, so ist die vom Beobachter wahrgenommene Frequenz ν durch die Gleichung gegeben

$$\nu = \nu_0 \frac{\sqrt{1 - \frac{v^2}{c^2}}}{1 - \cos\varphi \frac{v}{c}} \quad \ldots \ldots \quad (4\,\mathrm{a})$$

Die beiden letzten Gleichungen drücken das Dopplersche Prinzip in seiner allgemeinen Fassung aus; die letzte Gleichung läßt erkennen, wie die beobachtbare Frequenz des von Kanalstrahlen emittierten (bezw. absorbierten) Lichtes von der Bewegungsgeschwindigkeit der die Strahlen bildenden Ionen und von der Richtung des Visierens abhängt.

Nennt man ferner φ bezw. φ' den Winkel zwischen der Wellennormale (Strahlrichtung) und der Richtung der Relativbewegung von S' gegen S (d. h. mit der x- bezw. x'-Achse), so nimmt die Gleichung für l' die Form an

$$\cos\varphi' = \frac{\cos\varphi - \frac{v}{c}}{1 - \cos\varphi \frac{v}{c}}.$$

Diese Gleichung zeigt den Einfluß der Relativbewegung des Beobachters auf den scheinbaren Ort einer unendlich fernen Lichtquelle (Aberration).

Wir wollen noch untersuchen, wie rasch sich das Licht in einem in Richtung des Lichtstrahles bewegten Medium fortpflanzt. Das Medium ruhe relativ zum System S', und der Lichtvektor sei proportional zu

$$\sin \omega' \left(t' - \frac{x'}{V'}\right)$$

bezw. zu

$$\sin \omega \left(t - \frac{x}{V}\right),$$

je nachdem der Vorgang auf S' oder auf S bezogen wird.

Die Transformationsgleichungen ergeben

$$\omega = \beta \omega' \left(1 + \frac{v}{V'}\right)$$

$$\frac{\omega}{V} = \beta \frac{\omega'}{V'} \left(1 + \frac{V'v}{c^2}\right).$$

Hierbei ist V' als aus der Optik ruhender Körper bekannte Funktion von ω' zu betrachten. Durch Division dieser Gleichungen erhält man

$$V = \frac{V' + v}{1 + \frac{V'v}{c^2}},$$

welche Gleichung man auch unmittelbar durch Anwendung des Additionstheorems der Geschwindigkeiten hätte erhalten können.[1]) Falls V' als bekannt anzusehen ist, löst die letzte Gleichung die Aufgabe vollständig. Falls aber nur die auf das „ruhende" System S bezogene Frequenz (ω) als bekannt anzusehen ist, wie z. B. bei dem bekannten Experiment von Fizeau, sind die beiden obigen Gleichungen in Verbindung mit der Beziehung zwischen ω' und V' zu verwenden zur Bestimmung der drei Unbekannten ω', V' und V.

Ist ferner G bezw. G' die auf S bezw. S' bezogene Gruppengeschwindigkeit, so ist nach dem Additionstheorem der Geschwindigkeiten

$$G = \frac{G' + v}{1 + \frac{G'v}{c^2}}.$$

Da die Beziehung zwischen G' und ω' aus der Optik ruhender Körper zu entnehmen ist[2]), und ω' nach dem Obigen aus ω berechenbar ist, so ist die Gruppengeschwindigkeit G auch dann berechenbar,

---

1) Vgl. M. Laue, Ann. d. Phys. 23, 989, 1907.

2) Es ist nämlich $G' = \dfrac{V'}{1 + \dfrac{1}{V'}\dfrac{dV'}{d\omega'}}$

wenn lediglich die auf S bezogene Frequenz des Lichtes sowie die Natur und die Bewegungsgeschwindigkeit des Körpers gegeben ist.

II. Elektrodynamischer Teil.

§ 7. Transformation der Maxwell-Lorentzschen Gleichungen.

Wir gehen aus von den Gleichungen

$$\left.\begin{aligned}\frac{1}{c}\left\{u_x\varrho+\frac{\partial X}{\partial t}\right\}&=\frac{\partial N}{\partial y}-\frac{\partial M}{\partial z}\\ \frac{1}{c}\left\{u_y\varrho+\frac{\partial Y}{\partial t}\right\}&=\frac{\partial L}{\partial z}-\frac{\partial N}{\partial x}\\ \frac{1}{c}\left\{u_z\varrho+\frac{\partial Z}{\partial t}\right\}&=\frac{\partial M}{\partial x}-\frac{\partial L}{\partial y}\end{aligned}\right\} \quad\cdots\cdot(5)$$

$$\left.\begin{aligned}\frac{1}{c}\frac{\partial L}{\partial t}&=\frac{\partial Y}{\partial z}-\frac{\partial Z}{\partial y}\\ \frac{1}{c}\frac{\partial M}{\partial t}&=\frac{\partial Z}{\partial x}-\frac{\partial X}{\partial z}\\ \frac{1}{c}\frac{\partial N}{\partial t}&=\frac{\partial X}{\partial y}-\frac{\partial Y}{\partial x}\end{aligned}\right\} \quad\cdots\cdot(6)$$

In diesen Gleichungen bedeutet

(X, Y, Z) den Vektor der elektrischen Feldstärke,

(L, M, N) den Vektor der magnetischen Feldstärke,

$\varrho = \dfrac{\partial X}{\partial x}+\dfrac{\partial Y}{\partial y}+\dfrac{\partial Z}{\partial z}$ die 4π-fache Dichte der Elektrizität,

(u_x, u_y, u_z) den Geschwindigkeitsvektor der Elektrizität.

Diese Gleichungen in Verbindung mit der Annahme, daß die elektrischen Massen unveränderlich an kleine starre Körper (Ionen, Elektronen) gebunden seien, bilden die Grundlage der Lorentzschen Elektrodynamik und Optik bewegter Körper.

Transformiert man diese Gleichungen, welche in bezug auf das System S gelten mögen, mit Hilfe der Transformationsgleichungen (1) auf das relativ zu S wie bei den bisherigen Betrachtungen bewegte System S', so erhält man die Gleichungen

$$\left.\begin{aligned}\frac{1}{c}\left\{u_x'\varrho'+\frac{\partial X'}{\partial t'}\right\}&=\frac{\partial N'}{\partial y'}-\frac{\partial M'}{\partial z'}\\ \frac{1}{c}\left\{u_y'\varrho'+\frac{\partial Y'}{\partial t'}\right\}&=\frac{\partial L'}{\partial z'}-\frac{\partial N'}{\partial x'}\\ \frac{1}{c}\left\{u_z'\varrho'+\frac{\partial Z'}{\partial t'}\right\}&=\frac{\partial M'}{\partial x'}-\frac{\partial L'}{\partial z'}\end{aligned}\right\} \quad\cdots\cdot(5')$$

$$\left.\begin{array}{l}\dfrac{1}{c}\dfrac{\partial L'}{\partial t'}=\dfrac{\partial Y'}{\partial x'}-\dfrac{\partial Z'}{\partial y'}\\[2pt]\dfrac{1}{c}\dfrac{\partial M'}{\partial t'}=\dfrac{\partial Z'}{\partial x'}-\dfrac{\partial X'}{\partial z'}\\[2pt]\dfrac{1}{c}\dfrac{\partial N'}{\partial t'}=\dfrac{\partial X'}{\partial y'}-\dfrac{\partial Y'}{\partial x'}\end{array}\right\} \quad \ldots \ldots (6')$$

wobei gesetzt ist:

$$\left.\begin{array}{l}X'=X\\Y'=\beta\left(Y-\dfrac{v}{c}N\right)\\Z'=\beta\left(Z+\dfrac{v}{c}M\right)\end{array}\right\} \quad \ldots \ldots (7\mathrm{a})$$

$$\left.\begin{array}{l}L'=L\\M'=\beta\left(M+\dfrac{v}{c}Z\right)\\N'=\beta\left(N-\dfrac{v}{c}Y\right)\end{array}\right\} \quad \ldots \ldots (7\mathrm{b})$$

$$\varrho'=\dfrac{\partial X'}{\partial x'}+\dfrac{\partial Y'}{\partial y'}+\dfrac{\partial Z'}{\partial z'}=\beta\left(1-\dfrac{v u_x}{c^2}\right)\varrho \ \ldots \ (8)$$

$$\left.\begin{array}{l}u_x'=\dfrac{u_x-v}{1-\dfrac{u_x v}{c^2}}\\[10pt]u_y'=\dfrac{u_y}{\beta\left(1-\dfrac{u_x v}{c^2}\right)}\\[10pt]u_z'=\dfrac{u_z}{\beta\left(1-\dfrac{u_x v}{c^2}\right)}\end{array}\right\} \quad \ldots \ldots (9)$$

Die erlangten Gleichungen sind von derselben Gestalt wie die Gleichungen (5) und (6). Aus dem Relativitätsprinzip folgt andererseits, daß die elektrodynamischen Vorgänge, auf S' bezogen, nach den gleichen Gesetzen verlaufen wie die auf S bezogenen. Wir schließen hieraus zunächst, daß X', Y', Z' bezw. L', M', N' nichts anderes sind als die Komponenten der auf S' bezogenen elektrischen bezw. magnetischen Feldstärke.[1] Da ferner gemäß den Umkehrungen der

---

[1] Die Übereinstimmung der gefundenen Gleichungen mit den Gleichungen (5) und (6) läßt zwar die Möglichkeit offen, daß sich die Größen X' usw. von den auf S' bezogenen Feldstärken um einen konstanten Faktor unterscheiden. Daß dieser Faktor gleich 1 sein muß, läßt sich aber leicht auf ganz ähnliche Weise zeigen wie in § 3 bei der Funktion $\varphi(v)$.

429   Gleichungen (3) die in den Gleichungen (9) auftretenden Größen u_x', u_y', u_z' gleich sind den Geschwindigkeitskomponenten der Elektrizität in bezug auf S', so ist ϱ' die auf S' bezogene Dichte der Elektrizität. Die elektrodynamische Grundlage der Maxwell-Lorentzschen Theorie entspricht also dem Prinzip der Relativität.

Zur Interpretation der Gleichungen (7a) bemerken wir folgendes. Es liege eine punktförmige Elektrizitätsmenge vor, welche relativ zu S ruhend in bezug auf S von der Größe „eins" sei, d. h. auf eine gleiche, ebenfalls in bezug auf S ruhende Elektrizitätsmenge im Abstand 1 cm die Kraft 1 Dyn ausübe. Nach dem Relativitätsprinzip ist diese elektrische Masse auch dann gleich „eins", wenn sie relativ zu S' ruht und von S' aus untersucht wird.[1]) Ruht diese Elektrizitätsmenge relativ zu S, so ist (X, Y, Z) definitionsgemäß gleich der auf sie wirkenden Kraft, wie sie z. B. mittels einer relativ zu S ruhenden Federwage gemessen werden könnte. Die analoge Bedeutung hat der Vektor (X', Y', Z') mit Bezug auf S'.

Gemäß den Gleichungen (7a) und (7b) kommt einer elektrischen bezw. magnetischen Feldstärke an und für sich keine Existenz zu, indem es von der Wahl des Koordinatensystems abhängen kann, ob an einer Stelle (genauer: in der örtlich-zeitlichen Umgebung eines Punktereignisses) eine elektrische bezw. magnetische Feldstärke vorhanden ist oder nicht. Man ersieht ferner, daß die bisher eingeführten „elektromotorischen" Kräfte, welche auf eine in einem Magnetfelde bewegte elektrische Masse wirken, nichts anderes sind als „elektrische" Kräfte, falls man ein zu der betrachteten elektrischen Masse ruhendes Bezugssystem einführt. Die Fragen über den Sitz jener elektromotorischen Kräfte (bei Unipolarmaschinen) werden daher gegenstandslos; die Antwort fällt nämlich verschieden aus, je nach der Wahl des Bewegungszustandes des benutzten Bezugssystems.

Die Bedeutung der Gleichung (8) erkennt man aus folgendem. Ein elektrisch geladener Körper ruhe relativ zu S'. Seine auf S' bezogene Gesamtladung ε' ist dann $\int \dfrac{\varrho'}{4\pi} dx' dy' dz'$. Wie groß ist seine Gesamtladung ε zu einer bestimmten Zeit t von S?

Aus den drei letzten der Gleichungen (1) folgt, daß für konstantes t die Beziehung gilt:
$$dx' dy' dz' = \beta\, dx\, dy\, dz.$$

---

[1]) Dieser Schluß gründet sich ferner auf die Annahme, daß die Größe einer elektrischen Masse von deren Bewegungsvorgeschichte unabhängig ist.

Gleichung (8) lautet in unserem Falle:
$$\varrho' = \frac{1}{\beta}\varrho.$$
Aus diesen beiden Gleichungen folgt, daß
$$\varepsilon' = \varepsilon$$
sein muß. Gleichung (8) sagt also aus, daß die elektrische Masse eine vom Bewegungszustand des Bezugssystems unabhängige Größe ist. Bleibt also die Ladung eines beliebig bewegten Körpers vom Standpunkt eines mitbewegten Bezugssystems konstant, so bleibt sie auch in bezug auf jedes andere Bezugssystem konstant.

Mit Hilfe der Gleichungen (1), (7), (8) und (9) läßt sich jedes Problem der Elektrodynamik und Optik bewegter Körper, in welchem nur Geschwindigkeiten, nicht aber Beschleunigungen eine wesentliche Rolle spielen, auf eine Reihe von Problemen der Elektrodynamik bezw. Optik ruhender Körper zurückführen.

Wir behandeln noch ein einfaches Anwendungsbeispiel für die hier entwickelten Beziehungen. Eine ebene, im Vakuum sich fortpflanzende Lichtwelle sei relativ zu S dargestellt durch die Gleichungen

$$X = X_0 \sin \Phi \qquad L = L_0 \sin \Phi$$
$$Y = Y_0 \sin \Phi \qquad M = M_0 \sin \Phi \qquad \Phi = w\left(t - \frac{lx + my + nz}{c}\right)$$
$$Z = Z_0 \sin \Phi \qquad N = N_0 \sin \Phi$$

Wir fragen nach der Beschaffenheit dieser Welle, wenn dieselbe auf das System S' bezogen wird.

Durch Anwendung der Transformationsgleichungen (1) und (7) erhält man

$$X' = X_0 \sin \Phi' \qquad\qquad L' = L_0 \sin \Phi'$$
$$Y' = \beta\left(Y_0 - \frac{v}{c}N_0\right)\sin \Phi' \qquad M' = \beta\left(M_0 + \frac{v}{c}Z_0\right)\sin \Phi'$$
$$Z' = \beta\left(Z_0 + \frac{v}{c}M_0\right)\sin \Phi' \qquad N' = \beta\left(N_0 - \frac{v}{c}Y_0\right)\sin \Phi'$$
$$\Phi' = w'\left(t' - \frac{l'x' + m'y' + n'z'}{c}\right).$$

Daraus, daß die Funktionen X' usw. den Gleichungen (5') und (6') genügen müssen, folgt, daß auch in bezug auf S' Wellennormale, elektrische Kraft und magnetische Kraft aufeinander senkrecht stehen, und daß die beiden letzteren einander gleich sind. Die Beziehungen, die aus der Identität $\Phi = \Phi'$ fließen, haben wir schon in § 6 behandelt; wir haben hier nur noch Amplitude und Polarisationszustand der Welle in bezug auf S' zu ermitteln.

Wir wählen die X-Y-Ebene parallel zur Wellennormale und behandeln zunächst den Fall, daß die elektrische Schwingung parallel zur Z-Achse erfolgt. Dann haben wir zu setzen:

$$X_0 = 0 \qquad L_0 = -A\sin\varphi$$
$$Y_0 = 0 \qquad M_0 = -A\cos\varphi$$
$$Z_0 = A \qquad N_0 = 0,$$

wobei φ den Winkel zwischen Wellennormale und X-Achse bezeichnet. Es folgt nach dem Obigen

$$X' = 0 \qquad\qquad L' = -A\sin\varphi\sin\Phi'$$
$$Y' = 0 \qquad\qquad M' = \beta\left(-\cos\varphi + \frac{v}{c}\right)A\sin\Phi'$$
$$Z' = \beta\left(1 - \frac{v}{c}\cos\varphi\right)A\sin\varphi' \qquad N' = 0.$$

Bedeutet also A' die Amplitude der Welle in bezug auf S', so ist

$$A' = A\frac{1 - \dfrac{v}{c}\cos\varphi}{\sqrt{1 - \dfrac{v^2}{c^2}}} \qquad \ldots \ldots \quad (10)$$

Für den Spezialfall, daß die **magnetische Kraft** senkrecht auf der Richtung der Relativbewegung und der Wellennormale steht, gilt offenbar die gleiche Beziehung. Da man aus diesen beiden Spezialfällen den allgemeinen Fall durch Superposition konstruieren kann, so folgt, daß bei der Einführung eines neuen Bezugssystems S' die Beziehung (10) allgemein gilt, und daß der Winkel zwischen der Polarisationsebene und einer zur Wellennormale und zur Richtung der Relativbewegung parallelen Ebene in den beiden Bezugssystemen derselbe ist.

III. Mechanik des materiellen Punktes (Elektrons).

§ 8. Ableitung der Bewegungsgleichungen des (langsam beschleunigten) materiellen Punktes bezw. Elektrons.

In einem elektromagnetischen Felde bewege sich ein mit einer elektrischen Ladung ε versehenes Teilchen (im folgenden „Elektron" genannt), über dessen Bewegungsgesetz wir folgendes annehmen:

Ruht das Elektron in einem bestimmten Zeitpunkt in bezug auf ein (beschleunigungsfreies) System S', so erfolgt dessen Bewegung im nächsten Zeitteilchen in bezug auf S' nach den Gleichungen

$$\mu \frac{d^2 x_0'}{dt'^2} = \varepsilon X'$$
$$\mu \frac{d^2 y_0'}{dt'^2} = \varepsilon Y'$$
$$\mu \frac{d^2 z_0'}{dt'^2} = \varepsilon Z',$$

wobei x_0', y_0', z_0' die Koordinaten des Elektrons in bezug auf S' bezeichnen, und μ eine Konstante bedeutet, welche wir die Masse des Elektrons nennen.

Wir führen ein System S ein, relativ zu welchem S' wie bei unseren bisherigen Untersuchungen bewegt sei, und transformieren unsere Bewegungsgleichungen mittels der Transformationsgleichungen (1) und (7a).

Erstere lauten in unserem Falle

$$t' = \beta\left(t - \frac{v}{c^2} x_0\right)$$
$$x_0' = \beta(x_0 - vt)$$
$$y_0' = y_0$$
$$z_0' = z_0.$$

Aus diesen Gleichungen erhalten wir, indem wir $\frac{dx_0}{dt} = \dot{x}_0$ usw. setzen:

$$\frac{dx_0'}{dt'} = \frac{\beta(\dot{x}_0 - v)}{\beta\left(1 - \frac{v\dot{x}_0}{c^2}\right)} \quad \text{usw.}$$

$$\frac{d^2 x_0'}{dt'^2} = \frac{\frac{d}{dt}\left\{\frac{dx_0'}{dt'}\right\}}{\beta\left(1 - \frac{v x_0'}{c^2}\right)} = \frac{1}{\beta} \frac{\left(1 - \frac{v\dot{x}_0}{c^2}\right)\ddot{x}_0 + (\dot{x}_0 - v)\frac{v\ddot{x}_0}{c^2}}{\left(1 - \frac{v\dot{x}_0}{c^2}\right)} \quad \text{usw.}$$

Setzt man diese Ausdrücke, nachdem man in ihnen $\dot{x}_0 = v$, $\dot{y}_0 = 0$, $\dot{z}_0 = 0$ gesetzt hat, in die obigen Gleichungen ein, so erhält man, indem man gleichzeitig X', Y', Z' mittels der Gleichungen (7a) ersetzt

$$\mu \beta^3 \ddot{x}_0 = \varepsilon X$$
$$\mu \beta \ddot{y}_0 = \varepsilon\left(Y - \frac{v}{c} N\right)$$
$$\mu \beta \ddot{z}_0 = \varepsilon\left(Z + \frac{v}{c} M\right).$$

Diese Gleichungen sind die Bewegungsgleichungen des Elektrons für den Fall, daß in dem betreffenden Augenblick $\dot{x}_0 = v$, $\dot{y}_0 = o$, $\dot{z}_0 = o$ ist. Man kann also auf den linken Seiten statt v die durch die Gleichung

$$q = \sqrt{\dot{x}_0{}^2 + \dot{y}_0{}^2 + \dot{z}_0{}^2}$$

definierte Geschwindigkeit q einsetzen und auf den rechten Seiten v durch $\dot{x}_0$ ersetzen. Außerdem fügen wir die durch zyklische Vertauschung aus $\dfrac{\dot{x}_0}{c} M$ und $-\dfrac{\dot{x}_0}{c} N$ zu gewinnenden Glieder, welche in dem betrachteten Spezialfalle verschwinden, an den entsprechenden Stellen hinzu. Indem wir den Index bei x_0 usw. weglassen, erhalten wir so die für den betrachteten Spezialfall mit den obigen gleichbedeutenden Gleichungen:

$$\left. \begin{aligned} \frac{d}{dt}\left\{\frac{\mu \dot{x}}{\sqrt{1-\dfrac{q^2}{c^2}}}\right\} &= K_x \\ \frac{d}{dt}\left\{\frac{\mu \dot{y}}{\sqrt{1-\dfrac{q^2}{c^2}}}\right\} &= K_y \\ \frac{d}{dt}\left\{\frac{\mu \dot{z}}{\sqrt{1-\dfrac{q^2}{c^2}}}\right\} &= K_z, \end{aligned} \right\} \quad \ldots \ldots (11)$$

wobei gesetzt ist:

$$\left. \begin{aligned} K_x &= \varepsilon \left\{ X + \frac{\dot{y}}{c} N - \frac{\dot{z}}{c} M \right\} \\ K_y &= \varepsilon \left\{ Y + \frac{\dot{z}}{c} L - \frac{\dot{x}}{c} N \right\} \\ K_z &= \varepsilon \left\{ Z + \frac{\dot{x}}{c} M - \frac{\dot{y}}{c} L \right\} \end{aligned} \right\} \quad \ldots \ldots (12)$$

Diese Gleichungen ändern ihre Form nicht, wenn man ein neues, relativ ruhendes Koordinatensystem mit anders gerichteten Achsen einführt. Sie gelten daher allgemein, nicht nur, wenn $\dot{x} = \dot{z} = 0$ ist.

Den Vektor (K_x, K_y, K_z) nennen wir die auf den materiellen Punkt wirkende Kraft. In dem Falle, daß q^2 gegen c^2 verschwindet, gehen K_x, K_y, K_z nach Gleichungen (11) in die Kraftkomponenten gemäß Newtons Definition über. Im nächsten Paragraphen ist ferner dargelegt, daß in der Relativitätsmechanik jener Vektor auch im übrigen dieselbe Rolle spielt wie die Kraft in der klassischen Mechanik. Wir wollen an den Gleichungen (11) auch in dem Falle festhalten, daß die auf den Massenpunkt ausgeübte Kraftwirkung nicht elektromagnetischer Natur ist. In diesem Falle haben die Gleichungen (11) keinen physikalischen Inhalt, sondern sie sind dann als Definitionsgleichungen der Kraft aufzufassen.

§ 9. Bewegung des Massenpunktes und mechanische Prinzipien.

Multipliziert man die Gleichungen (5) und (6) der Reihe nach mit $\frac{X}{4\pi}, \frac{Y}{4\pi} \ldots \frac{N}{4\pi}$ und integriert über einen Raum, an dessen Grenzen die Feldstärken verschwinden, so erhält man

$$\int \frac{\varrho}{4\pi}(u_x X + u_y Y + u_z Z)d\omega + \frac{dE_e}{dt} = 0, \quad \ldots \quad (13)$$

wobei

$$E_e = \int \left[\frac{1}{8\pi}(X^2 + Y^2 + Z^2) + \frac{1}{8\pi}(L^2 + M^2 + N^2)\right]d\omega$$

die elektromagnetische Energie des betrachteten Raumes ist. Das erste Glied der Gleichung (13) ist nach dem Energieprinzip gleich der Energie, welche vom elektromagnetischen Felde pro Zeiteinheit an die Träger der elektrischen Massen abgegeben wird. Sind elektrische Massen mit einem materiellen Punkte starr verbunden (Elektron), so ist der auf sie entfallende Anteil jenes Gliedes gleich dem Ausdruck

$$\varepsilon(X\dot{x} + Y\dot{y} + Z\dot{z}),$$

wenn (X, Y, Z) die äußere elektrische Feldstärke bezeichnet, d. h. die Feldstärke abzüglich derjenigen, welche von der Ladung des Elektrons selbst herrührt. Dieser Ausdruck geht vermöge der Gleichungen (12) über in

$$K_x\dot{x} + K_y\dot{y} + K_z\dot{z}.$$

Der im vorigen Paragraph als „Kraft" bezeichnete Vektor (K_x, K_y, K_z) steht also zu der geleisteten Arbeit in derselben Beziehung wie bei der Newtonschen Mechanik.

Multipliziert man also die Gleichungen (11) der Reihe nach mit $\dot{x}, \dot{y}, \dot{z}$, addiert und integriert über die Zeit, so muß sich die kinetische Energie des materiellen Punktes (Elektrons) ergeben. Man erhält

$$\int (K_x\dot{x} + K_y\dot{y} + K_z\dot{z})dt = \frac{\mu c^2}{\sqrt{1-\frac{q^2}{c^2}}} + \text{const.} \quad . . . \quad (14)$$

Daß die Bewegungsgleichungen (11) mit dem Energieprinzip im Einklang sind, ist damit gezeigt. Wir wollen nun dartun, daß sie auch dem Prinzip von der Erhaltung der Bewegungsgröße entsprechen.

Multipliziert man die zweite und dritte der Gleichungen (5) und die zweite und dritte der Gleichungen (6) der Reihe nach mit $\frac{N}{4\pi}$, $\frac{-M}{4\pi}$, $\frac{-Z}{4\pi}$, $\frac{Y}{4\pi}$, addiert und integriert über einen Raum, an dessen Grenzen die Feldstärken verschwinden, so erhält man

$$\frac{d}{dt}\left[\int \frac{1}{4\pi c}(YN-ZM)d\omega\right] + \int \frac{\varrho}{4\pi}\left(X + \frac{u_y}{c}N - \frac{u_x}{c}M\right)d\omega = 0 \quad (15)$$

oder gemäß den Gleichungen (12)

$$\frac{d}{dt}\left[\int \frac{1}{4\pi c}(YN-ZM)d\omega\right] + \Sigma K_x = 0 \quad . . . . \quad (15\text{a})$$

Sind die elektrischen Massen an frei bewegliche materielle Punkte (Elektronen) gebunden, so geht diese Gleichung vermöge (11) über in

$$\frac{d}{dt}\left[\int \frac{1}{4\pi c}YN-ZM) + \Sigma\right]\frac{\mu\dot{x}}{\sqrt{1-\frac{q^2}{c^2}}} = 0 \quad . . \quad (15\text{b})$$

Diese Gleichung drückt in Verbindung mit den durch zyklische Vertauschung zu gewinnenden den Satz von der Erhaltung der Bewegungsgröße in dem hier betrachteten Falle aus. Die Größe $\xi = \frac{\mu\dot{x}}{\sqrt{1-\frac{v^2}{c^2}}}$

spielt also die Rolle der Bewegungsgröße des materiellen Punktes, und es ist gemäß Gleichungen (11) wie in der klassischen Mechanik

$$\frac{d\xi}{dt} = K_x.$$

Die Möglichkeit, eine Bewegungsgröße des materiellen Punktes einzuführen, beruht darauf, daß in den Bewegungsgleichungen die Kraft bezw. das zweite Glied der Gleichung (15) als Differentialquotient nach der Zeit dargestellt werden kann.

Man sieht ferner unmittelbar, daß unseren Bewegungsgleichungen des materiellen Punktes die Form der Bewegungsgleichungen von Lagrange gegeben werden kann; denn es ist gemäß Gleichungen (11)

$$\frac{d}{dt}\left[\frac{\partial H}{\partial \dot{x}}\right] = K_x \text{ usw.},$$

wobei

$$H = -\mu c^2 \sqrt{1 - \frac{q^2}{c^2}} + \text{const}$$

gesetzt ist. Die Bewegungsgleichungen lassen sich auch darstellen in der Form des Hamiltonschen Prinzips

$$\int_{t_0}^{t_1} (dH + A)\,dt = 0,$$

wobei die Zeit t sowie die Anfangs- und Endlage unvariiert bleibt und A die virtuelle Arbeit bezeichnet:

$$A = K_x \partial x + K_y \partial y + K_z \partial z.$$

Endlich stellen wir noch die Hamiltonschen kanonischen Bewegungsgleichungen auf. Hierzu dient die Einführung der „Impulskoordinaten" (Komponenten der Bewegungsgröße) ξ, η, ζ, wobei wie oben gesetzt ist

$$\xi = \frac{\partial H}{\partial \dot{x}} = \frac{\mu x}{\sqrt{1 - \frac{q^2}{c^2}}} \text{ usw.}$$

Betrachtet man die kinetische Energie L als Funktion von ξ, η, ζ und setzt $\xi^2 + \eta^2 + \zeta^2 = \varrho^2$, so ergibt sich

$$L = \mu c^2 \sqrt{1 + \frac{\varrho^2}{\mu^2 c^2}} + \text{const}$$

und die Hamiltonschen Bewegungsgleichungen werden:

$$\frac{d\xi}{dt} = K_x \qquad \frac{d\eta}{dt} = K_y \qquad \frac{d\zeta}{dt} = K_z$$

$$\frac{dx}{dt} = \frac{\partial L}{\partial \xi} \qquad \frac{dy}{dt} = \frac{\partial L}{\partial \eta} \qquad \frac{dz}{dt} = \frac{\partial L}{\partial \zeta}.$$

§ 10. Über die Möglichkeit einer experimentellen Prüfung der Theorie der Bewegung des materiellen Punktes. Kaufmannsche Untersuchung.

Eine Aussicht auf Vergleichung der im letzten Paragraphen abgeleiteten Resultate mit der Erfahrung ist nur da vorhanden, wo bewegte, mit einer elektrischen Ladung versehene Massenpunkte Geschwindigkeiten besitzen, deren Quadrat gegenüber c^2 nicht zu vernachlässigen ist. Diese Bedingung ist bei den rascheren Kathodenstrahlen und bei den von radioaktiven Substanzen ausgesandten Elektronenstrahlen (β-Strahlen) erfüllt.

Es gibt drei Größen bei Elektronenstrahlen, deren gegenseitige Beziehungen Gegenstand einer genaueren experimentellen Untersuchung sein können, nämlich das Erzeugungspotential bezw. die kinetische Energie der Strahlen, die Ablenkbarkeit durch ein elektrisches Feld und die Ablenkbarkeit durch ein magnetisches Feld.

Das Erzeugungspotential Π ist gemäß (14) gegeben durch die Formel

$$\Pi\varepsilon = \mu \left\{ \frac{c^2}{\sqrt{1 - \frac{q^2}{c^2}}} - 1 \right\}$$

Zur Berechnung der andern beiden Größen schreiben wir die letzte der Gleichungen (11) hin für den Fall, daß die Bewegung momentan parallel zur X-Achse ist; man erhält, falls man mit ε den absoluten Betrag der Ladung des Elektrons bezeichnet,

$$-\frac{d^2z}{dt^2} = \frac{\varepsilon}{\mu} \sqrt{1 - \frac{q^2}{c^2}} \left(Z + \frac{q}{c} M \right).$$

Falls Z und M die einzigen ablenkenden Feldkomponenten sind, die Krümmung also in der XZ-Ebene erfolgt, ist der Krümmungsradius R der Bahn gegeben durch $\frac{q^2}{R} = \left[\frac{d^2z}{dt^2}\right]$. Definiert man als elektrische bezw. magnetische Ablenkbarkeit die Größe $A_e = \frac{1}{R} : Z$ bzw. $A_m = \frac{1}{R} : M$ für den Fall, daß nur eine elektrische bezw. nur eine magnetische ablenkende Feldkomponente vorhanden ist, so hat man also

$$A_e = \frac{\varepsilon}{\mu} \frac{\sqrt{1 - \frac{q^2}{c^2}}}{q^2}$$

$$A_m = \frac{\varepsilon}{\mu} \frac{\sqrt{1 - \frac{q^2}{c^2}}}{cq}.$$

Bei Kathodenstrahlen kommen alle drei Größen, Π, A_e und A für die Messung in Betracht; es liegen jedoch noch keine Untersuchungen bei genügend raschen Kathodenstrahlen vor. Bei β-Strahlen sind (praktisch) nur die Größen A_e und A_m der Beobachtung zugänglich. Herr W. Kaufmann hat mit bewunderungswürdiger Sorgfalt die Beziehung zwischen A_m und A_e für die von einem Radium-Bromid-Körnchen ausgesandten β-Strahlen ermittelt.[1])

Sein Apparat, dessen hauptsächliche Teile in Fig. 1 in natürlicher Größe dargestellt sind, bestand im wesentlichen in einem lichtdichten, im Innern eines evakuierten Glasgefäßes befindlichen Messinggehäuse H, auf dessen Boden A in einer kleinen Vertiefung O sich das Radiumkörnchen befand. Die von ihm ausgehenden β-Strahlen durchlaufen

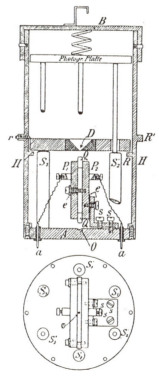

Fig. 1 (nat. Gr.).

---

1) W. Kaufmann, Über die Konstitution des Elektrons. Ann. d. Phys. **19**, 1906. Die beiden Figuren sind der Kaufmannschen Arbeit entnommen.

den Zwischenraum zwischen zwei Kondensatorplatten P_1 und P_2, treten durch das Diaphragma D von 0,2 mm Durchmesser und fallen dann auf die photographische Platte. Die Strahlen wurden durch ein zwischen den Kondensatorplatten P_1 und P_2 gebildetes elektrisches Feld sowie durch ein von einem großen permanenten Magneten erzeugtes, in gleicher Richtung verlaufendes magnetisches Feld senkrecht dazu abgelenkt, so daß durch die Wirkung der Strahlen einer bestimmten Geschwindigkeit ein Punkt, durch die Wirkung der Teilchen von den verschiedenen Geschwindigkeiten zusammen eine Kurve auf der Platte markiert wurde.

Fig. 2 zeigt diese Kurve[1]), welche bis auf den Maßstab für Abszisse und Ordinate die Beziehung zwischen A_m (Abszisse) und A_e (Ordinate) darstellt. Über der Kurve sind durch Kreuzchen der nach der Relativitätstheorie berechneten Kurve angegeben, wobei für $\dfrac{\varepsilon}{\mu}$ der Wert $1{,}878 \cdot 10^7$ angenommen ist.

In Anbetracht der Schwierigkeit der Untersuchung möchte man geneigt sein, die Übereinstimmung als eine genügende anzusehen. Die vorhandenen Abweichungen sind jedoch systematisch und erheblich

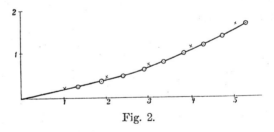

Fig. 2.

außerhalb der Fehlergrenze der Kaufmannschen Untersuchung. Daß die Berechnungen von Herrn Kaufmann fehlerfrei sind, geht daraus hervor, daß Herr Planck bei Benutzung einer anderen Berechnungsmethode zu Resultaten geführt wurde, die mit denen von Herrn Kaufmann durchaus übereinstimmen.[1])

---

1) Die in der Figur angegebenen Maßzahlen bedeuten Millimeter auf der photographischen Platte. Die gezeichnete Kurve ist nicht genau die beobachtete, sondern die „auf unendlich kleine Ablenkung reduzierte" Kurve.

1) Vergl. M. Planck, Verhandl. d. Deutschen Phys. Ges. VIII. Jahrg. Nr. 20, 1906; IX. Jahrg. Nr. 14, 1907.

Ob die systematischen Abweichungen in einer noch nicht gewürdigten Fehlerquelle oder darin ihren Grund haben, daß die Grundlagen der Relativitätstheorie nicht den Tatsachen entsprechen, kann wohl erst dann mit Sicherheit entschieden werden, wenn ein mannigfaltigeres Beobachtungsmaterial vorliegen wird.

Es ist noch zu erwähnen, daß die Theorien der Elektronenbewegung von Abraham[2]) und von Bucherer[3]) Kurven liefern, die sich der beobachteten Kurve erheblich besser anschließen als die aus der Relativitätstheorie ermittelte Kurve. Jenen Theorien kommt aber nach meiner Meinung eine ziemlich geringe Wahrscheinlichkeit zu, weil ihre die Maße des bewegten Elektrons betreffenden Grundannahmen nicht nahe gelegt werden durch theoretische Systeme, welche größere Komplexe von Erscheinungen umfassen.

IV. Zur Mechanik und Thermodynamik der Systeme.

§ 11. Über die Abhängigkeit der Masse von der Energie.

Wir betrachten ein von einer für Strahlung nicht durchlässigen Hülle umgebenes physikalisches System. Dies System schwebe frei im Raume und sei keinen andern Kräften unterworfen, als den Einwirkungen elektrischer und magnetischer Kräfte des umgebenden Raumes. Durch letztere kann auf das System Energie in Form von Arbeit und Wärme übertragen werden, welche Energie im Innern des Systems irgendwelche Verwandlungen erfahren kann. Die von dem System aufgenommene Energie ist, auf das System S bezogen, gemäß (13) gegeben durch den Ausdruck

$$\int dE = \int dt \int \frac{\varrho}{4\pi} (X_a u_x + Y_a u_y + Z_a u_z) d\omega,$$

wobei (X_a, Y_a, Z_a) den Feldvektor des äußern, nicht zum System gerechneten Feldes und $\frac{\varrho}{4\pi}$ die Elektrizitätsdichte in der Hülle bedeutet. Diesen Ausdruck transformieren wir mittels der Umkehrungen der Gleichungen (7a), (8) und (9), indem wir berücksichtigen, daß gemäß den Gleichungen (1) die Funktionaldeterminante

$$\frac{D(x', y', z', t')}{D(x, y, z, t)}$$

---

2) M. Abraham, Gött. Nachr. 1902.
3) A. H. Bucherer, Math. Einführung in die Elektronentheorie, S. 58, Leipzig 1904.

gleich eins ist. Wir erhalten so

$$\int dE = \beta \iint \frac{\varrho'}{4\pi}(u_x' X_a' + u_y' Y_a' + u_z' Z_a')\, d\omega'\, dt'$$
$$+ \beta v \iint \frac{\varrho'}{4\pi}\left(X_a' + \frac{u_y'}{c} N_a' - \frac{u_x'}{c} M_a'\right) d\omega'\, dt',$$

oder, da auch in bezug auf S' das Energieprinzip gelten muß, in leicht verständlicher Schreibweise

$$dE = \beta\, dE' + \beta v \int [\Sigma K_x']\, dt'. \tag{16}$$

Wir wollen diese Gleichung auf den Fall anwenden, daß sich das betrachtete System derart gleichförmig bewegt, daß es als Ganzes relativ zu dem Bezugssystem S' ruht. Dann dürfen wir, falls die Teile des Systems relativ zu S' so langsam bewegt sind, daß die Quadrate der Geschwindigkeiten relativ zu S' gegenüber c^2 zu vernachlässigen sind, in bezug auf S' die Sätze der Newtonschen Mechanik anwenden. Es kann also nach dem Schwerpunktsatz das betrachtete System (genauer gesagt, dessen Schwerpunkt) nur dann dauernd in Ruhe bleiben, wenn für jedes t'

$$\Sigma K_x' = 0$$

ist. Trotzdem braucht das zweite Glied auf der rechten Seite der Gleichung (16) nicht zu verschwinden, weil die zeitliche Integration nicht zwischen zwei bestimmten Werten von t', sondern zwischen zwei bestimmten Werten von t auszuführen ist.

Wenn aber am Anfang und am Ende der betrachteten Zeitspanne keine äußeren Kräfte auf das Körpersystem wirken, so verschwindet jenes Glied, so daß wir einfach erhalten

$$dE = \beta \cdot dE'.$$

Aus dieser Gleichung schließen wir zunächst, daß die Energie eines (gleichförmig) bewegten Systems, das nicht unter dem Einfluß äußerer Kräfte steht, eine Funktion zweier Variabeln ist, nämlich der Energie E_0 des Systems relativ zu einem mitbewegten Bezugssystem[1]), und der Translationsgeschwindigkeit q des Systems, und wir erhalten

$$\frac{\partial E}{\partial E_0} = \frac{1}{\sqrt{1-\dfrac{q^2}{c^2}}}.$$

---

[1]) Hier so wie im folgenden versehen wir ein Zeichen mit dem unteren Index „0", um anzudeuten, daß die betreffende Größe sich auf ein relativ zu dem betrachteten physikalischen System ruhendes Bezugssystem bezieht. Da das betrachtete System relativ zu S' ruht, können wir also hier E' durch E_0 ersetzen.

Daraus folgt

$$E = \frac{1}{\sqrt{1-\frac{q^2}{c^2}}} E + \varphi(q),$$

wobei $\varphi(q)$ eine vorläufig unbekannte Funktion von q ist. Den Fall, daß E_0 gleich 0 ist, d. h. daß die Energie des bewegten Sytems Funktion der Geschwindigkeit q allein ist, haben wir bereits in den § 8 und 9 untersucht. Aus Gleichung (14) folgt unmittelbar, daß wir zu setzen haben

$$\varphi(q) = \frac{\mu c^2}{\sqrt{1-\frac{q^2}{c^2}}} + \text{const.}$$

Wir erhalten also

$$E = \left(\mu + \frac{E_0}{c^2}\right) \frac{c^2}{\sqrt{1-\frac{q^2}{c^2}}}, \qquad (16\,\text{a})$$

wobei die Integrationskonstante weggelassen ist. Vergleicht man diesen Ausdruck für E mit dem in Gleichung (14) enthaltenen Ausdruck für die kinetische Energie des materiellen Punktes, so erkennt man, daß beide Ausdrücke von derselben Form sind; bezüglich der Abhängigkeit der Energie von der Translationsgeschwindigkeit verhält sich das betrachtete physikalische System wie ein materieller Punkt von der Masse M, wobei M von dem Energieinhalt E_0 des Systems abhängt nach der Formel

$$M = \mu + \frac{E_0}{c^2}. \qquad (17)$$

Dies Resultat ist von außerordentlicher theoretischer Wichtigkeit, weil in demselben die träge Masse und die Energie eines physikalischen Systems als gleichartige Dinge auftreten. Eine Masse μ ist in bezug auf Trägheit äquivalent mit einem Energieinhalt von der Größe μc^2. Da wir über den Nullpunkt von E_0 willkürlich verfügen können, sind wir nicht einmal imstande, ohne Willkür zwischen einer „wahren" und einer „scheinbaren" Masse des Systems zu unterscheiden. Weit natürlicher erscheint es, jegliche träge Masse als einen Vorrat von Energie aufzufassen.

Der Satz von der Konstanz der Masse ist nach unserem Resultat für ein einzelnes physikalisches System nur dann zutreffend, wenn dessen Energie konstant bleibt; er ist dann gleichbedeutend mit dem Energieprinzip. Allerdings sind die Änderungen, welche die Masse physikalischer Systeme bei den bekannten physikalischen Vorgängen erfährt, stets unmeßbar klein. Die Abnahme der Masse eines Systems, welches 1000 Gramm-Kalorien abgibt, beträgt z. B. $4{,}6 \cdot 10^{-11}$ gr.

Beim radioaktiven Zerfall eines Stoffes werden ungeheure Energiemengen frei; ist die bei einem derartigen Prozeß auftretende Verminderung der Masse nicht groß genug, um konstatiert zu werden?

Herr Planck schreibt hierüber: „Nach J. Precht[1]) entwickelt ein Grammatom Radium, wenn es von einer hinreichend dicken Bleischicht umgeben ist, pro Stunde $134{,}4 \times 225 = 30240$ gr-cal. Dies ergibt nach (17) für die Stunde eine Verminderung der Masse um

$$\frac{30240 \cdot 419 \cdot 10^5}{9 \cdot 10^{20}} \text{ gr} = 1{,}41 \cdot 10^{-6} \text{ mgr}$$

oder in einem Jahre eine Verminderung der Masse um 0,012 mgr. Dieser Betrag ist allerdings, besonders mit Rücksicht auf das hohe Atomgewicht des Radiums, immer noch so winzig, daß er wohl zunächst außer dem Bereich der möglichen Erfahrung liegt". Es liegt nahe, sich zu fragen, ob man nicht durch Anwendung einer indirekten Methode zum Ziele kommen könnte. Es sei M das Atomgewicht des zerfallenden Atoms, m_1, m_2 etc. seien die Atomgewichte der Endprodukte des radioaktiven Zerfalls, dann muß sein

$$M - \Sigma m = \frac{E}{c^2},$$

wobei E die beim Zerfall eines Grammatoms entwickelte Energie bedeutet; diese kann berechnet werden, wenn man die bei stationärem Zerfall pro Zeiteinheit entwickelte Energie und die mittlere Zerfalldauer des Atoms kennt. Ob die Methode mit Erfolg angewendet werden kann, hängt in erster Linie davon ab, ob es radioaktive Reaktionen gibt, für welche $\frac{M - \Sigma m}{M}$ nicht allzu klein gegen 1 ist. Für den oben erwähnten Fall des Radiums ist — wenn man die Lebensdauer desselben zu 2600 Jahren annimmt — ungefähr

$$\frac{M - \Sigma m}{M} = \frac{12 \cdot 10^{-6} \cdot 2600}{250} = 0{,}00012.$$

Wenn also die Lebensdauer des Radiums einigermaßen richtig bestimmt ist, müßte man die in Betracht kommenden Atomgewichte auf fünf Stellen genau kennen, um unsere Beziehung prüfen zu können. Dies

---

1) J. Precht; Ann. d. Phys. 21, 599, 1906.

ist natürlich ausgeschlossen. Es ist indessen möglich, daß radioaktive Vorgänge bekannt werden, bei welchen ein bedeutend größerer Prozentsatz der Masse des ursprünglichen Atoms sich in Energie diverser Strahlungen verwandelt als beim Radium. Es liegt wenigstens nahe, sich vorzustellen, daß die Energieentwickelung beim Zerfall eines Atoms bei verschiedenen Stoffen nicht minder verschieden sei als die Raschheit des Zerfalls.

Im vorhergehenden ist stillschweigend vorausgesetzt, daß eine derartige Massenänderung mit dem zur Messung von Massen gewöhnlich benutzten Instrument, der Wage, gemessen werden könne, daß also die Beziehung

$$M = \mu + \frac{E_0}{c^2}$$

nicht nur für die träge Masse, sondern auch für die gravitierende Masse gelte, oder mit anderen Worten, daß Trägheit und Schwere eines Systems unter allen Umständen genau proportional seien. Wir hätten also auch z. B. anzunehmen, daß in einem Hohlraum eingeschlossene Strahlung nicht nur Trägheit, sondern auch Gewicht besitze. Jene Proportionalität zwischen träger und schwerer Masse gilt aber ausnahmslos für alle Körper mit der bisher erreichten Genauigkeit, so daß wir bis zum Beweise des Gegenteils die Allgemeingültigkeit annehmen müssen. Wir werden ferner im letzten Abschnitt dieser Abhandlung ein neues, die Annahme stützendes Argument finden.

§ 12. Energie und Bewegungsgröße eines bewegten Systems.

Wir betrachten wieder wie im vorigen Paragraphen ein frei im Raume schwebendes System, welches von einer für Strahlung nicht durchlässigen Hülle umgeben ist. Mit X_a, Y_a, Z_a etc. bezeichnen wir wieder die Feldstärken des äußeren elektromagnetischen Feldes, welches den Energieaustausch des Systems mit anderen Systemen vermittle. Auf dies äußere Feld können wir die Betrachtungen anwenden, welche uns zu Formel (15) geführt haben, so daß wir erhalten

$$\frac{d}{dt}\left[\int \frac{1}{4\pi c}(Y_a N_a - Z_a M_a)\,d\omega\right]$$
$$+ \int \frac{\varrho}{4\pi}\left(X_a + \frac{u_y}{c}N_a - \frac{u_z}{c}M_a\right)d\omega = 0.$$

Wir wollen nun annehmen, daß der Satz von der Erhaltung der Bewegungsgröße allgemein gelte. Dann muß der über die Systemhülle erstreckte Teil des zweiten Gliedes dieser Gleichung, als Differentialquotient nach der Zeit einer durch den Momentanzustand des Systems vollkommen bestimmten Größe G_x darstellbar sein, welche wir als die X-Komponente der Bewegungsgröße des Systems bezeichnen. Wir wollen nun das Transformationsgesetz der Größe G_x aufsuchen. Durch Anwendung der Transformationsgleichungen (1), (7), (8) und (9) erhalten wir auf ganz analogem Wege wie im vorigen Paragraphen die Beziehung

$$\int d\, G_x = \beta \iint \frac{\varrho'}{4\pi}\left(X_a' + \frac{u_y'}{c} N_a' - \frac{u_z'}{c} M_a'\right) d\omega' \cdot dt'$$
$$+ \frac{\beta v}{c^2} \iint \frac{\varrho'}{4\pi} (X_a u_x' + Y_a' u_y' + Z_a' u_z') d\omega \cdot dt'$$

oder

$$d\, G_x = \beta \frac{v}{c^2} d\, E' + \beta \int \left\{\Sigma K_x'\right\} dt'. \qquad (18)$$

Der Körper bewege sich wieder beschleunigungsfrei, derart, daß er dauernd in bezug auf S' ruht, dann ist wieder
$$\Sigma K_x' = 0.$$

Trotzdem die Grenzen der Zeitintegration von x' abhängen, verschwindet wieder das zweite Glied auf der rechten Seite der Gleichung, wenn der Körper vor und nach der betrachteten Veränderung äußeren Kräften nicht ausgesetzt ist; es ist dann

$$d\, G_x = \beta \frac{v}{c^2} d\, E'.$$

Hieraus folgt, daß die Bewegungsgröße eines äußeren Kräften nicht ausgesetzten Systems eine Funktion nur zweier Variabeln ist, nämlich der Energie E_0 des Systems in bezug auf ein mitbewegtes Bezugssystem und der Translationsgeschwindigkeit q desselben. Es ist

$$\frac{\partial G}{\partial E_0} = \frac{\frac{q}{c^2}}{\sqrt{1 - \frac{q^2}{c^2}}}.$$

Hieraus folgt

$$G = \frac{q}{\sqrt{1 - \frac{q^2}{c^2}}} \cdot \left(\frac{E_0}{c^2} + \psi(q)\right),$$

wobei $\psi(q)$ eine vorläufig unbekannte Funktion von q ist. Da $\psi(q)$ nichts anderes ist als die Bewegungsgröße für den Fall, daß letztere durch die Geschwindigkeit allein bestimmt ist, schließen wir aus Formel (15b), daß

$$\psi(q) = \frac{\mu q}{\sqrt{1 - \frac{q^2}{c^2}}}$$

ist. Wir erhalten also

$$G = \frac{q}{\sqrt{1 - \frac{q^2}{c^2}}} \left\{ \mu + \frac{E_0}{c^2} \right\} \tag{18a}$$

Dieser Ausdruck unterscheidet sich von dem für die Bewegungsgröße des materiellen Punktes nur dadurch, daß an Stelle von μ die Größe $\left(\mu + \frac{E_0}{c^2}\right)$ tritt, im Einklang mit dem Resultat des vorigen Paragraphen.

Wir wollen nun Energie und Bewegungsgröße eines in bezug auf S ruhenden Körpers aufsuchen für den Fall, daß der Körper dauernden äußeren Kräften unterworfen ist. In diesem Falle ist zwar auch für jedes t'

$$\Sigma K_x' = 0,$$

aber das in den Gleichungen (16) und (18) auftretende Integral

$$\int [\Sigma K_x'] dt'$$

verschwindet nicht, weil dasselbe nicht zwischen zwei bestimmten Werten von t', sondern von zwei bestimmten Werten von t zu erstrecken ist. Da nach der Umkehrung der ersten der Gleichungen (1)

$$t = \beta\left(t' + \frac{v}{c^2} x'\right),$$

so sind die Grenzen für die Integration nach t' gegeben durch

$$\frac{t_1}{\beta} - \frac{v}{c^2} x' \quad \text{und} \quad \frac{t_2}{\beta} - \frac{v}{c^2} x',$$

wobei t_1 und t_2 von x', y', z' unabhängig sind. Die Grenzen der Zeitintegration in bezug auf S' sind also von der Lage der Angriffspunkte der Kräfte abhängig. Wir zerlegen das obige Integral in drei Integrale:

$$\int [\Sigma K_x'] dt' = \int_{\frac{t_1}{\beta} - \frac{v}{c^2} x'}^{\frac{t_1}{\beta}} + \int_{\frac{t_1}{\beta}}^{\frac{t_2}{\beta}} + \int_{\frac{t_2}{\beta}}^{\frac{t_2}{\beta} - \frac{v x'}{c^2}}.$$

Das zweite dieser Integrale verschwindet, weil es konstante Zeitgrenzen hat. Wenn ferner die Kräfte K_x' beliebig rasch veränderlich sind, können wir die beiden anderen Integrale nicht auswerten; dann können wir bei Anwendung der hier benutzten Grundlagen von einer Energie bzw. Bewegungsgröße des Systems überhaupt nicht reden.[1]) Falls sich aber jene Kräfte in Zeiten von der Größenordnung $\dfrac{v x'}{c^2}$ sehr wenig ändern; so können wir setzen:

$$\int_{t_1 - \frac{vx'}{c^2}}^{\frac{t_1}{\beta}} (\Sigma K_x') \, dt' = \Sigma K_x' \int_{\frac{t_1}{\beta} - \frac{vx'}{c^2}}^{\frac{t_1}{\beta}} dt' = \frac{v}{c^2} \Sigma x' K_x'.$$

Nachdem das dritte Integral entsprechend ausgewertet ist, erhält man

$$\int (\Sigma K_x') \, dt' = - d \left\{ \frac{v}{c^2} \Sigma x' K_x' \right\}.$$

Nun ist die Berechnung der Energie und der Bewegungsgröße aus den Gleichungen (16) und (18) ohne Schwierigkeit auszuführen. Man erhält

$$E = \left(\mu + \frac{E_0}{c^2} \right) \frac{c^2}{\sqrt{1 - \frac{q^2}{c^2}}} - \frac{\frac{q^2}{c^2}}{\sqrt{1 - \frac{q^2}{c^2}}} \Sigma (\delta_0 K_{0\delta}) \qquad (16\,\mathrm{b})$$

$$q = \frac{q}{\sqrt{1 - \frac{q^2}{c^2}}} \left(\mu + \frac{E_0 - \Sigma (\delta_0 K_{0\delta})}{c^2} \right), \qquad (18\,\mathrm{b})$$

wobei $K_{0\delta}$ die in die Bewegungsrichtung fallende Komponente einer auf ein mitbewegtes Bezugssystem bezogenen Kraft, δ_0 den in demselben System gemessenen Abstand des Angriffspunktes jener Kraft von einer zur Bewegungsrichtung senkrechten Ebene bedeutet.

Besteht, wie wir im folgenden annehmen wollen, die äußere Kraft in einem von der Richtung unabhängigen, überall auf die Oberfläche des Systems senkrecht wirkenden Druck p_0, so ist im speziellen

$$\Sigma (\delta_0 K_{0\delta}) = - p_0 V_0, \qquad (19)$$

---

1) Vergl A. Einstein, Ann. d. Phys. **23**, § 2, 1907.

wobei V_0 das auf ein mitbewegtes Bezugssystem bezogene Volumen des Systems ist. Die Gleichungen (16b) und (18b) nehmen dann die Form an

$$E = \left(\mu + \frac{E_0}{c^2}\right)\frac{c^2}{\sqrt{1-\frac{q^2}{c^2}}} + \frac{\frac{q^2}{c^2}}{\sqrt{1-\frac{q^2}{c^2}}} p_0 V_0 \qquad (16\,\mathrm{c})$$

$$G = \frac{q}{\sqrt{1-\frac{q^2}{c^2}}}\left(\mu + \frac{E_0 + p_0 V_0}{c^2}\right). \qquad (18\,\mathrm{c})$$

§ 13. Volumen und Druck eines bewegten Systems. Bewegungsgleichungen.

Wir haben uns zur Bestimmung des Zustandes des betrachteten Systems der Größen E_0, p_0, V_0 bedient, welche mit Bezug auf ein mit dem physikalischen System bewegtes Bezugssystem definiert sind. Wir können uns aber statt der genannten auch der entsprechenden Größen bedienen, welche mit Bezug auf dasselbe Bezugssystem definiert sind, wie die Bewegungsgröße G. Zu diesem Zweck müssen wir untersuchen, wie sich Volumen und Druck bei Einführung eines neuen Bezugssystems ändern.

Ein Körper ruhe in bezug auf das Bezugssystem S'. V' sei sein Volumen in bezug auf S', V sein Volumen in bezug auf S. Aus Gleichungen (2) folgt unmittelbar

$$\int dx \cdot dy \cdot dz = \sqrt{1-\frac{v^2}{c^2}} \int dx' \cdot dy' \cdot dz'$$

oder

$$V = \sqrt{1-\frac{v^2}{c^2}} \cdot V'.$$

Ersetzt man gemäß der von uns benutzten Bezeichnungsweise V' durch V^0 und v durch q, so hat man

$$V = \sqrt{1-\frac{q^2}{c^2}} \cdot V_0. \qquad (20)$$

Um ferner die Transformationsgleichung für die Druckkräfte zu ermitteln, müssen wir von den Transformationsgleichungen ausgehen, welche für Kräfte überhaupt gelten. Da wir ferner in § 8 die bewegenden Kräfte so definiert haben, daß sie durch die Kraftwirkungen elektromagnetischer Felder auf elektrische Massen ersetzt werden können, können wir uns hier darauf beschränken, die Transformationsgleichungen für letztere aufzusuchen.[1])

Die Elektrizitätsmenge ε ruhe in bezug auf S'. Die auf dieselbe wirkende Kraft ist gemäß den Gleichungen (12) gegeben durch die Gleichungen:

$$K_x = \varepsilon X \qquad K_x' = \varepsilon X'$$
$$K_y = \varepsilon \left(Y - \frac{v}{c} N\right) \qquad K_y' = \varepsilon Y'$$
$$K_z = \varepsilon \left(Z + \frac{v}{c} M\right) \qquad K_z' = \varepsilon Z'.$$

Aus diesen Gleichungen und den Gleichungen (7a) folgt:

$$\left.\begin{array}{l} K_x' = K_x \\ K_y' = \beta \cdot K_y \\ K_z' = \beta \cdot K_z \end{array}\right\} \qquad (21)$$

Nach diesen Gleichungen lassen sich Kräfte berechnen, wenn sie in bezug auf ein mitbewegtes Bezugssystem bekannt sind.

Wir betrachten nun eine auf das relativ zu S' ruhende Flächenelement s' wirkende Druckkraft

$$K_x' = p' \cdot s' \cdot \cos l' = p' \cdot s_x'$$
$$K_y' = p' \cdot s' \cdot \cos m' = p' \cdot s_y'$$
$$K_z' = p' \cdot s' \cdot \cos n' = p' \cdot s_z',$$

wobei l', m', n' die Richtungscosinus der (nach dem Innern des Körpers gerichteten) Normale, s_x', s_y', s_z' die Projektionen von s' bedeuten. Aus den Gleichungen (2) folgt, daß

$$s_x' = s_x$$
$$s_y' = \beta \cdot s_y$$
$$s_z' = \beta \cdot s_z,$$

wobei s_x, s_y, s_z die Projektionen des Flächenelements in bezug auf S sind. Für die Komponenten K_x, K_y, K_z der betrachteten Druckkraft in bezug auf S erhält man also aus den letzten drei Gleichungssystemen

---

1) Durch diesen Umstand wird auch das in den vorhergehenden Untersuchungen benutzte Verfahren gerechtfertigt, welches darin bestand, daß wir einzig Wechselwirkung rein elektromagnetischer Art zwischen dem betrachteten System und seiner Umgebung einführten. Die Resultate gelten ganz allgemein.

$$K_x = K_x' = p' \cdot s_x' = p' \cdot s_x = p' \cdot s \cos l$$
$$K_y = \frac{1}{\beta} K_y' = \frac{1}{\beta} p' \, s_y' = p' \cdot s_y = p' \cdot s \cdot \cos m$$
$$K_z = \frac{1}{\beta} K_z' = \frac{1}{\beta} p' \, s_z' = p' \cdot s_z = p' \cdot s \cdot \cos n,$$

wobei s die Größe des Flächenelements, l, m, n die Richtungscosinus von dessen Normale in bezug auf S bezeichnen. Wir erhalten also das Resultat, daß der Druck p' in bezug auf das mitbewegte System sich in bezug auf ein anderes Bezugssystem durch einen ebenfalls senkrecht auf das Flächenelement wirkenden Druck von gleicher Größe ersetzen läßt. In der von uns benutzten Bezeichnungweise ist also

$$p = p_0 \, . \tag{22}$$

Die Gleichungen (16c), (20) und (22) setzen uns in den Stand, den Zustand eines physikalischen Systems statt durch die in bezug auf ein mitbewegtes Bezugssystem definierten Größen E_0, V_0, p_0 durch die Größen E, V, p zu bestimmen, welche in bezug auf dasselbe System definiert sind wie die Bewegungsgröße G und die Geschwindigkeit q des Systems. Falls z. B. der Zustand des betrachteten Systems für einen mitbewegten Beobachter durch zwei Variable (V_0 und E_0) vollkommen bestimmt ist, dessen Zustandsgleichung also als eine Beziehung zwischen p_0, V_0 und E_0 aufgefaßt werden kann, kann man mittels der genannten Gleichungen die Zustandsgleichung auf die Form

$$\varphi(q, p, V, E) = 0$$

bringen.

Formt man die Gleichung (18c) in entsprechender Weise um, so erhält man

$$G = q \left\{ \mu + \frac{E + pV}{c^2} \right\}, \tag{18d}$$

welche Gleichung in Verbindung mit den das Prinzip von der Erhaltung der Bewegungsgröße ausdrückenden Gleichungen

$$\frac{d G_x}{dt} = \Sigma K_x \text{ etc.}$$

die Translationsbewegung des Systems als Ganzes vollkommen bestimmen, wenn außer den Größen ΣK_x etc. auch E, p und V als Funktionen der Zeit bekannt sind, oder wenn statt der letzten drei Funktionen drei ihnen äquivalente Angaben über die Bedingungen vorliegen, unter denen die Bewegung des Systems vor sich gehen soll.

§ 14. Beispiele.

Das betrachtete System bestehe in elektromagnetischer Strahlung, welche in einen masselosen Hohlkörper eingeschlossen sei, dessen Wandung dem Strahlungsdruck das Gleichgewicht leiste. Wenn keine äußeren Kräfte auf den Hohlkörper wirken, so können wir auf das ganze System (den Hohlkörper inbegriffen) die Gleichungen (16a) und (18a) anwenden. Es ist also:

$$E = \frac{E_0}{\sqrt{1-\frac{q^2}{c^2}}}$$

$$G = \frac{q}{\sqrt{1-\frac{q^2}{c^2}}} E_0 = q\frac{E}{c^2},$$

wobei E_0 die Energie der Strahlung in bezug auf ein mitbewegtes Bezugssystem bedeutet.

Sind dagegen die Wandungen des Hohlkörpers vollkommen biegsam und dehnbar, so daß dem auf sie von innen ausgeübten Strahlungsdruck durch äußere Kräfte, welche von nicht zu dem betrachteten System gehörigen Körpern ausgehen, das Gleichgewicht geleistet werden muß, so sind die Gleichungen (16c) und (18c) anzuwenden, in welche der bekannte Wert des Strahlungsdruckes

$$p_0 = \frac{1}{3}\frac{E_0}{c^2}$$

einzusetzen ist, so daß man erhält:

$$E = \frac{E_0\left(1+\frac{1}{3}\frac{q^2}{c^2}\right)}{\sqrt{1-\frac{q^2}{c^2}}}$$

$$G = \frac{q}{\sqrt{1-\frac{q^2}{c^2}}} \frac{\frac{4}{3}E_0}{c^2}.$$

Wir betrachten ferner den Fall eines elektrisch geladenen masselosen Körpers. Falls äußere Kräfte auf denselben nicht wirken, können wir wieder die Formeln (16a) und (18a) anwenden. Bezeichnet E_0 die elektrische Energie in bezug auf ein mitbewegtes Bezugssystem, so hat man

$$E = \frac{E_0}{\sqrt{1 - \frac{q^2}{c^2}}}$$

$$G = \frac{q}{\sqrt{1 - \frac{q^2}{c^2}}} \cdot \frac{\frac{4}{3} E_0}{c^2}.$$

Von diesen Werten entfällt ein Teil auf das elektromagnetische Feld, der Rest auf den masselosen, von seiten seiner Ladung Kräften unterworfenen Körper.[1])

§ 15. Entropie und Temperatur bewegter Systeme.

Wir haben bisher von den Variabeln, welche den Zustand eines physikalischen Systems bestimmen, nur Druck, Volumen, Energie, Geschwindigkeit und Bewegungsgröße benutzt, von den thermischen Größen aber noch nicht gesprochen. Es geschah dies deshalb, weil es für die Bewegung eines Systems gleichgültig ist, welcher Art die ihm zugeführte Energie ist, so daß wir bisher keine Ursache hatten, zwischen Wärme und mechanischer Arbeit zu unterscheiden. Nun aber wollen wir noch die thermischen Größen einführen.

Der Zustand eines bewegten Systems sei durch die Größen q, V, E vollkommen bestimmt. Für ein solches System haben wir offenbar als zugeführte Wärme dQ die gesamte Energiezunahme zu betrachten abzüglich der vom Drucke geleisteten und der auf Vergrößerung der Bewegungsgröße verwendeten Arbeit, so daß man hat

$$dQ = dE + p\, dV - q\, dQ. \qquad (23)$$

Nachdem so die zugeführte Wärme für ein bewegtes System definiert ist, kann man durch Betrachtung von umkehrbaren Kreisprozessen die absolute Temperatur T und Entropie η des bewegten Systems in derselben Weise einführen, wie dies in den Lehrbüchern der Thermodynamik geschieht. Für umkehrbare Prozesse gilt auch hier die Gleichung

$$dQ = T\, d\eta. \qquad (24)$$

Wir haben nun die Gleichungen abzuleiten, die zwischen den Größen dQ, η, T und den auf ein mitbewegtes Bezugssystem bezogenen entsprechenden Größen dQ_0, η_0, T_0 bestehen. Bezüglich der Entropie

---

1) Vgl. A. Einstein, Ann. d. Phys. (4) 23, 373—379, 1907.

452 wiederhole ich hier eine von Herrn Planck angegebene Überlegung[1]), indem ich bemerke, daß unter dem „gestrichenen" bezw. „ungestrichenen" Bezugssystem das Bezugssystem S' bezw. S zu verstehen ist.

„Wir denken uns den Körper aus einem Zustand, in welchem er für das ungestrichene Bezugssystem ruht, durch irgendeinen reversiblen, adiabatischen Prozeß in einen zweiten Zustand gebracht, in welchem er für das gestrichene Bezugssystem ruht. Bezeichnet man die Entropie des Körpers für das ungestrichene System im Anfangszustand mit η_1, im Endzustand mit η_2, so ist wegen der Reversibilität und Adiabasie $\eta_1 = \eta_2$. Aber auch für das gestrichene Bezugssystem ist der Vorgang reversibel und adiabatisch, also haben wir ebenso $\eta_1' = \eta_2'$."

„Wäre nun η_1' nicht gleich η_1, sondern etwa $\eta_1' > \eta_1$, so würde das heißen: Die Entropie eines Körpers ist für das Bezugssystem, für welches er in Bewegung begriffen ist, größer als für dasjenige Bezugssystem, für welches er sich in Ruhe befindet. Dann müßte nach diesem Satze auch $\eta_2 > \eta_2'$ sein; denn im zweiten Zustand ruht der Körper für das gestrichene Bezugssystem, während er für das ungestrichene in Bewegung begriffen ist. Diese beiden Ungleichungen widersprechen aber den oben aufgestellten beiden Gleichungen. Ebensowenig kann $\eta_1' > \eta_1$ sein; folglich ist $\eta_1' = \eta_1$, und allgemein $\eta' = \eta$, d. h. die Entropie des Körpers hängt nicht von der Wahl des Bezugssystems ab."

Bei Anwendung der von uns benutzten Bezeichnungsweise haben wir also zu setzen:
$$\eta = \eta_0. \tag{25}$$

Führen wir ferner auf der rechten Seite der Gleichung (23) mittels der Gleichungen (16c), (18c), (20) und (22) die Größen E_0, p_0 und V_0 ein, so erhalten wir

$$dQ = \sqrt{1 - \frac{q^2}{c^2}}(dE_0 + p_0 \, dV_0)$$

oder

$$dQ = dQ_0 \cdot \sqrt{1 - \frac{q^2}{c^2}}. \tag{26}$$

Da ferner gemäß (24) die beiden Gleichungen
$$dQ = T d\eta$$
$$dQ_0 = T d\eta_0$$
gelten, so erhält man endlich mit Rücksicht auf (25) und (26)

---

1) M. Planck, Zur Dynamik bewegter Systeme. Sitzungsber. d. kgl. Preuß. Akad. d. Wissensch. 1907.

$$\frac{T}{T_0} = \sqrt{1 - \frac{q^2}{c^2}}. \qquad (27)$$

Die Temperatur eines bewegten Systems ist also in bezug auf ein relativ zu ihm bewegtes Bezugssystem stets kleiner als in bezug auf ein relativ zu ihm ruhendes Bezugssystem.

§ 16. Dynamik der Systeme und Prinzip der kleinsten Wirkung.

Herr Planck geht in seiner Abhandlung „Zur Dynamik bewegter Systeme" vom Prinzip der kleinsten Wirkung (und von den Transformationsgleichungen für Druck und Temperatur der Hohlraumstrahlung) aus[1]) und gelangt zu Resultaten, mit welchen die hier entwickelten übereinstimmen. Es erhebt sich daher die Frage, wie die Grundlagen seiner und der vorliegenden Untersuchung zusammenhängen.

Wir sind ausgegangen vom Energieprinzip und vom Prinzip von der Erhaltung der Bewegungsgröße. Nennen wir F_x, F_y, F_z die Komponenten der Resultierenden der auf das System wirkenden Kräfte, so können wir die von uns benutzten Prinzipien für umkehrbare Prozesse und ein System, dessen Zustand durch die Variabeln q, V, T bestimmt ist, so formulieren:

$$dE = F_x\,dx + F_y\,dy + F_z\,dz - p\,dV + T\,dS \qquad (28)$$

$$F_x = \frac{dG_x}{dt} \text{ etc.} \qquad (29)$$

Aus diesen Gleichungen erhält man, wenn man beachtet, daß
$$F_x\,dx = F_x\,\dot{x}\,dt = \dot{x}\,dG = d(\dot{x}\,G_x) - G_x\,d\dot{x} \text{ etc.}$$
und
$$T\,d\eta = d(T\eta) - \eta\,dT,$$
die Beziehung
$$d(-E + T\eta + qG) = G_x\,d\dot{x} + G_y\,d\dot{y} + G_z\,d\dot{z} + p\,dV + \eta\,dT.$$

Da auch die rechte Seite dieser Gleichung ein vollständiges Differential sein muß, so folgt unter Berücksichtigung von (29):

$$\frac{d}{dt}\left(\frac{\partial H}{\partial \dot{x}}\right) = F_x \qquad \frac{d}{dt}\left(\frac{\partial H}{\partial \dot{y}}\right) = F_y \qquad \frac{d}{dt}\left(\frac{\partial H}{\partial \dot{z}}\right) = F_z$$

$$\frac{\partial H}{\partial V} = p \qquad \frac{\partial H}{\partial T} = \eta.$$

Dies sind aber die mittels des Prinzips der kleinsten Wirkung ableitbaren Gleichungen, von denen Herr Planck ausgegangen ist.

---

1) M. Planck, Zur Dynamik bewegter Systeme. Sitzungsber d. kgl. Preuß. Akad. d. Wissensch. 1907.

V. Relativitätsprinzip und Gravitation.

§ 17. Beschleunigtes Bezugssystem und Gravitationsfeld.

Bisher haben wir das Prinzip der Relativität, d. h. die Voraussetzung der Unabhängigkeit der Naturgesetze vom Bewegungszustande des Bezugssystems, nur auf beschleunigungsfreie Bezugssysteme angewendet. Ist es denkbar, daß das Prinzip der Relativität auch für Systeme gilt, welche relativ zueinander beschleunigt sind?

Es ist zwar hier nicht der Ort für die eingehende Behandlung dieser Frage. Da sich diese aber jedem aufdrängen muß, der die bisherigen Anwendungen des Relativitätsprinzips verfolgt hat, will ich es nicht unterlassen, zu der Frage hier Stellung zu nehmen.

Wir betrachten zwei Bewegungssysteme Σ_1 und Σ_2. Σ_1 sei in Richtung seiner X-Achse beschleunigt, und es sei γ die (zeitlich konstante) Größe dieser Beschleunigung. Σ_2 sei ruhend; es befinde sich aber in einem homogenen Gravitationsfelde, das allen Gegenständen die Beschleunigung $-\gamma$ in Richtung der X-Achse erteilt.

Soweit wir wissen, unterscheiden sich die physikalischen Gesetze in bezug auf Σ_1 nicht von denjenigen in bezug auf Σ_2; es liegt dies daran, daß alle Körper im Gravitationsfelde gleich beschleunigt werden. Wir haben daher bei dem gegenwärtigen Stande unserer Erfahrung keinen Anlaß zu der Annahme, daß sich die Systeme Σ_1 und Σ_2 in irgendeiner Beziehung voneinander unterscheiden, und wollen daher im folgenden die völlige physikalische Gleichwertigkeit von Gravitationsfeld und entsprechender Beschleunigung des Bezugssystems annehmen.

Diese Annahme erweitert das Prinzip der Relativität auf den Fall der gleichförmig beschleunigten Translationsbewegung des Bezugssystems. Der heuristische Wert der Annahme liegt darin, daß sie ein homogenes Gravitationsfeld durch ein gleichförmig beschleunigtes Bezugssystem zu ersetzen gestattet, welch letzterer Fall bis zu einem gewissen Grade der theoretischen Behandlung zugänglich ist.

§ 18. Raum und Zeit in einem gleichförmig beschleunigten Bezugssystem.

Wir betrachten zunächst einen Körper, dessen einzelne materielle Punkte zu einer bestimmten Zeit t des beschleunigungsfreien Bezugssystems S, relativ zu S keine Geschwindigkeit, jedoch eine gewisse Beschleunigung besitzen. Was für einen Einfluß hat diese Beschleunigung γ auf die Gestalt des Körpers in bezug auf S?

Falls ein derartiger Einfluß vorhanden ist, wird er in einer Dilatation nach konstantem Verhältnis in der Beschleunigungsrichtung sowie eventuell in den beiden dazu senkrechten Richtungen bestehen; denn ein Einfluß anderer Art ist aus Symmetriegründen ausgeschlossen. Jene von der Beschleunigung herrührenden Dilatationen müssen (falls solche überhaupt existieren) gerade Funktionen von γ sein; sie können also vernachlässigt werden, wenn man sich auf den Fall beschränkt, daß γ so klein ist, daß Glieder zweiten und höheren Grades in γ vernachlässigt werden dürfen. Da wir uns im folgenden auf diesen Fall beschränken wollen, haben wir also einen Einfluß der Beschleunigung auf die Gestalt eines Körpers nicht anzunehmen.

Wir betrachten nun ein relativ zu dem beschleunigungsfreien Bezugssystem S in Richtung von dessen X-Achse gleichförmig beschleunigtes Bezugssystem Σ. Uhren besw. Maßstab von Σ seien, ruhend untersucht, gleich den Uhren bezw. dem Maßstab von S. Der Koordinatenanfang von Σ bewege sich auf der X-Achse von S, und die Achsen von Σ seien denen von S dauernd parallel. Es existiert in jedem Augenblick ein unbeschleunigtes Bezugssystem S', dessen Koordinatenachsen in dem betreffenden Augenblick (zu einer bestimmten Zeit t' von S' mit den Koordinatenachsen von Σ zusammen fallen. Besitzt ein Punktereignis, welches zu dieser Zeit t' stattfindet, in bezug auf Σ die Koordinaten ξ, η, ζ, so ist

$$\left.\begin{array}{l} x' = \xi \\ y' = \eta \\ z' = \zeta \end{array}\right\},$$

weil ein Einfluß der Beschleunigung auf die Gestalt der zur Messung von ξ, η, ζ benutzten Meßkörper nach dem Obigen nicht anzunehmen ist. Wir wollen uns ferner vorstellen, daß die Uhren von Σ zu dieser Zeit t' von S' so gerichtet werden, daß ihre Angabe in diesem Augenblick gleich t' ist. Wie steht es mit dem Gang der Uhren in dem nächsten Zeitteilchen τ?

Zunächst haben wir zu berücksichtigen, daß ein spezifischer Einfluß der Beschleunigung auf den Gang der Uhren von Σ nicht in Betracht fällt, da dieser von der Ordnung γ^2 sein müßte. Da ferner der Einfluß der während τ erlangten Geschwindigkeit auf den Gang der Uhren zu vernachlässigen ist, und ebenso die während der Zeit τ von den Uhren relativ zu denen von S' zurückgelegten Wege von der Ordnung τ^2, also zu vernachlässigen sind, so sind für das Zeitelement τ

die Angaben der Uhren von Σ durch die Angaben der Uhren von S' vollkommen nutzbar.

Aus dem Vorangehenden folgt, daß sich das Licht im Vakuum relativ zu Σ im Zeitelement τ mit der universellen Geschwindigkeit c fortpflanzt, falls wir die Gleichzeitigkeit in dem relativ zu Σ momentan ruhenden System S' definieren, und zur Zeit- bzw. Längenmessung Uhren bzw. Maßstäbe verwenden, welche jenen gleich sind, die in unbeschleunigten Systemen zur Ausmessung von Zeit und Raum benutzt werden. Das Prinzip von der Konstanz der Lichtgeschwindigkeit läßt sich also auch hier zur Definition der Gleichzeitigkeit verwenden, falls man sich auf sehr kleine Lichtwege beschränkt.

Wir denken uns nun die Uhren von Σ in der angegebenen Weise zu derjenigen Zeit $t=0$ von S gerichtet, in welcher Σ relativ zu S momentan ruht. Der Inbegriff der Angaben der so gerichteten Uhren von Σ werde die „Ortszeit" σ des Systems Σ genannt. Die physikalische Bedeutung der Ortszeit σ ist, wie man unmittelbar erkennt, die folgende. Bedient man sich zur zeitlichen Wertung der in den einzelnen Raumelementen von Σ stattfindenden Vorgänge jener Ortszeit σ, so können die Gesetze, denen jene Vorgänge gehorchen, nicht von der Lage des betreffenden Raumelementes, d. h. von dessen Koordinaten, abhängen, falls man sich in den verschiedenen Raumelementen nicht nur gleicher Uhren, sondern auch sonst gleicher Meßmittel bedient.

Dagegen dürfen wir nicht die Lokalzeit σ als die „Zeit" von Σ schlechthin bezeichnen, und zwar deshalb, weil zwei in verschiedenen Punkten von Σ stattfindende Punktereignisse nicht dann im Sinne unserer obigen Definition gleichzeitig sind, wenn ihre Lokalzeiten σ einander gleich sind. Da nämlich irgend zwei Uhren von Σ zur Zeit $t=0$ in bezug auf S synchron sind und den nämlichen Bewegungen unterworfen werden, so bleiben sie dauernd in bezug auf S synchron. Aus diesem Grunde laufen sie aber gemäß § 4 in bezug auf ein momentan relativ zu Σ ruhendes, in bezug auf S bewegtes Bezugssystem S' nicht synchron, also gemäß unserer Definition auch nicht in bezug auf Σ.

Wir definieren nun die „Zeit" τ des Systems Σ als den Inbegriff derjenigen Angaben der im Koordinatenanfangspunkt von Σ befindlichen Uhr, welche mit den zeitlich zu wertenden Ereignissen im Sinne der obigen Definition gleichzeitig sind.[1])

---

1) Das Zeichen „τ" ist also hier in einem anderen Sinne verwendet als oben.

Wir wollen jetzt die Beziehung aufsuchen, welche zwischen der Zeit τ und der Ortszeit σ eines Punktereignisses besteht. Aus der ersten der Gleichungen (1) folgt, daß zwei Ereignisse in bezug auf S', also auch in bezug auf Σ gleichzeitig sind, wenn

$$t_1 - \frac{v}{c^2} x_1 = t_2 - \frac{v}{c^2} x_2,$$

wobei die Indizes die Zugehörigkeit zu dem einen bzw. andern Punktereignis andeuten soll. Wir beschränken uns nun zunächst auf die Betrachtung so kurzer Zeiten[1]), daß alle Glieder, welche die zweite oder eine höhere Potenz von τ oder v enthalten, weggelassen werden dürfen; dann haben wir mit Rücksicht auf (1) und (29) zu setzen:

$$x_2 - x_1 = x_2' - x_1' = \xi_2 - \xi_1$$
$$t_1 = \sigma_1 \qquad t_2 = \sigma_2$$
$$v = \gamma t = \gamma \tau,$$

so daß wir aus obiger Gleichung erhalten:

$$\sigma_2 - \sigma_1 = \frac{\gamma \tau}{c^2} (\xi_2 - \xi_1).$$

Verlegen wir das erste Punktereignis in den Koordinatenanfang, so daß $\sigma_1 = \tau$ und $\xi_1 = 0$, so erhalten wir unter Weglassung des Index für das zweite Punktereignis

$$\sigma = \tau \left(1 + \frac{\gamma \xi}{c^2} \right). \tag{30}$$

Diese Gleichung gilt zunächst, wenn τ und ξ unterhalb gewisser Grenzen liegen. Sie gilt offenbar für beliebig große τ, falls die Beschleunigung γ mit Bezug auf Σ konstant ist, weil die Beziehung zwischen σ und τ dann linear sein muß. Für beliebig große ξ gilt Gleichung (30) nicht. Daraus, daß die Wahl des Koordinatenanfangspunktes auf die Relation nicht von Einfluß sein darf, schließt man nämlich, daß die Gleichung (30) genau genommen durch die Gleichung

$$\sigma = \tau\, e^{\frac{\gamma \xi}{c^2}}$$

ersetzt werden müßte. Wir wollen jedoch an der Formel (30) festhalten.

Gleichung (30) ist nach § 17 auch auf ein Koordinatensytem anzuwenden, in dem ein homogenes Schwerfeld wirkt. In diesem Falle

---

1) Hierdurch wird gemäß (1) auch eine gewisse Beschränkung in bezug auf die Werte von $\xi = x'$ angenommen.

haben wir $\Phi = \gamma \xi$ zu setzen, wobei Φ das Potential der Schwerkraft bedeutet, so daß wir erhalten

$$\sigma = \tau\left(1 + \frac{\Phi}{c^2}\right) \tag{30a}$$

Wir haben zweierlei Zeiten für Σ definiert. Welcher von beiden Definitionen haben wir uns für die verschiedenen Fälle zu bedienen? Nehmen wir an, es existiere an zwei Orten verschiedenen Gravitationspotentials ($\gamma \xi$) je ein physikalisches System, und wir wollen ihre physikalischen Größen vergleichen. Zu diesem Zwecke werden wir wohl am natürlichsten folgendermaßen vorgehen: Wir begeben uns mit unseren Meßmitteln zuerst zu dem ersten physikalischen System und führen dort unsere Messungen aus; hierauf begeben wir uns samt unsern Meßmitteln nach dem zweiten System, um hier die gleichen Messungen auszuführen. Ergeben die Messungen da und dort die gleichen Resultate, so werden wir die beiden physikalischen Systeme als „gleich" bezeichnen. Unter den genannten Meßmitteln befindet sich eine Uhr, mit welcher wir Lokalzeiten σ messen. Daraus folgt, daß wir uns zum Definieren der physikalischen Größen an einem Orte des Schwerfeldes naturgemäß der Zeit σ bedienen.

Handelt es sich aber um ein Phänomen, bei welchem an Orten verschiedenen Gravitationspotentials befindliche Gegenstände gleichzeitig berücksichtigt werden müssen, so haben wir uns bei den Gliedern, in welchen die Zeit explizite (d. h. nicht nur bei der Definition physikalischer Größen) vorkommt, der Zeit τ zu bedienen, da sonst die Gleichzeitigkeit der Ereignisse nicht durch die Gleichheit der Zeitwerte beider Ereignisse ausgedrückt würde. Da bei der Definition der Zeit τ nicht ein willkürlich gewählter Zeitpunkt, wohl aber eine an einem willkürlich gewählten Orte befindliche Uhr benutzt ist, so können bei Benutzung der Zeit τ die Naturgesetze nicht mit der Zeit, wohl aber mit dem Orte variieren.

§ 19. Einfluß des Gravitationsfeldes auf Uhren.

Befindet sich in einem Punkte P vom Gravitationspotential Φ eine Uhr, welche die Ortszeit angibt, so sind gemäß (30a) ihre Angaben $\left(1 + \frac{\Phi}{c^2}\right)$ mal größer als die Zeit τ, d. h. sie läuft $\left(1 + \frac{\Phi}{c^2}\right)$ mal schneller als eine gleich beschaffene, im Koordinatenanfangspunkt befindliche Uhr. Ein irgendwo im Raume befindlicher Beobachter nehme die Angaben dieser beiden Uhren irgendwie, z. B. auf optischem Wege, wahr. Da die Zeit $\Delta \tau$, welche zwischen dem Zeitpunkt einer Angabe einer der Uhren und der Wahrnehmung dieser Angabe durch den Beobachter verstreicht, von τ unabhängig ist, so läuft die Uhr in P für einen irgendwo im Raume befindlichen Beobachter $\left(1 + \dfrac{\Phi}{c^2}\right)$ mal schneller als die Uhr im Koordinatenanfangspunkt. In diesem Sinne können wir sagen, daß der in der Uhr sich abspielende Vorgang — und allgemeiner jeder physikalische Prozeß — desto schneller abläuft, je größer das Gravitationspotential des Ortes ist, an dem er sich abspielt.

Es gibt nun „Uhren", welche an Orten verschiedenen Gravitationspotentials vorhanden sind und deren Ganggeschwindigkeit sehr genau kontrolliert werden kann; es sind dies die Erzeuger der Spektrallinien. Aus dem Obigen schließt man[1]), daß von der Sonnenoberfläche kommendes Licht, welches von einem solchen Erzeuger herrührt, eine um etwa zwei Millionstel größere Wellenlänge besitzt, als das von gleichen Stoffen auf der Erde erzeugte Licht.

§ 20. Einfluß der Schwere auf die elektromagnetischen Vorgänge.

Beziehen wir einen elektromagnetischen Vorgang in einem Zeitpunkt auf ein beschleunigungsfreies Bezugssystem S', das momentan relativ zu dem wie oben beschleunigten Bezugssystem Σ ruht, so gelten gemäß (5) und (6) die Gleichungen

$$\frac{1}{c}\left(\varrho' u'_x + \frac{\partial X'}{\partial t'}\right) = \frac{\partial N'}{\partial y'} - \frac{\partial M'}{\partial z'} \text{ etc.}$$

und

$$\frac{1}{c}\frac{\partial L'}{\partial t'} = \frac{\partial Y'}{\partial z'} - \frac{\partial Z'}{\partial y'} \text{ etc.}$$

Nach dem Obigen können wir die auf S' bezogenen Größen ϱ', u', X', L', x' etc. den entsprechenden auf Σ bezogenen Größen ϱ, u, X, L, ξ etc. ohne weiteres gleichsetzen, falls wir uns auf eine unendlich kurze Zeit beschränken[2]), welche der Zeit der relativen Ruhe von S'

---

1) Indem man voraussetzt, daß Gleichung (30a) auch für ein nichthomogenes Gravitationsfeld gelte.

2) Diese Beschränkung beeinträchtigt den Gültigkeitsbereich unserer Resultate nicht, da die abzuleitenden Gesetze der Natur der Sache nach von der Zeit nicht abhängen können.

und Σ unendlich nahe liegt. Ferner haben wir t' durch die Lokalzeit σ zu ersetzen. Dagegen dürfen wir nicht einfach
$$\frac{\partial}{\partial t'} = \frac{\partial}{\partial \sigma}$$
setzen, und zwar deshalb, weil ein in bezug auf Σ ruhender Punkt, auf den sich die auf Σ transformierten Gleichungen beziehen sollen, relativ zu S' während des Zeitteilchens $dt' = d\sigma$ seine Geschwindigkeit ändert, welcher Änderung gemäß den Gleichungen (7a) und (7b) eine zeitliche Änderung der auf Σ bezogenen Feldkomponenten entspricht. Wir haben daher zu setzen:

$$\frac{\partial X'}{\partial t'} = \frac{\partial X}{\partial \sigma} \qquad \frac{\partial L'}{\partial t'} = \frac{\partial L}{\partial \sigma}$$

$$\frac{\partial Y'}{\partial t'} = \frac{\partial Y}{\partial \sigma} + \frac{\gamma}{c} N \qquad \frac{\partial M'}{\partial t'} = \frac{\partial M}{\partial \sigma} - \frac{\gamma}{c} Z$$

$$\frac{\partial Z'}{\partial t'} = \frac{\partial Z}{\partial \sigma} - \frac{\gamma}{c} M \qquad \frac{\partial N'}{\partial t'} = \frac{\partial N}{\partial \sigma} + \frac{\gamma}{c} Y.$$

Die auf Σ bezogenen elektromagnetischen Gleichungen lauten also zunächst

$$\frac{1}{c}\left(\varrho u_\xi + \frac{\partial X}{\partial \sigma}\right) = \frac{\partial N}{\partial \eta} - \frac{\partial M}{\partial \zeta}$$

$$\frac{1}{c}\left(\varrho u_\eta + \frac{\partial Y}{\partial \sigma} + \frac{\gamma}{c} N\right) = \frac{\partial L}{\partial \zeta} - \frac{\partial N}{\partial \xi}$$

$$\frac{1}{c}\left(\varrho u_\zeta + \frac{\partial Z}{\partial \sigma} - \frac{\gamma}{c} M\right) = \frac{\partial M}{\partial \xi} - \frac{\partial L}{\partial \eta}$$

$$\frac{1}{c}\frac{\partial L}{\partial \sigma} = \frac{\partial Y}{\partial \zeta} - \frac{\partial Z}{\partial \eta}$$

$$\frac{1}{c}\left(\frac{\partial M}{\partial \sigma} - \frac{\gamma}{c} Z\right) = \frac{\partial Z}{\partial \xi} - \frac{\partial X}{\partial \zeta}$$

$$\frac{1}{c}\left(\frac{\partial N}{\partial \sigma} + \frac{\gamma}{c} Y\right) = \frac{\partial X}{\partial \eta} - \frac{\partial Y}{\partial \xi}$$

Diese Gleichungen multiplizieren wir mit $\left(1 + \frac{\gamma \xi}{c^2}\right)$ und setzen zur Abkürzung

$$X^* = X\left(1 + \frac{\gamma \xi}{c^2}\right), \quad Y^* = Y\left(1 + \frac{\gamma \xi}{c^2}\right) \text{ etc.}$$

$$\varrho^* = \varrho\left(1 + \frac{\gamma \xi}{c^2}\right)$$

Wir erhalten dann, indem wir Glieder zweiten Grades in γ vernachlässigen, die Gleichungen:

$$\left.\begin{aligned}\frac{1}{c}\left(\varrho^* u_\xi + \frac{\partial X^*}{\partial \sigma}\right) &= \frac{\partial N^*}{\partial \eta} - \frac{\partial M^*}{\partial \zeta} \\ \frac{1}{c}\left(\varrho^* u_\eta + \frac{\partial Y^*}{\partial \sigma}\right) &= \frac{\partial L^*}{\partial \zeta} - \frac{\partial N^*}{\partial \xi} \\ \frac{1}{c}\left(\varrho^* u_\zeta + \frac{\partial Z^*}{\partial \sigma}\right) &= \frac{\partial M^*}{\partial \xi} - \frac{\partial L^*}{\partial \eta}\end{aligned}\right\} \quad (31\,\mathrm{a})$$

$$\left.\begin{aligned}\frac{1}{c}\frac{\partial L^*}{\partial \sigma} &= \frac{\partial Y^*}{\partial \zeta} - \frac{\partial Z^*}{\partial \eta} \\ \frac{1}{c}\frac{\partial M^*}{\partial \sigma} &= \frac{\partial Z^*}{\partial \xi} - \frac{\partial X^*}{\partial \zeta} \\ \frac{1}{c}\frac{\partial N^*}{\partial \sigma} &= \frac{\partial X^*}{\partial \eta} - \frac{\partial Y^*}{\partial \xi}\end{aligned}\right\} \quad (32\,\mathrm{a})$$

Aus diesen Gleichungen ersieht man zunächst, wie das Gravitationsfeld die statischen und stationären Erscheinungen beeinflußt. Die geltenden Gesetzmäßigkeiten sind dieselben wie im gravitationsfreien Felde; nur sind die Feldkomponenten X etc. durch $X\left(1 + \frac{\gamma \xi}{c^2}\right)$ etc. und ϱ durch $\varrho\left(1 + \frac{\gamma \xi}{c^2}\right)$ ersetzt.

Um ferner den Verlauf nichtstationärer Zustände zu übersehen, bedienen wir uns der Zeit τ sowohl bei den nach der Zeit differenzierten Gliedern als auch für die Definition der Geschwindigkeit der Elektrizität, d. h. wir setzen gemäß (30)

$$\frac{\partial}{\partial \tau} = \left(1 + \frac{\gamma \xi}{c^2}\right)\frac{\partial}{\partial \tau}$$

und

$$w_\xi = \left(1 + \frac{\gamma \xi}{c^2}\right).$$

Wir erhalten so

$$\frac{1}{c\left(1 + \frac{\gamma \xi}{c^2}\right)}\left(\varrho^* w_\xi + \frac{\partial X^*}{\partial \tau}\right) = \frac{\partial N^*}{\partial \eta} - \frac{\partial M^*}{\partial \zeta} \text{ etc.} \quad (31\,\mathrm{b})$$

und

$$\frac{1}{c\left(1 + \frac{\gamma \xi}{c^2}\right)}\frac{\partial L^*}{\partial \tau} = \frac{\partial Y^*}{\partial \zeta} = \frac{\partial Z^*}{\partial \eta} \text{ etc.} \quad (32\,\mathrm{b})$$

Auch diese Gleichungen sind von derselben Form wie die entsprechenden des beschleunigungs- bzw. gravitationsfreien Raumes; hier tritt aber an die Stelle von c der Wert
$$c\left(1+\frac{\gamma\xi}{c^2}\right)=c\left(1+\frac{\varPhi}{c^2}\right).$$
Es folgt hieraus, daß die Lichtstrahlen, welche nicht in der ξ-Achse verlaufen, durch das Gravitationsfeld gekrümmt werden; die Richtungsänderung beträgt, wie leicht zu ersehen, pro Zentimeter Lichtweg $\frac{\gamma}{c^2}\sin\varphi$, wobei φ den Winkel zwischen der Richtung der Schwerkraft und der des Lichtstrahles bedeutet.

Mittels dieser Gleichungen und den aus der Optik ruhender Körper bekannten Gleichungen zwischen Feldstärke und elektrischer Strömung an einem Orte läßt sich der Einfluß des Gravitationsfeldes auf die optischen Erscheinungen bei ruhenden Körpern ermitteln. Es ist hierbei zu berücksichtigen, daß jene Gleichungen aus der Optik ruhender Körper für die Lokalzeit σ gelten. Leider ist der Einfluß des irdischen Schwerefeldes nach unserer Theorie ein so geringer (wegen der Kleinheit von $\frac{\gamma x}{c^2}$), daß eine Aussicht auf Vergleichung der Resultate der Theorie mit der Erfahrung nicht besteht.

Multiplizieren wir die Gleichungen (31a) und (32a) der Reihe nach mit $\frac{X^*}{4\pi}\ldots\ldots\frac{N^*}{4\pi}$ und integrieren über den unendlichen Raum, so erhalten wir bei Benutzung unserer früheren Bezeichnungsweise:
$$\int\left(1+\frac{\gamma\xi}{c^2}\right)^2\frac{\varrho}{4\pi}(u\,X+u_\eta\,Y+u\,Z)\,d\omega$$
$$+\int\left(1+\frac{\gamma\xi}{c^2}\right)^2\cdot\frac{1}{8\pi}\frac{\partial}{\partial\sigma}(X^2+Y^2\ldots+N^2)\,d\omega=0.$$

$\frac{\varrho}{4\pi}(u\,X+u_\eta\,Y+u\,Z)$ ist die der Materie pro Volumeneinheit und Einheit der Lokalzeit σ zugeführte Energie η_σ, falls diese Energie mittels an der betreffenden Stelle befindlicher Meßmittel gemessen wird. Folglich ist gemäß (30) $\eta_\tau=\eta_\sigma\left(1-\frac{\gamma\xi}{c^2}\right)$ die der Materie pro Volumeneinheit und Einheit der Zeit τ zugeführte (ebenso gemessene) Energie. $\frac{1}{8\pi}(X^2+Y^2\ldots+N^2)$ ist die elektromagnetische Energie ε pro Volumeneinheit — ebenso gemessen. Berücksichtigen wir ferner, daß gemäß (30) $\frac{\partial}{\partial \sigma} = \left(1 - \frac{\gamma \xi}{c^2}\right) \frac{\partial}{\partial \tau}$ zu setzen ist, so erhalten wir

$$\int \left(1 + \frac{\gamma \xi}{c^2}\right) \eta_\tau \, d\omega + \frac{d}{d\tau} \left\{ \int \left(1 + \frac{\gamma \xi}{c^2}\right) \varepsilon \, d\omega \right\} = 0.$$

Diese Gleichung drückt das Prinzip von der Erhaltung der Energie aus und enthält ein sehr bemerkenswertes Resultat. Eine Energie bzw. eine Energiezufuhr, welche — an Ort und Stelle gemessen — den Wert $E = \varepsilon \, d\omega$ bzw. $E = \eta \, d\omega \, d\tau$ hat, liefert zum Energieintegral außer dem ihrer Größe entsprechenden Wert E noch einen ihrer Lage entsprechenden Wert $\frac{E}{c^2} \gamma \xi = \frac{E}{c^2} \Phi$. Jeglicher Energie E kommt also im Gravitationsfelde eine Energie der Lage zu, die ebenso groß ist, wie die Energie der Lage einer „ponderabeln" Masse von der Größe $\frac{E}{c^2}$.

Der im § 11 abgeleitete Satz, daß einer Energiemenge E eine Masse von der Größe $\frac{E}{c^2}$ zukomme, gilt also, falls die im § 17 eingeführte Voraussetzung zutrifft, nicht nur für die träge, sondern auch für die gravitierende Masse.

(Eingegangen 4. Dezember 1907.)

Berichtigungen

zu der Arbeit: „Über das Relativitätsprinzip und die aus demselben gezogenen Folgerungen".[1]

Von A. Einstein.

Bei Durchsicht der Korrekturbogen der genannten Arbeit ist mir leider eine Anzahl Fehler entgangen, die ich berichtigen muß, weil sie das Lesen der Arbeit erschweren.

Formel 15b (S. 435) sollte lauten:

$$\frac{d}{dt}\left[\int \frac{1}{4\pi c}(YN - ZM)dw\right] + \Sigma \frac{\mu \dot{x}}{\sqrt{1 - \frac{q^2}{c^2}}} = 0.$$

Die zweite Formel auf S. 451 hat fälschlich den Faktor $\frac{4}{3}$; es sollte heißen:

$$G = \frac{q}{\sqrt{1 - \frac{q^2}{c^2}}} \frac{E_0}{c^2}.$$

---

[1] Dieses Jahrbuch 4, 411, 1907.

Formel 28 auf S. 453 lautet richtig:
$$dE = F_x dx + F_y dy + F_z dz - p\,dV + T\,d\eta.$$
Einige Zeilen weiter unten ist der Index bei G_x zu ergänzen. In der vorletzten Zeile der S. 455 sollte es heißen „ersetzbar" statt „nutzbar".

Auf S. 461 sollte es heißen:
$$\frac{\partial}{\partial \tau} = \left(1 + \frac{\gamma \xi}{c^2}\right) \frac{\partial}{\partial \sigma}$$
und
$$w_\xi = \left(1 + \frac{\gamma \xi}{c^2}\right) u_\xi.$$

Auf S. 462 sind ferner bei den Größen u_ξ und u_ζ die Indizes zu ergänzen. Außerdem ist etwa in der Mitte dieser Seite ein Zeichenfehler zu berichtigen; es sollte heißen:
$$\eta_\sigma = \eta_\tau \left(1 - \frac{\gamma \xi}{c^2}\right).$$

Eine briefliche Mitteilung von Herrn Planck veranlaßt mich dazu, zur Vermeidung eines naheliegenden Mißverständnisses eine ergänzende Bemerkung beizufügen.

Im Abschnitt „Relativitätsprinzip und Gravitation" wird ein ruhendes, in einem zeitlich konstanten, homogenen Schwerefeld gelegenes Bezugssystem als physikalisch gleichwertig behandelt mit einem gleichförmig beschleunigten, gravitationsfreien Bezugssystem. Der Begriff „gleichförmig beschleunigt" bedarf noch einer Erläuterung.

Wenn es sich — wie in unserem Falle — um eine gradlinige Bewegung (des Systems Σ) handelt, so ist die Beschleunigung durch den Ausdruck $\frac{dv}{dt}$ gegeben, wobei v die Geschwindigkeit bedeutet. Nach der bisher gebräuchlichen Kinematik ist $\frac{dv}{dt}$ eine vom Bewegungszustande des (beschleunigungsfreien) Bezugssystems unabhängige Größe, so daß man, wenn die Bewegung in einem bestimmten Zeitteilchen gegeben ist, ohne weiteres von der (momentanen) Beschleunigung reden kann. Gemäß der von uns angewendeten Kinematik hängt $\frac{dv}{dt}$ vom Bewegungszustande des (beschleunigungsfreien) Bezugssystems ab. Unter allen Beschleunigungswerten, die man so für eine bestimmte Bewegungsepoche erhalten kann, ist aber derjenige ausgezeichnet, welcher einem Bezugssystem entspricht, demgegenüber der betrachtete Körper die Geschwindigkeit $v = 0$ besitzt. Dieser Beschleunigungswert ist es, der bei unserem „gleichförmig beschleunigten" System konstant bleiben soll. Die auf S. 457 gebrauchte Beziehung $v = \gamma t$ gilt also nur in erster Annäherung; dies genügt aber, weil in der Betrachtung nur bezüglich t bzw. τ lineare Glieder zu berücksichtigen sind.

(Eingegangen 3. März 1908.)

Zweiter Teil
Die Abhandlungen über Gravitation und Allgemeine Relativitätstheorie

Abhandlung [5]
Einiges über die Entstehung der Allgemeinen Relativitätstheorie

Albert Einstein, Mein Weltbild. Hrsg. von Carl Seelig.
Neue, vom Verfasser durchgesehene und erweiterte Auflage.
Europa-Verlag, Zürich 1953.
Als Taschenbuch erschienen bei Ullstein, Berlin 1974, dort Seiten 134-138

Der Aufforderung, etwas Historisches über meine eigene wissenschaftliche Arbeit zu sagen, komme ich gerne nach. Nicht, als ob ich die Bedeutung des eigenen Strebens ungebührlich hoch einschätzte! Aber Geschichte über anderer Menschen Arbeit zu schreiben, setzt eine Vertiefung in fremdes Denken voraus, die viel besser von in historischer Tätigkeit geübten Persönlichkeiten erreicht wird, während die Aufklärung über eigenes früheres Denken unvergleichlich leichter zu sein scheint. Hier ist man in einer weit günstigeren Position als alle andern; diese Gelegenheit soll man nicht aus Bescheidenheit unbenutzt lassen.

Als 1905 mit der speziellen Relativitätstheorie die Gleichwertigkeit aller sogenannten Inertialsysteme für die Formulierung der Naturgesetze erlangt war, wirkte die Frage mehr als naheliegend, ob es wohl nicht eine weitergehende Gleichwertigkeit der Koordinatensysteme gäbe? Anders ausgedrückt: Wenn dem Begriff der Geschwindigkeit nur ein relativer Sinn zugeschrieben werden kann, soll man trotzdem daran festhalten, die Beschleunigung als absoluten Begriff festzuhalten?

Vom rein kinematischen Standpunkt aus war ja die Relativität beliebiger Bewegungen nicht zu bezweifeln; aber physikalisch schien dem Inertialsystem eine bevorzugte Bedeutung zuzukommen, welche die Bedeutung anders bewegter Koordinatensysteme als künstlich erscheinen ließ.

Freilich war mir Machs Auffassung bekannt geworden, nach der es als denkbar erschien, daß der Trägheitswiderstand nicht einer Beschleunigung an sich, sondern einer Beschleunigung gegen die Massen der übrigen in der Welt vorhandenen Körper entgegenwirke. Dieser Gedanke hatte für mich etwas Faszinierendes, aber er bot keine brauchbare Grundlage für eine neue Theorie.

Ich kam der Lösung des Problems zum erstenmal einen Schritt näher, als ich versuchte, das Gravitationsgesetz im Rahmen der speziellen Relativitätstheorie zu behandeln. Wie die meisten damaligen Autoren versuchte ich, ein Feldgesetz für die Gravitation aufzustellen, da ja die Einführung unvermittelter Fernwirkung wegen der Abschaffung des absoluten Gleichzeitigkeitsbegriffs nicht mehr oder wenigstens nicht mehr in irgendwie natürlicher Weise möglich war.

Das Einfachste war natürlich, das Laplacesche skalare Potential der Gravitation beizubehalten und die Poissonsche Gleichung durch ein nach der Zeit differenziertes Glied in naheliegender Weise so zu ergänzen, daß der speziellen Relativitätstheorie Genüge geleistet wurde. Auch mußte das Bewegungsgesetz des Massenpunktes im Gravitationsfeld der speziellen Relativitätstheorie angepaßt werden. Der Weg hierfür war weniger eindeutig vorgeschrieben, weil ja die träge Masse eines Körpers vom Gravitationspotential abhängen konnte. Dies war sogar wegen des Satzes von der Trägheit der Energie zu erwarten.

Solche Untersuchungen führten aber zu einem Ergebnis, das mich in hohem Maß mißtrauisch machte. Gemäß der klassischen Mechanik ist nämlich die Vertikalbeschleunigung eines Körpers im vertikalen Schwerefeld von der Horizontalkomponente der Geschwindigkeit unabhängig. Hiermit hängt es zusammen, daß die Vertikalbeschleunigung eines mechanischen Systems bzw. dessen Schwerpunktes in einem solchen Schwerefeld unabhängig herauskommt von dessen innerer kinetischer Energie. Nach der von mir versuchten Theorie war aber die Unabhängigkeit der Fallbeschleunigung von der Horizontalgeschwindigkeit bzw. von der inneren Energie eines Systems nicht vorhanden.

Dies paßte nicht zur alten Erfahrung, daß die Körper alle dieselbe Beschleunigung in einem Gravitationsfeld erfahren. Dieser Satz, der auch als der Satz von der Gleichheit der trägen und schweren Masse formuliert werden kann, leuchtete mir nun in seiner tiefen Bedeutung ein. Ich wunderte mich im höchsten Grade über sein Bestehen und vermutete, daß in ihm der Schlüssel für ein tieferes Verständnis der Trägheit und Gravitation liegen müsse. An seiner strengen Gültigkeit habe ich auch ohne Kenntnis des Resultates der schönen Versuche von Eötvös, die mir — wenn ich mich richtig erinnere — erst später bekanntwurden, nicht ernsthaft gezweifelt. Nun verwarf ich den Versuch der oben angedeuteten Behandlung des Gravitationsproblems im Rahmen der speziellen Relativitätstheorie als inadäquat. Er wurde offenbar gerade der fundamentalsten Eigenschaft der Gravitation nicht gerecht. Der Satz von der Gleichheit der trägen und schweren

Masse konnte nun sehr anschaulich so formuliert werden: In einem homogenen Gravitationsfeld gehen alle Bewegungen so vor sich wie bei Abwesenheit eines Gravitationsfeldes in bezug auf ein gleichförmig beschleunigtes Koordinatensystem. Galt dieser Satz für beliebige Vorgänge („Äquivalenzprinzip"), so war dies ein Hinweis darauf, daß das Relativitätsprinzip auf ungleichförmig gegeneinander bewegte Koordinatensysteme erweitert werden mußte, wenn man zu einer ungezwungenen Theorie des Gravitationsfeldes gelangen wollte. Solcherlei Überlegungen beschäftigten mich 1908 bis 1911, und ich versuchte, spezielle Folgerungen hieraus zu ziehen, von denen ich hier nicht sprechen will. Wichtig war zunächst nur die Erkenntnis, daß eine vernünftige Theorie der Gravitation nur von einer Erweiterung des Relativitätsprinzips zu erwarten war.

Es galt also, eine Theorie aufzustellen, deren Gleichungen ihre Form bei nichtlinearen Transformationen der Koordinaten behielten. Ob dies für ganz beliebige (stetige) Koordinatentransformationen gelten sollte oder nur für gewisse, das wußte ich vorderhand nicht.

Ich sah bald, daß bei der durch das Äquivalenzprinzip geforderten Erfassung nichtlinearer Transformationen die einfache physikalische Interpretation der Koordinaten verlorengehen mußte, d. h. es konnte nicht mehr gefordert werden, daß Koordinatendifferenzen unmittelbare Ergebnisse von Messungen mit idealen Maßstäben bzw. Uhren bedeuten sollten. Diese Erkenntnis plagte mich sehr, denn ich vermochte lange nicht einzusehen, was dann die Koordinaten in der Physik überhaupt bedeuten sollten? Die Erlösung aus diesem Dilemma kam erst etwa 1912, und zwar durch folgende Überlegung:

Es mußte doch eine neue Formulierung des Trägheitsgesetzes gefunden werden, die im Falle des Fehlens eines wirklichen „Gravitationsfeldes bei Anwendung eines Inertialsystems" als Koordinatensystem in die Galileische Formulierung des Trägheitsprinzips überging. Letztere besagt: ein materieller Punkt, auf den keine Kräfte wirken, wird im vierdimensionalen Raum durch eine gerade Linie dargestellt, d. h. also durch eine kürzeste Linie oder richtiger eine extremale Linie. Dieser Begriff setzt denjenigen der Länge eines Linienelementes, d. h. eine Metrik voraus. In der speziellen Relativitätstheorie war — wie Minkowski gezeigt hatte — diese Metrik eine quasi euklidische, d. h. das Quadrat der „Länge", ds des Linienelementes, war eine bestimmte quadratische Funktion der Koordinatendifferentiale.

Führt man nun andere Koordinaten durch eine nichtlineare Transformation ein, so bleibt ds^2 eine homogene Funktion der Koordinatendifferentiale, aber die Koeffizienten dieser Funktion ($g_{\mu\nu}$) werden nicht mehr konstant, sondern gewisse Funktionen der Koordinaten. Mathematisch heißt dies: der physikalische (vierdimensionale) Raum besitzt eine Riemannsche Metrik. Die zeitartigen extremalen Linien dieser Metrik liefern das Bewegungsgesetz eines materiellen Punktes, auf welchen, abgesehen von Gravitationskräften, keine Kräfte wirken. Die Koeffizienten ($g_{\mu\nu}$) dieser Metrik beschreiben in bezug auf das gewählte Koordinatensystem zugleich das Gravitationsfeld. Damit war eine natürliche Formulierung des Äquivalenzprinzips gefunden, deren Ausdehnung auf beliebige Gravitationsfelder eine durchaus natürliche Hypothese bedeutete.

Die Lösung des obigen Dilemmas war also folgende: nicht den Koordinatendifferentialen, sondern nur der ihnen zugeordneten Riemann-Metrik kommt eine physikalische Bedeutung zu. Damit war eine Grundlage für die allgemeine Relativitätstheorie geschaffen. Es mußten aber noch zwei Probleme gelöst werden:

1. Wenn ein Feldgesetz in der Ausdrucksweise der speziellen Relativitätstheorie gegeben ist, wie läßt sich dasselbe auf den Fall einer Riemann-Metrik übertragen?

2. Wie lauten die Differentialgesetze, welche die Riemann-Metrik (d. h. die $g_{\mu\nu}$) selbst bestimmen?

An diesen Fragen arbeitete ich von 1912 bis 1914 zusammen mit meinem Freund Marcel Grossmann. Wir fanden, daß die mathematischen Methoden zur Lösung des Problems 1 im infinitesimalen Differentialkalkül von Ricci und Levi-Cività bereits fertig vorlagen.

Was das Problem 2 anlangt, so bedurfte es zu dessen Lösung offenbar der invarianten Differentialbildungen zweiter Ordnung aus den $g_{\mu\nu}$. Wir sahen bald, daß diese durch Riemann bereits aufgestellt waren (Tensor der Krümmung). Zwei Jahre vor der Publikation der allgemeinen Relativitätstheorie hatten wir bereits die richtigen Feldgleichungen der Gravitation in Betracht gezogen, aber wir vermochten ihnen ihre physikalische Brauchbarkeit nicht anzusehen. Ich glaubte im Gegenteil zu wissen, daß sie der Erfahrung nicht gerecht werden konnten. Dazu glaubte ich noch auf Grund einer allgemeinen Überlegung zeigen zu können, daß ein bezüglich beliebiger Koordinatentransformationen invariantes Gravitationsgesetz mit dem Prinzip der Kausalität nicht vereinbar sei. Dies waren Irrtümer des Denkens, die mich zwei Jahre überaus harter Arbeit kosteten, bis ich sie endlich Ende 1915 als solche erkannte und den Anschluß an die Tatsachen der astronomischen Erfahrung auffand, nachdem ich reuevoll zu der Riemannschen Krümmung zurückgekehrt war.

Im Lichte bereits erlangter Erkenntnis erscheint das glücklich Erreichte fast wie selbstverständlich, und jeder intelligente Student erfaßt es ohne zu große Mühe. Aber das ahnungsvolle, Jahre währende Suchen im Dunkeln mit seiner gespannten Sehnsucht, seiner Abwechslung von Zuversicht und Ermattung und seinem endlichen Durchbrechen zur Wahrheit, das kennt nur, wer es selber erlebt hat.

Abhandlung [6]
Über den Einfluß der Schwerkraft auf die Ausbreitung des Lichtes
Albert Einstein, Annalen der Physik 35, 898-908 (1911)

Die Frage, ob die Ausbreitung des Lichtes durch die Schwere beinflußt wird, habe ich schon an einer vor 3 Jahren erschienenen Abhandlung zu beantworten gesucht.[1]) Ich komme auf dies Thema wieder zurück, weil mich meine damalige Darstellung des Gegenstandes nicht befriedigt, noch mehr aber, weil ich nun nachträglich einsehe, daß eine der wichtigsten Konsequenzen jener Betrachtung der experimentellen Prüfung zugänglich ist. Es ergibt sich nämlich, daß Lichtstrahlen, die in der Nähe der Sonne vorbeigehen, durch das Gravitationsfeld derselben nach der vorzubringenden Theorie eine Ablenkung erfahren, so daß eine scheinbare Vergrößerung des Winkelabstandes eines nahe an der Sonne erscheinenden Fixsternes von dieser im Betrage von fast einer Bogensekunde eintritt.

Es haben sich bei der Durchführung der Überlegungen auch noch weitere Resultate ergeben, die sich auf die Gravitation beziehen. Da aber die Darlegung der ganzen Betrachtung ziemlich unübersichtlich würde, sollen im folgenden nur einige ganz elementare Überlegungen gegeben werden, aus denen man sich bequem über die Voraussetzungen und den Gedankengang der Theorie orientieren kann. Die hier abgeleiteten Beziehungen sind, auch wenn die theoretische Grundlage zutrifft, nur in erster Näherung gültig.

---

1) A. Einstein, Jahrb. f. Radioakt. u. Elektronik IV. 4.

§ 1. Hypothese über die physikalische Natur des Gravitationsfeldes.

In einem homogenen Schwerefeld (Schwerebeschleunigung γ) befinde sich ein ruhendes Koordinatensystem K, das so orientiert sei, daß die Kraftlinien des Schwerefeldes in Richtung der negativen z-Achse verlaufen. In einem von Gravitationsfeldern freien Raume befinde sich ein zweites Koordinatensystem K', das in Richtung seiner positiven z-Achse eine gleichförmig beschleunigte Bewegung (Beschleunigung γ) ausführe. Um die Betrachtung nicht unnütz zu komplizieren, sehen wir dabei von der Relativitätstheorie vorläufig ab, betrachten also beide Systeme nach der gewohnten Kinematik und in denselben stattfindende Bewegungen nach der gewöhnlichen Mechanik.

Relativ zu K, sowie relativ zu K', bewegen sich materielle Punkte, die der Einwirkung anderer materieller Punkte nicht unterliegen, nach den Gleichungen:

$$\frac{d^2 x_\nu}{d t^2} = 0, \quad \frac{d^2 y_\nu}{d t^2} = 0, \quad \frac{d^2 z_\nu}{d t^2} = -\gamma.$$

Dies folgt für das beschleunigte System K' direkt aus dem Galileischen Prinzip, für das in einem homogenen Gravitationsfeld ruhende System K aber aus der Erfahrung, daß in einem solchen Felde alle Körper gleich stark und gleichmäßig beschleunigt werden. Diese Erfahrung vom gleichen Fallen aller Körper im Gravitationsfelde ist eine der allgemeinsten, welche die Naturbeobachtung uns geliefert hat; trotzdem hat dieses Gesetz in den Fundamenten unseres physikalischen Weltbildes keinen Platz erhalten.

Wir gelangen aber zu einer sehr befriedigenden Interpretation des Erfahrungssatzes, wenn wir annehmen, daß die Systeme K und K' physikalisch genau gleichwertig sind, d. h. wenn wir annehmen, man könne das System K ebenfalls als in einem von einem Schwerefeld freien Raume befindlich annehmen; dafür müssen wir K dann aber als gleichförmig beschleunigt betrachten. Man kann bei dieser Auffassung ebensowenig von der *absoluten Beschleunigung* des Bezugssystems sprechen, wie man nach der gewöhnlichen Relativitätstheorie von der *absoluten Geschwindigkeit* eines Systems reden kann.[1]) Bei dieser Auffassung ist das gleiche Fallen aller Körper in einem Gravitationsfelde selbstverständlich.

Solange wir uns auf rein mechanische Vorgänge aus dem Gültigkeitsbereich von Newtons Mechanik beschränken, sind wir der Gleichwertigkeit der Systeme K und K' sicher. Unsere Auffassung wird jedoch nur dann tiefere Bedeutung haben, wenn die Systeme K und K' in bezug auf alle physikalischen Vorgänge gleichwertig sind, d. h. wenn die Naturgesetze in bezug auf K mit denen in bezug auf K' vollkommen übereinstimmen. Indem wir dies annehmen, erhalten wir ein Prinzip, das, falls es wirklich zutrifft, eine große heuristische Bedeutung besitzt. Denn wir erhalten durch die theoretische Betrachtung der Vorgänge, die sich relativ zu einem gleichförmig beschleunigten Bezugssystem abspielen, Aufschluß über den Verlauf der Vorgänge in einem homogenen Gravitationsfelde.[1]) Im folgenden soll zunächst gezeigt werden, inwiefern unserer Hypothese vom Standpunkte der gewöhnlichen Relativitätstheorie aus eine beträchtliche Wahrscheinlichkeit zukommt.

§ 2. Über die Schwere der Energie.

Die Relativitätstheorie hat ergeben, daß die träge Masse eines Körpers mit dem Energieinhalt desselben wächst; beträgt der Energiezuwachs E, so ist der Zuwachs an träger Masse gleich E/c^2, wenn c die Lichtgeschwindigkeit bedeutet. Entspricht nun aber diesem Zuwachs an träger Masse auch ein Zuwachs an gravitierender Masse? Wenn nicht, so fiele ein Körper in demselben Schwerefelde mit verschiedener Beschleunigung je nach dem Energieinhalte des Körpers. Das so befriedigende Resultat der Relativitätstheorie, nach welchem

---

1) Natürlich kann man ein *beliebiges* Schwerefeld nicht durch einen Bewegungszustand des Systems ohne Gravitationsfeld ersetzen, ebensowenig, als man durch eine Relativitätstransformation alle Punkte eines beliebig bewegten Mediums auf Ruhe transformieren kann.

1) In einer späteren Abhandlung wird gezeigt werden, daß das hier in Betracht kommende Gravitationsfeld nur in erster Annäherung homogen ist.

der Satz von der Erhaltung der Masse in dem Satze von der Erhaltung der Energie aufgeht, wäre nicht aufrecht zu erhalten; denn so wäre der Satz von der Erhaltung der Masse zwar für die *träge* Masse in der alten Fassung aufzugeben, für die gravitierende Masse aber aufrecht zu erhalten.

Dies muß als sehr unwahrscheinlich betrachtet werden. Andererseits liefert uns die gewöhnliche Relativitätstheorie kein Argument, aus dem wir folgern könnten, daß das Gewicht eines Körpers von dessen Energieinhalt abhängt. Wir werden aber zeigen, daß unsere Hypothese von der Äquivalenz der Systeme K und K' die Schwere der Energie als notwendige Konsequenz liefert.

Es mögen sich die beiden mit Meßinstrumenten versehenen körperlichen Systeme S_1 und S_2 in der Entfernung h voneinander auf der z-Achse von K befinden[1]), derart, daß das Gravitationspotential in S_2 um $\gamma.h$ größer ist, als das in S_1. Es wurde von S_2 gegen S_1 eine bestimmte Energiemenge E in Form von Strahlung gesendet. Die Energiemengen mögen dabei in S_1 und S_2 mit Vorrichtungen gemessen werden, die — an *einen* Ort des Systems z gebracht und dort miteinander verglichen — vollkommen gleich seien. Über den Vorgang dieser Energieübertragung durch Strahlung läßt sich a priori nichts aussagen, weil wir den Einfluß des Schwerefeldes auf die Strahlung und die Meßinstrumente in S_1 und S_2 nicht kennen.

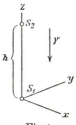

Fig 1.

Nach unserer Voraussetzung von der Äquivalenz von K und K' können wir aber an Stelle des im homogenen Schwerefelde befindlichen Systems K das schwerefreie, im Sinne der positiven z gleichförmig beschleunigt bewegte System K' setzen, mit dessen z-Achse die körperlichen Systeme S_1 und S_2 fest verbunden sind.

Den Vorgang der Energieübertragung durch Strahlung von S_2 auf S_1 beurteilen wir von einem System K_0 aus, das

---

1) S_1 und S_2 werden als gegenüber h unendlich klein betrachtet.

beschleunigungsfrei sei. In bezug auf K_0 besitze K' in dem Augenblick die Geschwindigkeit Null, in welchem die Strahlungsenergie E_2 von S_2 gegen S_1 abgesendet wird. Die Strahlung wird in S_1 ankommen, wenn die Zeit h/c verstrichen ist (in erster Annäherung). In diesem Momente besitzt aber S_1 in bezug auf K_0 die Geschwindigkeit $\gamma \cdot h/c = v$. Deshalb besitzt nach der gewöhnlichen Relativitätstheorie die in S_1 ankommende Strahlung nicht die Energie E_2, sondern eine größere Energie E_1, welche mit E_2 in erster Annäherung durch die Gleichung verknüpft ist[1]):

(1) $$E_1 = E_2 \left(1 + \frac{v}{c}\right) = E_2 \left(1 + \frac{\gamma h}{c^2}\right).$$

Nach unserer Annahme gilt genau die gleiche Beziehung, falls derselbe Vorgang in dem nicht beschleunigten, aber mit Gravitationsfeld versehenen System K stattfindet. In diesem Falle können wir γh ersetzen durch das Potential Φ des Gravitationsvektors in S_2, wenn die willkürliche Konstante von Φ in S_1 gleich Null gesetzt wird. Es gilt also die Gleichung:

(1 a) $$E_1 = E_2 + \frac{E_2}{c^2} \Phi.$$

Diese Gleichung spricht den Energiesatz für den ins Auge gefaßten Vorgang aus. Die in S_1 ankommende Energie E_1 ist größer als die mit gleichen Mitteln gemessene Energie E_2, welche in S_2 emittiert wurde, und zwar um die potentielle Energie der Masse E_2/c^2 im Schwerefelde. Es zeigt sich also, daß man, damit das Energieprinzip erfüllt sei, der Energie E vor ihrer Aussendung in S_2 eine potentielle Energie der Schwere zuschreiben muß, die der (schweren) Masse E/c^2 entspricht. Unsere Annahme der Äquivalenz von K und K' hebt also die am Anfang dieses Paragraphen dargelegte Schwierigkeit, welche die gewöhnliche Relativitätstheorie übrig läßt.

Besonders deutlich zeigt sich der Sinn dieses Resultates bei Betrachtung des folgenden Kreisprozesses:

1. Man sendet die Energie E (in S_2 gemessen) in Form von Strahlung in S_2 ab nach S_1, wo nach dem soeben er-

---

[1]) A. Einstein, Ann. d. Phys. **17**. p. 913 u. 914. 1905.

langten Resultat die Energie $E(1 + \gamma h/c^2)$ aufgenommen wird (in S_1 gemessen).

2. Man senkt einen Körper W von der Masse M von S_2 nach S_1, wobei die Arbeit $M\gamma h$ nach außen abgegeben wird.

3. Man überträgt die Energie E von S_1 auf den Körper W, während sich W in S_1 befindet. Dadurch ändere sich die schwere Masse M, so daß sie den Wert M' erhält.

4. Man hebe W wieder nach S_2, wobei die Arbeit $M'\gamma h$ aufzuwenden ist.

5. Man übertrage E von W wieder auf S_2.

Der Effekt dieses Kreisprozesses besteht einzig darin, daß S_1 den Energiezuwachs $E(\gamma h/c^2)$ erlitten hat, und daß dem System die Energiemenge

$$M'\gamma h - M\gamma h$$

in Form von mechanischer Arbeit zugeführt wurde. Nach dem Energieprinzip muß also

$$E\frac{\gamma h}{c^2} = M'\gamma h - M\gamma h$$

oder

(1 b) $$M' - M = \frac{E}{c^2}$$

sein. Der Zuwachs an *schwerer* Masse ist also gleich E/c^2, also gleich dem aus der Relativitätstheorie sich ergebenden Zuwachs an *träger* Masse.

Noch unmittelbarer ergibt sich das Resultat aus der Äquivalenz der Systeme K und K', nach welcher die *schwere* Masse in bezug auf K der *trägen* Masse in bezug auf K' vollkommen gleich ist; es muß deshalb die Energie eine *schwere* Masse besitzen, die ihrer *trägen* Masse gleich ist. Hängt man im System K' eine Masse M_0 an einer Federwaage auf, so wird letztere wegen der Trägheit von M_0 das scheinbare Gewicht $M_0 \gamma$ anzeigen. Überträgt man die Energiemenge E auf M_0, so wird die Federwaage nach dem Satz von der Trägheit der Energie $\left(M_0 + \frac{E}{c^2}\right)\gamma$ anzeigen. Nach unserer Grundannahme muß ganz dasselbe eintreten bei Wiederholung des Versuches im System K, d. h. im Gravitationsfelde.

§ 3. Zeit und Lichtgeschwindigkeit im Schwerefelde.

Wenn die im gleichförmig beschleunigten System K' in S_2 gegen S_1 emittierte Strahlung mit Bezug auf die in S_2 befindliche Uhr die Frequenz ν_2 besaß, so besitzt sie in bezug auf S_1 bei ihrer Ankunft in S_1 in bezug auf die in S_1 befindliche gleich beschaffene Uhr nicht mehr die Frequenz ν_2 sondern eine größere Frequenz ν_1, derart, daß in erster Annäherung

$$(2) \qquad \nu_1 = \nu_2 \left(1 + \frac{\gamma h}{c^2}\right).$$

Führt man nämlich wieder das beschleunigungsfreie Bezugssystem K_0 ein, relativ zu welchem K' zur Zeit der Lichtaussendung keine Geschwindigkeit besitzt, so hat S_1 in bezug auf K_0 zur Zeit der Ankunft der Strahlung in S_1 die Geschwindigkeit $\gamma(h/c)$, woraus sich die angegebene Beziehung vermöge des Dopplerschen Prinzipes unmittelbar ergibt.

Nach unserer Voraussetzung von der Äquivalenz der Systeme K' und K gilt diese Gleichung auch für das ruhende, mit einem gleichförmigen Schwerefeld versehene Koordinatensystem K, falls in diesem die geschilderte Strahlungsübertragung stattfindet. Es ergibt sich also, daß ein bei bestimmtem Schwerepotential in S_2 emittierter Lichtstrahl, der bei seiner Emission — mit einer in S_2 befindlichen Uhr verglichen — die Frequenz ν_2 besitzt, bei seiner Ankunft in S_1 eine andere Frequenz ν_1 besitzt, falls letztere mittels einer in S_1 befindlichen gleich beschaffenen Uhr gemessen wird. Wir ersetzen γh durch das Schwerepotential Φ von S_2 in bezug auf S_1 als Nullpunkt und nehmen an, daß unsere für das *homogene* Gravitationsfeld abgeleitete Beziehung auch für anders gestaltete Felder gelte; es ist dann

$$(2\,\mathrm{a}) \qquad \nu_1 = \nu_2 \left(1 + \frac{\Phi}{c^2}\right).$$

Dies (nach unserer Ableitung in erster Näherung gültige) Resultat gestattet zunächst folgende Anwendung. Es sei ν_0 die Schwingungszahl eines elementaren Lichterzeugers, gemessen mit einer an demselben Orte gemessenen Uhr U. Diese Schwingungszahl ist dann unabhängig davon, wo der Lichterzeuger samt der Uhr aufgestellt wird. Wir wollen uns beide etwa an der Sonnenoberfläche angeordnet denken (dort befindet sich unser S_2). Von dem dort emittierten Lichte gelangt ein Teil zur Erde (S_1), wo wir mit einer Uhr U von genau gleicher Beschaffenheit als der soeben genannten die Frequenz ν des ankommenden Lichtes messen Dann ist nach (2a)

$$\nu = \nu_0 \left(1 + \frac{\Phi}{c^2}\right),$$

wobei Φ die (negative) Gravitationspotentialdifferenz zwischen Sonnenoberfläche und Erde bedeutet. Nach unserer Auffassung müssen also die Spektrallinien des Sonnenlichtes gegenüber den entsprechenden Spektrallinien irdischer Lichtquellen etwas nach dem Rot verschoben sein, und zwar um den relativen Betrag

$$\frac{\nu_0 - \nu}{\nu_0} = \frac{-\Phi}{c^2} = 2 \cdot 10^{-6}.$$

Wenn die Bedingungen, unter welchen die Sonnenlinien entstehen, genau bekannt wären, wäre diese Verschiebung noch der Messung zugänglich. Da aber anderweitige Einflüsse (Druck, Temperatur) die Lage des Schwerpunktes der Spektrallinien beeinflussen, ist es schwer zu konstatieren, ob der hier abgeleitete Einfluß des Gravitationspotentials wirklich existiert.[1]

Bei oberflächlicher Betrachtung scheint Gleichung (2) bzw. (2a) eine Absurdität auszusagen. Wie kann bei beständiger Lichtübertragung von S_2 nach S_1 in S_1 eine andere Anzahl von Perioden pro Sekunde ankommen, als in S_2 emittiert wird? Die Antwort ist aber einfach. Wir können ν_2 bzw. ν_1 nicht als Frequenzen schlechthin (als Anzahl Perioden pro Sekunde) ansehen, da wir eine Zeit im System K noch nicht festgelegt haben. ν_2 bedeutet die Anzahl Perioden, bezogen auf die Zeiteinheit der Uhr U in S_2, ν_1 die Anzahl Perioden,

---

[1] L. F. Jewell (Journ. de phys. 6. p. 84. 1897) und insbesondere Ch. Fabry u. H. Boisson (Compt. rend. 148. p. 688—690. 1909) haben derartige Verschiebungen feiner Spektrallinien nach dem roten Ende des Spektrums von der hier berechneten Größenordnung tatsächlich konstatiert, aber einer Wirkung des Druckes in der absorbierenden Schicht zugeschrieben.

bezogen auf die Zeiteinheit der gleich beschaffenen Uhr U in S_1. Nichts zwingt uns zu der Annahme, daß die in verschiedenen Gravitationspotentialen befindlichen Uhren U als gleich rasch gehend aufgefaßt werden müssen. Dagegen müssen wir die Zeit in K sicher so definieren, daß die Anzahl der Wellenberge und Wellentäler, die sich zwischen S_2 und S_1 befinden, von dem Absolutwerte der Zeit unabhängig ist; denn der ins Auge gefaßte Prozeß ist seiner Natur nach ein stationärer. Würden wir diese Bedingung nicht erfüllen, so kämen wir zu einer Zeitdefinition, bei deren Anwendung die Zeit explizite in die Naturgesetze eingänge, was sicher unnatürlich und unzweckmäßig wäre. Die Uhren in S_1 und S_2 geben also nicht beide die „Zeit" richtig an. Messen wir die Zeit in S_1 mit der Uhr U, *so müssen wir die Zeit in S_2 mit einer Uhr messen, die $1 + \Phi/c^2$ mal langsamer läuft als die Uhr U, falls sie mit der Uhr U an derselben Stelle verglichen wird.* Denn mit einer solchen Uhr gemessen ist die Frequenz des oben betrachteten Lichtstrahles bei seiner Aussendung in S_2

$$\nu_2 \left(1 + \frac{\Phi}{c^2}\right),$$

also nach (2a) gleich der Frequenz ν_1 desselben Lichtstrahles bei dessen Ankunft in S_1.

Hieraus ergibt sich eine Konsequenz von für diese Theorie fundamentaler Bedeutung. Mißt man nämlich in dem beschleunigten, gravitationsfeldfreien System K' an verschiedenen Orten die Lichtgeschwindigkeit unter Benutzung gleich beschaffener Uhren U, so erhält man überall dieselbe Größe. Dasselbe gilt nach unserer Grundannahme auch für das System K. Nach dem soeben Gesagten müssen wir aber an Stellen verschiedenen Gravitationspotentials uns verschieden beschaffener Uhren zur Zeitmessung bedienen. Wir müssen zur Zeitmessung an einem Orte, der relativ zum Koordinatenursprung das Gravitationspotential Φ besitzt, eine Uhr verwenden, die — an den Koordinatenursprung versetzt — $(1 + \Phi/c^2)$ mal langsamer läuft als jene Uhr, mit welcher am Koordinatenursprung die Zeit gemessen wird. Nennen wir c_0 die Lichtgeschwindigkeit im Koordinatenanfangspunkt, so wird daher die Lichtgeschwindigkeit c in einem Orte vom Gravitationspotential Φ durch die Beziehung

$$(3) \quad c = c_0 \left(1 + \frac{\Phi}{c^2}\right)$$

gegeben sein. Das Prinzip von der Konstanz der Lichtgeschwindigkeit gilt nach dieser Theorie nicht in derjenigen Fassung, wie es der gewöhnlichen Relativitätstheorie zugrunde gelegt zu werden pflegt.

§ 4. Krümmung der Lichtstrahlen im Gravitationsfeld.

Aus dem soeben bewiesenen Satze, daß die Lichtgeschwindigkeit im Schwerefelde eine Funktion des Ortes ist, läßt sich leicht mittels des Huygensschen Prinzipes schließen, daß quer zu einem Schwerefeld sich fortpflanzende Lichtstrahlen eine Krümmung erfahren müssen. Sei nämlich ε eine Ebene gleicher Phase einer ebenen Lichtwelle zur Zeit t, P_1 und P_2 zwei Punkte in ihr, welche den Abstand 1 besitzen. P_1 und P_2 liegen in der Papierebene, die so gewählt ist, daß der in der Richtung ihrer Normale genommene Differentialquotient von Φ also auch von c verschwindet. Die entsprechende Ebene gleicher Phase bzw. deren Schnitt mit der Papierebene, zur Zeit $t + dt$ erhalten wir, indem wir um die Punkte P_1 und P_2 mit den Radien $c_1 dt$ bzw. $c_2 dt$ Kreise und an diese die Tangente legen, wobei c_1 bzw. c_2 die Lichtgeschwindigkeit in den Punkten P_1 bzw. P_2 bedeutet. Der Krümmungswinkel des Lichtstrahles auf dem Wege $c\, dt$ ist also

$$\frac{(c_1 - c_2)\, dt}{1} = -\frac{\partial c}{\partial n'} dt,$$

falls wir den Krümmungswinkel positiv rechnen, wenn der Lichtstrahl nach der Seite der wachsenden n' hin gekrümmt wird. Der Krümmungswinkel pro Wegeinheit des Lichtstrahles ist also

$$-\frac{1}{c}\frac{\partial c}{\partial n'}$$

oder nach (3) gleich

$$-\frac{1}{c^2}\frac{\partial \Phi}{\partial n'}.$$

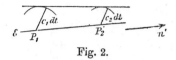

Fig. 2.

Endlich erhalten wir für die Ablenkung α, welche ein Lichtstrahl auf einem beliebigen Wege (s) nach der Seite n' erleidet, den Ausdruck

(4) $$\alpha = -\frac{1}{c^2}\int \frac{\partial \Phi}{\partial n'}\,ds.$$

Dasselbe Resultat hätten wir erhalten können durch unmittelbare Betrachtung der Fortpflanzung eines Lichtstrahles in dem gleichförmig beschleunigten System K' und Übertragung des Resultates auf das System K und von hier auf den Fall, daß das Gravitationsfeld beliebig gestaltet ist.

Nach Gleichung (4) erleidet ein an einem Himmelskörper vorbeigehender Lichtstrahl eine Ablenkung nach der Seite sinkenden Gravitationspotentials, also nach der dem Himmelskörper zugewandten Seite von der Größe

$$\alpha = \frac{1}{c^2}\int_{\vartheta=-\frac{\pi}{2}}^{\vartheta=+\frac{\pi}{2}} \frac{kM}{r^2}\cos\vartheta\cdot ds = \frac{2kM}{c^2\varDelta},$$

wobei k die Gravitationskonstante, M die Masse des Himmelskörpers, $\varDelta$ den Abstand des Lichtstrahles vom Mittelpunkt des Himmelskörpers bedeutet. *Ein an der Sonne vorbeigehender Lichtstrahl erlitte demnach eine Ablenkung vom Betrage* $4\cdot 10^{-6}$

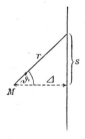

Fig. 3.

$= 0{,}83$ *Bogensekunden*. Um diesen Betrag erscheint die Winkeldistanz des Sternes vom Sonnenmittelpunkt durch die Krümmung des Strahles vergrößert. Da die Fixsterne der der Sonne zugewandten Himmelspartien bei totalen Sonnenfinsternissen sichtbar werden, ist diese Konsequenz der Theorie mit der Erfahrung vergleichbar. Beim Planeten Jupiter erreicht die zu erwartende Verschiebung etwa $^1/_{100}$ des angegebenen Betrages. Es wäre dringend zu wünschen, daß sich Astronomen der hier aufgerollten Frage annähmen, auch wenn die im vorigen gegebenen Überlegungen ungenügend fundiert oder gar abenteuerlich erscheinen sollten. Denn abgesehen von jeder Theorie muß man sich fragen, ob mit den heutigen Mitteln ein Einfluß der Gravitationsfelder auf die Ausbreitung des Lichtes sich konstatieren läßt.

Prag, Juni 1911.

(Eingegangen 21. Juni 1911.)

Abhandlung [7]
Erklärung der Perihelbewegung des Merkur aus der Allgemeinen Relativitätstheorie

Albert Einstein, Sitzungsberichte der Preußischen Akademie der Wissenschaften 1915, 831-839

In einer jüngst in diesen Berichten erschienenen Arbeit, habe ich Feldgleichungen der Gravitation aufgestellt, welche bezüglich beliebiger Transformationen von der Determinante 1 kovariant sind. In einem Nachtrage habe ich gezeigt, daß jenen Feldgleichungen allgemein kovariante entsprechen, wenn der Skalar des Energietensors der »Materie« verschwindet, und ich habe dargetan, daß der Einführung dieser Hypothese, durch welche Zeit und Raum der letzten Spur objektiver Realität beraubt werden, keine prinzipiellen Bedenken entgegenstehen[1].

In der vorliegenden Arbeit finde ich eine wichtige Bestätigung dieser radikalsten Relativitätstheorie; es zeigt sich nämlich, daß sie die von LEVERRIER entdeckte säkulare Drehung der Merkurbahn im Sinne der Bahnbewegung, welche etwa 45" im Jahrhundert beträgt qualitativ und quantitativ erklärt, ohne daß irgendwelche besondere Hypothese zugrunde gelegt werden müßte[2].

Es ergibt sich ferner, daß die Theorie eine stärkere (doppelt so starke) Lichtstrahlenkrümmung durch Gravitationsfelder zur Konsequenz hat als gemäß meinen früheren Untersuchungen.

---

[1] In einer bald folgenden Mitteilung wird gezeigt werden, daß jene Hypothese entbehrlich ist. Wesentlich ist nur, daß eine solche Wahl des Bezugssystems möglich ist, daß die Determinante $|g_{\mu\nu}|$ den Wert -1 annimmt. Die nachfolgende Untersuchung ist hiervon unabhängig.

[2] Über die Unmöglichkeit, die Anomalien der Merkurbewegung auf der Basis der NEWTONschen Theorie befriedigend zu erklären, schrieb E. FREUNDLICH jüngst einen beachtenswerten Aufsatz (Astr. Nachr. 4803, Bd. 201. Juni 1915).

§ 1. Das Gravitationsfeld.

Aus meinen letzten beiden Mitteilungen geht hervor, daß das Gravitationsfeld im Vakuum bei geeignet gewähltem Bezugssystem folgenden Gleichungen zu genügen hat

$$\sum_\alpha \frac{\partial \Gamma^\alpha_{\mu\nu}}{\partial x_\alpha} + \sum_{\alpha\beta} \Gamma^\alpha_{\mu\beta} \Gamma^\beta_{\nu\alpha} = 0, \quad (1)$$

wobei die $\Gamma^\alpha_{\mu\nu}$ durch die Gleichung definiert sind

$$\Gamma^\alpha_{\mu\nu} = -\left\{{\mu\nu \atop \alpha}\right\} = -\sum_\beta g^{\alpha\beta}\left[{\mu\nu \atop \beta}\right] = -\frac{1}{2}\sum_\beta g^{\alpha\delta}\left(\frac{\partial g_{\mu\beta}}{\partial x_\nu} + \frac{\partial g_{\nu\beta}}{\partial x_\mu} - \frac{\partial g_{\mu\nu}}{\partial x_\alpha}\right). \quad (2)$$

Machen wir außerdem die in der letzten Mitteilung begründete Hypothese, daß der Skalar des Energietensors der »Materie« stets verschwinde, so tritt hierzu die Determinantengleichung

$$|g_{\mu\nu}| = -1. \quad (3)$$

Es befinde sich im Anfangspunkt des Koordinatensystems ein Massenpunkt (die Sonne). Das Gravitationsfeld, welches dieser Massenpunkt erzeugt, kann aus diesen Gleichungen durch sukzessive Approximation berechnet werden.

Es ist indessen wohl zu bedenken, daß die $g_{\mu\nu}$ bei gegebener Sonnenmasse durch die Gleichungen (1) und (3) mathematisch noch nicht vollständig bestimmt sind. Es folgt dies daraus, daß diese Gleichungen bezüglich beliebiger Transformationen mit der Determinante 1 kovariant sind. Es dürfte indessen berechtigt sein, vorauszusetzen, daß alle diese Lösungen durch solche Transformationen aufeinander reduziert werden können, daß sie sich also (bei gegebenen Grenzbedingungen) nur formell, nicht aber physikalisch voneinander unterscheiden. Dieser Überzeugung folgend begnüge ich mich vorerst damit, hier eine Lösung abzuleiten, ohne mich auf die Frage einzulassen, ob es die einzig mögliche sei.

Wir gehen nun in solcher Weise vor. Die $g_{\mu\nu}$ seien in »nullter Näherung« durch folgendes, der ursprünglichen Relativitätstheorie entsprechende Schema gegeben

$$\left.\begin{array}{cccc} -1 & 0 & 0 & 0 \\ 0 & -1 & 0 & 0 \\ 0 & 0 & -1 & 0 \\ 0 & 0 & 0 & +1 \end{array}\right\}, \quad (4)$$

oder kürzere

$$\left.\begin{array}{l} g_{\varrho\sigma} = \delta_{\varrho\sigma} \\ g_{\varrho 4} = g_{4\varrho} = 0 \\ g_{44} = 1 \end{array}\right\}. \quad (4\,\mathrm{a})$$

Hierbei bedeuten ϱ und σ die Indizes 1, 2, 3; $\delta_{\varrho\sigma}$ ist gleich 1 oder 0, je nachdem $\varrho = \sigma$ oder $\varrho \neq \sigma$ ist.

Wir setzen nun im folgenden voraus, daß sich die $g_{\mu\nu}$ von den in (4a) angegebenen Werten nur um Größen unterscheiden, die klein sind gegenüber der Einheit. Diese Abweichungen behandeln wir als kleine Größen »erster Ordnung«, Funktionen $n$ten Grades dieser Abweichungen als »Größen $n$ter Ordnung«. Die Gleichungen (1) und (3) setzen uns in den Stand, von (4a) ausgehend, durch sukzessive Approximation das Gravitationsfeld bis auf Größen $n$ter Ordnung genau zu berechnen. Wir sprechen in diesem Sinne von der »$n$ten Approximation«; die Gleichungen (4a) bilden die »nullte Approximation«.

Die im folgenden gegebene Lösung hat folgende, das Koordinatensystem festlegende Eigenschaften:

1. Alle Komponenten sind von x_4 unabhängig.
2. Die Lösung ist (räumlich) symmetrisch um den Anfangspunkt des Koordinatensystems, in dem Sinne, daß man wieder auf dieselbe Lösung stößt, wenn man sie einer linearen orthogonalen (räumlichen) Transformation unterwirft.
3. Die Gleichungen $g_{\rho 4} = g_{4\rho} = 0$ gelten exakt (für $\rho = 1$ bis 3).
4. Die $g_{\mu\nu}$ besitzen im Unendlichen die in (4a) gegebenen Werte.

Erste Approximation.

Es ist leicht zu verifizieren, daß in Größen erster Ordnung den Gleichungen (1) und (3) sowie den eben genannten 4 Bedingungen genügt wird durch den Ansatz

$$\left.\begin{array}{l} g_{\rho\sigma} = -\delta_{\rho\sigma} + \alpha\left(\dfrac{\partial^2 r}{\partial x_\rho \partial x_\sigma} - \dfrac{\delta_{\rho\sigma}}{r}\right) = -\delta_{\rho\sigma} - \alpha\dfrac{x_\rho x_\sigma}{r^3} \\[1em] g_{44} = 1 - \dfrac{\alpha}{r} \end{array}\right\} \quad (4\,\mathrm{b})$$

Die $g_{4\rho}$ bzw. $g_{\rho 4}$ sind dabei durch Bedingung 3 festgelegt. r bedeutet die Größe $+\sqrt{x_1^2 + x_2^2 + x_3^2}$, α eine durch die Sonnenmasse bestimmte Konstante.

Daß (3) in Gliedern erster Ordnung erfüllt ist, sieht man sogleich. Um in einfacher Weise einzusehen, daß auch die Feldgleichungen (1) in erster Näherung erfüllt sind, braucht man nur zu beachten, daß bei Vernachlässigung von Größen zweiter und höherer Ordnung die linke Seite der Gleichungen (1) sukzessive durch

$$\sum_\alpha \frac{\partial \Gamma^\alpha_{\mu\nu}}{\partial x_\alpha}$$

$$\sum_\alpha \frac{\partial}{\partial x_\alpha}\begin{bmatrix}\mu\nu\\\alpha\end{bmatrix}$$

versetzt werden kann, wobei α nur von 1—3 läuft.

Wie man aus (4b) ersieht, bringt es unsere Theorie mit sich, daß im Falle einer ruhenden Masse die Komponenten g_{11} bis g_{33} bereits in den Größen erster Ordnung von null verschieden sind. Wir werden später sehen, daß hierdurch kein Widerspruch gegenüber NEWTONS Gesetz (in erster Näherung) entsteht. Wohl aber ergibt sich hieraus ein etwas anderer Einfluß des Gravitationsfeldes auf einen Lichtstrahl als nach meinen früheren Arbeiten; denn die Lichtgeschwindigkeit ist durch die Gleichung

$$\sum g_{\mu\nu} dx_\mu dx_\nu = 0 \tag{5}$$

bestimmt. Unter Anwendung von HUYGENS' Prinzip findet man aus (5) und (4b) durch eine einfache Rechnung, daß ein an der Sonne im Abstand Δ vorbeigehender Lichtstrahl eine Winkelablenkung von der Größe $\frac{2\alpha}{\Delta}$ erleidet, während die früheren Rechnungen, bei welchen die Hypothese $\sum T_\mu^\alpha = 0$ nicht zugrunde gelegt war, den Wert $\frac{\alpha}{\Delta}$ ergeben hatten. Ein an der Oberfläche der Sonne vorbeigehender Lichtstrahl soll eine Ablenkung von $1.7''$ (statt $0.85'$) erleiden. Hingegen bleibt das Resultat betreffend die Verschiebung der Spektrallinien durch das Gravitationspotential, welches durch Herrn FREUNDLICH an den Fixsternen der Größenordnung nach bestätigt wurde, ungeändert bestehen, da dieses nur von g_{44} abhängt.

Nachdem wir die $g_{\mu\nu}$ in erster Näherung erlangt haben, können wir auch die Komponenten $T_{\mu\nu}^\alpha$ des Gravitationsfeldes in erster Näherung berechnen. Aus (2) und (4b) ergibt sich

$$\Gamma_{\varrho\sigma}^\tau = -\alpha \left(\delta_{\varrho\sigma} \frac{x_\tau}{r^3} - \frac{3}{2} \frac{x_\varrho x_\sigma x_\tau}{r^5} \right), \tag{6a}$$

wobei ϱ, σ, τ irgendwelche der Indizes $1, 2, 3$ bedeuten,

$$\Gamma_{44}^\tau = \Gamma_{4\sigma}^4 = -\frac{\alpha}{2} \frac{x_\tau}{r^3}, \tag{6b}$$

wobei σ den Index $1, 2$ oder 3 bedeutet. Diejenigen Komponenten, in welchen der Index 4 einmal oder dreimal auftritt, verschwinden.

Zweite Approximation.

Es wird sich nachher ergeben, daß wir nur die drei Komponenten Γ_{44}^τ in Größen zweiter Ordnung genau zu ermitteln brauchen, um die Planetenbahnen mit dem entsprechenden Genauigkeitsgrade ermitteln zu können. Hierfür genügt uns die letzte Feldgleichung zusammen mit den allgemeinen Bedingungen, welche wir unserer Lösung auferlegt haben. Die letzte Feldgleichung

$$\sum_\sigma \frac{\partial \Gamma^\sigma_{44}}{\partial x_\sigma} + \sum_{\sigma\tau} \Gamma^\sigma_{4\tau} \Gamma^\tau_{4\sigma} = 0$$

geht mit Rücksicht auf (6b) bei Vernachlässigung von Größen dritter und höherer Ordnung über in

$$\sum_\sigma \frac{\Gamma^\sigma_{44}}{\partial x_\sigma} = \frac{\alpha^2}{2\,r^4}.$$

Hieraus folgern wir mit Rücksicht auf (6b) und die Symmetrieeigenschaften unserer Lösung

$$\Gamma^\sigma_{44} = -\frac{\alpha}{2}\frac{x_\sigma}{r^3}\left(1 - \frac{\alpha}{r}\right). \qquad (6\,\text{c})$$

§ 2. Die Planetenbewegung.

Die von der allgemeinen Relativitätstheorie gelieferten Bewegungsgleichungen des materiellen Punktes im Schwerefelde lauten

$$\frac{d^2 x_\nu}{ds^2} = \sum_{\sigma\tau} \Gamma^\nu_{\sigma\tau} \frac{dx_\sigma}{ds}\frac{dx_\tau}{ds}. \qquad (7)$$

Aus diesen Gleichungen folgern wir zunächst, daß sie die Newtonschen Bewegungsgleichungen als erste Näherung enthalten. Wenn nämlich die Bewegung des Punktes mit gegen die Lichtgeschwindigkeit kleiner Geschwindigkeit stattfindet, so sind dx_1, dx_2, dx_3 klein gegen dx_4. Folglich bekommen wir eine erste Näherung, indem wir auf der rechten Seite jeweilen nur das Glied $\sigma = \tau = 4$ berücksichtigen. Man erhält dann mit Rücksicht auf (6b)

$$\left.\begin{aligned}\frac{d^2 x_\nu}{ds^2} &= \Gamma^\nu_{44} = -\frac{\alpha}{2}\frac{x_\nu}{r^3}\,(\nu = 1,2,3)\\ \frac{d^2 x_4}{ds^2} &= 0\end{aligned}\right\} \qquad (7\,\text{a})$$

Diese Gleichungen zeigen, daß man für eine erste Näherung $s = x_4$ setzen kann. Dann sind die ersten drei Gleichungen genau die New-

TONschen. Führt man in der Bahnebene Polargleichungen r, ϕ ein, so liefern der Energie- und der Flächensatz bekanntlich die Gleichungen

$$\left.\begin{array}{c} \dfrac{1}{2}u^2 + \Phi = A \\ r^2 \dfrac{d\phi}{ds} = B \end{array}\right\}, \qquad (8)$$

wobei A und B die Konstanten des Energie- bzw. Flächensatzes bedeuten, wobei zur Abkürzung

$$\left.\begin{array}{c} \Phi = -\dfrac{\alpha}{2r} \\ u^2 = \dfrac{dr^2 + r^2 d\phi^2}{ds^2} \end{array}\right\} \qquad (8a)$$

gesetzt ist.

Wir haben nun die Gleichungen (7) um eine Größenordnung genauer auszuwerten. Die letzte der Gleichungen (7) liefert dann zusammen mit (6b)

$$\frac{d^2 x_4}{ds^2} = 2 \sum_\sigma \Gamma^4_{\sigma 4} \frac{dx_\sigma}{ds}\frac{dx_4}{ds} = -\frac{dg_{44}}{ds}\frac{dx_4}{ds}$$

oder in Größen erster Ordnung genau

$$\frac{dx_4}{ds} = 1 + \frac{\alpha}{r}. \qquad (9)$$

Wir wenden uns nun zu den ersten drei Gleichungen (7). Die rechte Seite liefert

a) für die Indexkombination $\sigma = \tau = 4$

$$\Gamma^\nu_{44}\left(\frac{dx_4}{ds}\right)^2$$

oder mit Rücksicht auf (6c) und (9) in Größen zweiter Ordnung genau

$$-\frac{\alpha}{2}\frac{x_\nu}{r^3}\left(1 + \frac{\alpha}{r}\right),$$

b) für die Indexkombinationen $\sigma \neq 4$, $\tau \neq 4$ (welche allein noch in Betracht kommen) mit Rücksicht darauf, daß die Produkte $\dfrac{dx_\sigma}{ds}\dfrac{dx_\tau}{ds}$

mit Rücksicht auf (8) als Größen erster Ordnung anzusehen sind[1], ebenfalls auf Größen zweiter Ordnung genau

$$-\frac{\alpha x_\nu}{r^3} \sum_{\tau\tau}\left(\delta_{\tau\tau} - \frac{3}{2}\frac{x_\sigma x_\tau}{r^2}\right)\frac{dx_\tau}{ds}\frac{dx_\tau}{ds}.$$

Die Summation ergibt

$$-\frac{\alpha x_\nu}{r^3}\left(u^2 - \frac{3}{2}\left(\frac{dr}{ds}\right)^2\right).$$

837 Mit Rücksicht hierauf erhält man für die Bewegungsgleichungen die in Größen zweiter Ordnung genaue Form

$$\frac{d^2 x_\nu}{ds^2} = -\frac{\alpha}{2}\frac{x_\nu}{r^3}\left(1 + \frac{\alpha}{r} + 2u^2 - 3\left(\frac{dr}{ds}\right)^2\right), \qquad (7\,\mathrm{b})$$

welche zusammen mit (9) die Bewegung des Massenpunktes bestimmen. Nebenbei sei bemerkt, daß (7b) und (9) für den Fall der Kreisbewegung keine Abweichungen vom dritten Keplerschen Gesetze ergeben.

Aus (7b) folgt zunächst die exakte Gültigkeit der Gleichung

$$r^2 \frac{d\varphi}{ds} = B, \qquad (10)$$

wobei B eine Konstante bedeutet. Der Flächensatz gilt also in Größen zweiter Ordnung genau, wenn man die »Eigenzeit« des Planeten zur Zeitmessung verwendet. Um nun die säkulare Drehung der Bahnellipse aus (7b) zu ermitteln, ersetzt man die Glieder erster Ordnung in der Klammer der sechsten Seite am vorteilhaftesten vermittels (10) und der ersten der Gleichungen (8), durch welches Vorgehen die Glieder zweiter Ordnung auf der rechten Seite nicht geändert werden. Die Klammer nimmt dadurch die Form an

$$\left(1 - 2A + \frac{3B^2}{r^2}\right).$$

Wählt man endlich $s\sqrt{1-2A}$ als Zeitvariable, und nennt man letztere wieder s, so hat man bei etwas geänderter Bedeutung der Konstanten B:

$$\left.\begin{aligned}\frac{d^2 x_\nu}{ds^2} &= -\frac{\partial \Phi}{\partial x_\nu} \\ \Phi &= -\frac{\alpha}{2}\left[1 + \frac{B^2}{r^2}\right]\end{aligned}\right\}. \qquad (7\,\mathrm{c})$$

---

[1] Diesem Umstand entsprechend können wir uns bei den Feldkomponenten $\Gamma^\nu_{\sigma\tau}$ mit der in Gleichung (6a) gegebenen ersten Näherung begnügen.

Bei der Bestimmung der Bahnform geht man nun genau vor wie im NEWTONschen Falle. Aus (7c) erhält man zunächst

$$\frac{dr^2 + r^2 d\phi^2}{ds^2} = 2A - 2\Phi.$$

Eliminiert man aus dieser Gleichung ds mit Hilfe von (10), so ergibt sich, indem man mit x die Größe $\frac{1}{r}$ bezeichnet:

$$\left(\frac{dx}{d\phi}\right)^2 = \frac{2A}{B^2} + \frac{\alpha}{B^2} x - x^2 + \alpha x^3, \qquad (11)$$

welche Gleichung sich von der entsprechenden der NEWTONschen Theorie nur durch das letzte Glied der rechten Seite unterscheidet.

Der vom Radiusvektor zwischen dem Perihel und dem Aphel beschriebene Winkel wird demnach durch das elliptische Integral

$$\phi = \int_{\alpha_1}^{\alpha_2} \frac{dx}{\sqrt{\frac{2A}{B^2} + \frac{\alpha}{B^2} x - x^2 + \alpha x^3}},$$

wobei α_1 und α_2 diejenigen Wurzeln der Gleichung

$$\frac{2A}{B^2} + \frac{\alpha}{B^2} x - x^2 + \alpha x^3 = 0$$

bedeuten, welchen sehr benachbarte Wurzeln derjenigen Gleichung entsprechen, die aus dieser durch Weglassen des letzten Gliedes entsteht.

Hierfür kann mit der von uns zu fordernden Genauigkeit gesetzt werden

$$\phi = [1 + \alpha(\alpha_1 + \alpha_2)] \cdot \int_{\alpha_1}^{\alpha_2} \frac{dx}{\sqrt{-(x - \alpha_1)(x - \alpha_2)(1 - \alpha x)}}$$

oder nach Entwicklung von $(1 - \alpha x)^{-\frac{1}{2}}$

$$\phi = [1 + \alpha(\alpha_1 + \alpha_2)] \int_{\alpha_1}^{\alpha_2} \frac{\left(1 + \frac{\alpha}{2} x\right) dx}{\sqrt{-(x - \alpha_1)(x - \alpha_2)}}.$$

Die Integration liefert

$$\phi = \pi \left[1 + \frac{3}{4} \alpha (\alpha_1 + \alpha_2) \right],$$

oder, wenn man bedenkt, daß α_1 und α_2 die reziproken Werte der maximalen bzw. minimalen Sonnendistanz bedeuten,

$$\phi = \pi \left(1 + \frac{3}{2} \frac{\alpha}{a(1-e^2)} \right). \tag{12}$$

Bei einem ganzen Umlauf rückt also das Perihel um

$$\varepsilon = 3\pi \frac{\alpha}{a(1-e^2)} \tag{13}$$

im Sinne der Bahnbewegung vor, wenn mit a die große Halbachse, mit e die Exzentrizität bezeichnet wird. Führt man die Umlaufszeit T (in Sekunden) ein, so erhält man, wenn c die Lichtgeschwindigkeit in cm/sec. bedeutet:

$$\varepsilon = 24\pi^3 \frac{a^2}{T^2 c^2 (1-e^2)}. \tag{14}$$

Die Rechnung liefert für den Planeten Merkur ein Vorschreiten des Perihels um 43″ in hundert Jahren, während die Astronomen 45″ ± 5″ als unerklärten Rest zwischen Beobachtungen und NEWTONscher Theorie angeben. Dies bedeutet volle Übereinstimmung.

Für Erde und Mars geben die Astronomen eine Vorwärtsbewegung von 11″ bzw. 9″ in hundert Jahren an, während unsere Formel nur 4″ bzw. 1″ liefert. Es scheint jedoch diesen Angaben wegen der zu geringen Exzentrizität der Bahnen jener Planeten ein geringer Wert eigen zu sein. Maßgebend für die Sicherheit der Konstatierung der Perihelbewegung ist ihr Produkt mit der Exzentrizität $\left(e \dfrac{d\pi}{dt} \right)$. Betrachtet man die für diese Größe von NEWCOMB angegebenen Werte

	$e \dfrac{d\pi}{dt}$
Merkur....	8.48″ ± 0.43
Venus.....	—0.05 ± 0.25
Erde......	0.10 ± 0.13
Mars......	0.75 ± 0.35,

welche ich Hrn. Dr. FREUNDLICH verdanke, so gewinnt man den Eindruck, daß ein Vorrücken des Perihels überhaupt nur für Merkur wirklich nachgewiesen ist. Ich will jedoch ein endgültiges Urteil hierüber gerne den Fachastronomen überlassen.

Abhandlung [8]
Die Feldgleichungen der Gravitation
Albert Einstein, Sitzungsberichte der Preußischen Akademie
der Wissenschaften 1915, 844-847

In zwei vor kurzem erschienenen Mitteilungen[1] habe ich gezeigt, wie man zu Feldgleichungen der Gravitation gelangen kann, die dem Postulat allgemeiner Relativität entsprechen, d. h. die in ihrer allgemeinen Fassung beliebigen Substitutionen der Raumzeitvariabeln gegenüber kovariant sind.

Der Entwicklungsgang war dabei folgender. Zunächst fand ich Gleichungen, welche die NEWTONSCHE Theorie als Näherung enthalten und beliebigen Substitutionen von der Determinante 1 gegenüber kovariant waren. Hierauf fand ich, daß diesen Gleichungen allgemein kovariante entsprechen, falls der Skalar des Energietensors der »Materie« verschwindet. Das Koordinatensystem war dann nach der einfachen Regel zu spezialisieren, daß $\sqrt{-g}$ zu 1 gemacht wird, wodurch die Gleichungen der Theorie eine eminente Vereinfachung erfahren. Dabei mußte aber, wie erwähnt, die Hypothese eingeführt werden, daß der Skalar des Energietensors der Materie verschwinde.

Neuerdings finde ich nun, daß man ohne Hypothese über den Energietensor der Materie auskommen kann, wenn man den Energietensor der Materie in etwas anderer Weise in die Feldgleichungen einsetzt, als dies in meinen beiden früheren Mitteilungen geschehen ist. Die Feldgleichungen für das Vakuum, auf welche ich die Erklärung der Perihelbewegung des Merkur gegründet habe, bleiben von dieser Modifikation unberührt. Ich gebe hier nochmals die ganze Betrachtung, damit der Leser nicht genötigt ist, die früheren Mitteilungen unausgesetzt heranzuziehen.

---

[1] Sitzungsber. XLIV, S. 778 und XLVI, S. 799, 1915.

Aus der bekannten RIEMANNSCHEN Kovariante vierten Ranges leitet man folgende Kovariante zweiten Ranges ab:

$$G_{im} = R_{im} + S_{im} \qquad (1)$$

$$R_{im} = -\sum_{l} \frac{\partial \begin{Bmatrix} im \\ l \end{Bmatrix}}{\partial x_l} + \sum_{l\varrho} \begin{Bmatrix} il \\ \varrho \end{Bmatrix} \begin{Bmatrix} m\varrho \\ l \end{Bmatrix} \qquad (1\,a)$$

$$S_{im} = \sum_{l} \frac{\partial \begin{Bmatrix} il \\ l \end{Bmatrix}}{\partial x_m} - \sum_{l\varrho} \begin{Bmatrix} im \\ \varrho \end{Bmatrix} \begin{Bmatrix} \varrho l \\ l \end{Bmatrix} \qquad (1\,b)$$

Die allgemein kovarianten zehn Gleichungen des Gravitationsfeldes in Räumen, in denen »Materie« fehlt, erhalten wir, indem wir ansetzen

$$G_{im} = 0. \qquad (2)$$

Diese Gleichungen lassen sich einfacher gestalten, wenn man das Bezugssystem so wählt, daß $\sqrt{-g} = 1$ ist. Dann verschwindet S_{im} wegen (1 b), so daß man statt (2) erhält

$$R_{im} = \sum_{l} \frac{\partial \Gamma^l_{im}}{\partial x_l} + \sum_{\varrho l} \Gamma^l_{i\varrho} \Gamma^\varrho_{ml} = 0 \qquad (3)$$

$$\sqrt{-g} = 1. \qquad (3\,a)$$

Dabei ist

$$\Gamma^l_{im} = -\begin{Bmatrix} im \\ l \end{Bmatrix} \qquad (4)$$

gesetzt, welche Größen wir als die »Komponenten« des Gravitationsfeldes bezeichnen.

Ist in dem betrachteten Raume »Materie« vorhanden, so tritt deren Energietensor auf der rechten Seite von (2) bzw. (3) auf. Wir setzen

$$G_{im} = -\varkappa \left(T_{im} - \frac{1}{2} g_{im} T \right), \qquad (2\,a)$$

wobei

$$\sum_{\varrho\sigma} g^{\varrho\sigma} T_{\varrho\sigma} = \sum_{\sigma} T^\sigma_\sigma = T \qquad (5)$$

gesetzt ist; T ist der Skalar des Energietensors der »Materie«, die rechte Seite von (2 a) ein Tensor. Spezialisieren wir wieder das Koordinatensystem in der gewohnten Weise, so erhalten wir an Stelle von (2 a) die äquivalenten Gleichungen

$$R_{im} = \sum_{l} \frac{\partial \Gamma^l_{im}}{\partial x_l} + \sum_{\varrho l} \Gamma^l_{i\varrho} \Gamma^\varrho_{ml} = -\varkappa \left(T_{im} - \frac{1}{2} g_{im} T \right) \qquad (6)$$

$$\sqrt{-g} = 1. \qquad (3\,a)$$

Wie stets nehmen wir an, daß die Divergenz des Energietensors der Materie im Sinne des allgemeinen Differentialkalkuls verschwinde (Impulsenergiesatz). Bei der Spezialisierung der Koordinatenwahl gemäß (3a) kommt dies darauf hinaus, daß die T_{im} die Bedingungen

$$\sum_\lambda \frac{\partial T_\sigma^\lambda}{\partial x_\lambda} = -\frac{1}{2} \sum_{\mu\nu} \frac{\partial g^{\mu\nu}}{\partial x_\sigma} T_{\mu\nu} \qquad (7)$$

oder

$$\sum_\lambda \frac{\partial T_\sigma^\lambda}{\partial x_\lambda} = -\sum_{\mu\nu} \Gamma_{\sigma\nu}^\mu T_\mu^\nu \qquad (7\mathrm{a})$$

erfüllen sollen.

Multipliziert man (6) mit $\frac{\partial g^{im}}{\partial x_\sigma}$ und summiert über i und m, so erhält man[1] mit Rücksicht auf (7) und auf die aus (3a) folgende Relation

$$\frac{1}{2} \sum_{im} g_{im} \frac{\partial g^{im}}{\partial x_\sigma} = -\frac{\partial lg\sqrt{-g}}{\partial x_\sigma} = 0$$

den Erhaltungssatz für Materie und Gravitationsfeld zusammen in der Form

$$\sum_\lambda \frac{\partial}{\partial x_\lambda} (T_\sigma^\nu + t_\sigma^\lambda) = 0, \qquad (8)$$

wobei t_σ^λ (der »Energietensor« des Gravitationsfeldes) gegeben ist durch

$$\varkappa t_\sigma^\lambda = \frac{1}{2} \delta_\sigma^\lambda \sum_{\mu\nu\alpha\beta} g^{\mu\nu} \Gamma_{\mu\beta}^\alpha \Gamma_{\nu\alpha}^\beta - \sum g^{\mu\nu} \Gamma_{\mu\sigma}^\alpha \Gamma_{\nu\alpha}^\lambda . \qquad (8\mathrm{a})$$

Die Gründe, welche mich zur Einführung des zweiten Gliedes auf der rechten Seite von (2a) und (6) veranlaßt haben, erhellen erst aus den folgenden Überlegungen, welche den an der soeben angeführten Stelle (S. 785) gegebenen völlig analog sind.

Multiplizieren wir (6) mit g^{im} und summieren wir über die Indizes i und m, so erhalten wir nach einfacher Rechnung

$$\sum_{\alpha\beta} \frac{\partial^2 g^{\alpha\beta}}{\partial x_\alpha \partial x_\beta} - \varkappa(T+t) = 0, \qquad (9)$$

---

[1] Über die Ableitung vgl. Sitzungsber. XLIV, 1915, S. 784/785. Ich ersuche den Leser, für das Folgende auch die dort auf S. 785 gegebenen Entwicklungen zum Vergleiche heranzuziehen.

wobei entsprechend (5) zur Abkürzung gesetzt ist

$$\sum_{\xi\sigma} g^{\xi\sigma} t_{\xi\sigma} = \sum_{\sigma} t^{\sigma}_{\sigma} = t. \qquad (8\,\mathrm{b})$$

Man beachte, daß es unser Zusatzglied mit sich bringt, daß in (9) der Energietensor des Gravitationsfeldes neben dem der Materie in gleicher Weise auftritt, was in Gleichung (21) a. a. O. nicht der Fall ist.

Ferner leitet man an Stelle der Gleichung (22) a. a. O. auf dem dort angegebenen Wege mit Hilfe der Energiegleichung die Relationen ab:

$$\frac{\partial}{\partial x_{\mu}}\left[\sum_{\alpha\beta}\frac{\partial^{2} g^{\alpha\beta}}{\partial x_{\alpha}\, \partial x_{\beta}} - \varkappa(T+t)\right] = 0. \qquad (10)$$

Unser Zusatzglied bringt es mit sich, daß diese Gleichungen gegenüber (9) keine neue Bedingung enthalten, so daß über den Energietensor der Materie keine andere Voraussetzung gemacht werden muß als die, daß er dem Impulsenergiesatze entspricht.

Damit ist endlich die allgemeine Relativitätstheorie als logisches Gebäude abgeschlossen. Das Relativitätspostulat in seiner allgemeinsten Fassung, welches die Raumzeitkoordinaten zu physikalisch bedeutungslosen Parametern macht, führt mit zwingender Notwendigkeit zu einer ganz bestimmten Theorie der Gravitation, welche die Perihelbewegung des Merkur erklärt. Dagegen vermag das allgemeine Relativitätspostulat uns nichts über das Wesen der übrigen Naturvorgänge zu offenbaren, was nicht schon die spezielle Relativitätstheorie gelehrt hätte. Meine in dieser Hinsicht neulich an dieser Stelle geäußerte Meinung war irrtümlich. Jede der speziellen Relativitätstheorie gemäße physikalische Theorie kann vermittels des absoluten Differentialkalkuls in das System der allgemeinen Relativitätstheorie eingereiht werden, ohne daß letztere irgendein Kriterium für die Zulässigkeit jener Theorie lieferte.

Abhandlung [9]

Die Grundlage der allgemeinen Relativitätstheorie

Albert Einstein, Annalen der Physik **49**, 769-822 (1916)

Die im nachfolgenden dargelegte Theorie bildet die denkbar weitgehendste Verallgemeinerung der heute allgemein als „Relativitätstheorie" bezeichneten Theorie; die letztere nenne ich im folgenden zur Unterscheidung von der ersteren „spezielle Relativitätstheorie" und setze sie als bekannt voraus. Die Verallgemeinerung der Relativitätstheorie wurde sehr erleichtert durch die Gestalt, welche der speziellen Relativitätstheorie durch Minkowski gegeben wurde, welcher Mathematiker zuerst die formale Gleichwertigkeit der räumlichen Koordinaten und der Zeitkoordinate klar erkannte und für den Aufbau der Theorie nutzbar machte. Die für die allgemeine Relativitätstheorie nötigen mathematischen Hilfsmittel lagen fertig bereit in dem „absoluten Differentialkalkül", welcher auf den Forschungen von Gauss, Riemann und Christoffel über nichteuklidische Mannigfaltigkeiten ruht und von Ricci und Levi-Civita in ein System gebracht und bereits auf Probleme der theoretischen Physik angewendet wurde. Ich habe im Abschnitt B der vorliegenden Abhandlung alle für uns nötigen, bei dem Physiker nicht als bekannt vorauszusetzenden mathematischen Hilfsmittel in möglichst einfacher und durchsichtiger Weise entwickelt, so daß ein Studium mathematischer Literatur für das Verständnis der vorliegenden Abhandlung nicht erforderlich ist. Endlich sei an dieser Stelle dankbar meines Freundes, des Mathematikers Grossmann, gedacht, der mir durch seine Hilfe nicht nur das Studium der einschlägigen mathematischen Literatur ersparte, sondern mich auch beim Suchen nach den Feldgleichungen der Gravitation unterstützte.

A. Prinzipielle Erwägungen zum Postulat der Relativität.

§ 1. Bemerkungen zu der speziellen Relativitätstheorie.

Der speziellen Relativitätstheorie liegt folgendes Postulat zugrunde, welchem auch durch die Galilei-Newtonsche Mechanik Genüge geleistet wird: Wird ein Koordinatensystem K so gewählt, daß in bezug auf dasselbe die physikalischen Gesetze in ihrer einfachsten Form gelten, so gelten *dieselben* Gesetze auch in bezug auf jedes andere Koordinatensystem K', das relativ zu K in gleichförmiger Translationsbewegung begriffen ist. Dieses Postulat nennen wir „spezielles Relativitätsprinzip". Durch das Wort „speziell" soll angedeutet werden, daß das Prinzip auf den Fall beschränkt ist, daß K' eine *gleichförmige Translationsbewegung* gegen K ausführt, daß sich aber die Gleichwertigkeit von K' und K nicht auf den Fall *ungleichförmiger* Bewegung von K' gegen K erstreckt.

Die spezielle Relativitätstheorie weicht also von der klassischen Mechanik nicht durch das Relativitätspostulat ab, sondern allein durch das Postulat von der Konstanz der Vakuum-Lichtgeschwindigkeit, aus welchem im Verein mit dem speziellen Relativitätsprinzip die Relativität der Gleichzeitigkeit sowie die Lorentztransformation und die mit dieser verknüpften Gesetze über das Verhalten bewegter starrer Körper und Uhren in bekannter Weise folgen.

Die Modifikation, welche die Theorie von Raum und Zeit durch die spezielle Relativitätstheorie erfahren hat, ist zwar eine tiefgehende; aber *ein* wichtiger Punkt blieb unangetastet. Auch gemäß der speziellen Relativitätstheorie sind nämlich die Sätze der Geometrie unmittelbar als die Gesetze über die möglichen relativen Lagen (ruhender) fester Körper zu deuten, allgemeiner die Sätze der Kinematik als Sätze, welche das Verhalten von Meßkörpern und Uhren beschreiben. Zwei hervorgehobenen materiellen Punkten eines ruhenden (starren) Körpers entspricht hierbei stets eine Strecke von ganz bestimmter Länge, unabhängig von Ort und Orientierung des Körpers sowie von der Zeit; zwei hervorgehobenen Zeigerstellungen einer relativ zum (berechtigten) Bezugssystem ruhenden Uhr entspricht stets eine Zeitstrecke von bestimmter Länge, unabhängig von Ort und Zeit. Es wird sich bald zeigen, daß die allgemeine Relativitätstheorie an dieser einfachen physikalischen Deutung von Raum und Zeit nicht festhalten kann.

§ 2. Über die Gründe, welche eine Erweiterung des Relativitätspostulates nahelegen.

Der klassischen Mechanik und nicht minder der speziellen Relativitätstheorie haftet ein erkenntnistheoretischer Mangel an, der vielleicht zum ersten Male von E. Mach klar hervorgehoben wurde. Wir erläutern ihn am folgenden Beispiel. Zwei flüssige Körper von gleicher Größe und Art schweben frei im Raume in so großer Entfernung voneinander (und von allen übrigen Massen), daß nur diejenigen Gravitationskräfte berücksichtigt werden müssen, welche die Teile *eines* dieser Körper aufeinander ausüben. Die Entfernung der Körper voneinander sei unveränderlich. Relative Bewegungen der Teile eines der Körper gegeneinander sollen nicht auftreten. Aber jede Masse soll — von einem relativ zu der anderen Masse ruhenden Beobachter aus beurteilt — um die Verbindungslinie der Massen mit konstanter Winkelgeschwindigkeit rotieren (es ist dies eine konstatierbare Relativbewegung beider Massen). Nun denken wir uns die Oberflächen beider Körper (S_1 und S_2) mit Hilfe (relativ ruhender) Maßstäbe ausgemessen; es ergebe sich, daß die Oberfläche von S_1 eine Kugel, die von S_2 ein Rotationsellipsoid sei.

Wir fragen nun: Aus welchem Grunde verhalten sich die Körper S_1 und S_2 verschieden? Eine Antwort auf diese Frage kann nur dann als erkenntnistheoretisch befriedigend[1]) anerkannt werden, wenn die als Grund angegebene Sache eine *beobachtbare Erfahrungstatsache* ist; denn das Kausalitätsgesetz hat nur dann den Sinn einer Aussage über die Erfahrungswelt, wenn als Ursachen und Wirkungen letzten Endes nur *beobachtbare Tatsachen* auftreten.

Die Newtonsche Mechanik gibt auf diese Frage keine befriedigende Antwort. Sie sagt nämlich folgendes. Die Gesetze der Mechanik gelten wohl für einen Raum R_1, gegen welchen der Körper S_1 in Ruhe ist, nicht aber gegenüber einem Raume R_2, gegen welchen S_2 in Ruhe ist. Der berechtigte Galileische Raum R_1, der hierbei eingeführt wird, ist aber eine *bloß fingierte* Ursache, keine beobachtbare Sache. Es ist also klar, daß die Newtonsche Mechanik der Forderung

---

1) Eine derartige erkenntnistheoretisch befriedigende Antwort kann natürlich immer noch *physikalisch* unzutreffend sein, falls sie mit anderen Erfahrungen im Widerspruch ist.

der Kausalität in dem betrachteten Falle nicht wirklich, sondern nur scheinbar Genüge leistet, indem sie die bloß fingierte Ursache R_1 für das beobachtbare verschiedene Verhalten der Körper S_1 und S_2 verantwortlich macht.

Eine befriedigende Antwort auf die oben aufgeworfene Frage kann nur so lauten: Das aus S_1 und S_2 bestehende physikalische System zeigt für sich allein keine denkbare Ursache, auf welche das verschiedene Verhalten von S_1 und S_2 zurückgeführt werden könnte. Die Ursache muß also *außerhalb* dieses Systems liegen. Man gelangt zu der Auffassung, daß die allgemeinen Bewegungsgesetze, welche im speziellen die Gestalten von S_1 und S_2 bestimmen, derart sein müssen, daß das mechanische Verhalten von S_1 und S_2 ganz wesentlich durch ferne Massen mitbedingt werden muß, welche wir nicht zu dem betrachteten System gerechnet hatten. Diese fernen Massen (und ihre Relativbewegungen gegen die betrachteten Körper) sind dann als Träger prinzipiell beobachtbarer Ursachen für das verschiedene Verhalten unserer betrachteten Körper anzusehen; sie übernehmen die Rolle der fingierten Ursache R_1. Von allen denkbaren, relativ zueinander beliebig bewegten Räumen R_1, R_2 usw. darf a priori keiner als bevorzugt angesehen werden, wenn nicht der dargelegte erkenntnistheoretische Einwand wieder aufleben soll. *Die Gesetze der Physik müssen so beschaffen sein, daß sie in bezug auf beliebig bewegte Bezugssysteme gelten.* Wir gelangen also auf diesem Wege zu einer Erweiterung des Relativitätspostulates.

Außer diesem schwerwiegenden erkenntnistheoretischen Argument spricht aber auch eine wohlbekannte physikalische Tatsache für eine Erweiterung der Relativitätstheorie. Es sei K ein Galileisches Bezugssystem, d. h. ein solches, relativ zu welchem (mindestens in dem betrachteten vierdimensionalen Gebiete) eine von anderen hinlänglich entfernte Masse sich geradlinig und gleichförmig bewegt. Es sei K' ein zweites Koordinatensystem, welches relativ zu K in *gleichförmig beschleunigter* Translationsbewegung sei. Relativ zu K' führte dann eine von anderen hinreichend getrennte Masse eine beschleunigte Bewegung aus, derart, daß deren Beschleunigung und Beschleunigungsrichtung von ihrer stofflichen Zusammensetzung und ihrem physikalischen Zustande unabhängig ist.

Kann ein relativ zu K' ruhender Beobachter hieraus den Schluß ziehen, daß er sich auf einem „wirklich" beschleunigten Bezugssystem befindet? Diese Frage ist zu verneinen; denn das vorhin genannte Verhalten frei beweglicher Massen relativ zu K' kann ebensogut auf folgende Weise gedeutet werden. Das Bezugssystem K' ist unbeschleunigt; in dem betrachteten zeiträumlichen Gebiete herrscht aber ein Gravitationsfeld, welches die beschleunigte Bewegung der Körper relativ zu K' erzeugt.

Diese Auffassung wird dadurch ermöglicht, daß uns die Erfahrung die Existenz eines Kraftfeldes (nämlich des Gravitationsfeldes) gelehrt hat, welches die merkwürdige Eigenschaft hat, allen Körpern dieselbe Beschleunigung zu erteilen.[1]) Das mechanische Verhalten der Körper relativ zu K' ist dasselbe, wie es gegenüber Systemen sich der Erfahrung darbietet, die wir als „ruhende" bzw. als „berechtigte" Systeme anzusehen gewohnt sind; deshalb liegt es auch vom physikalischen Standpunkt nahe, anzunehmen, daß die Systeme K und K' beide mit demselben Recht als „ruhend" angesehen werden können, bzw. daß sie als Bezugssysteme für die physikalische Beschreibung der Vorgänge gleichberechtigt seien.

Aus diesen Erwägungen sieht man, daß die Durchführung der allgemeinen Relativitätstheorie zugleich zu einer Theorie der Gravitation führen muß; denn man kann ein Gravitationsfeld durch bloße Änderung des Koordinatensystems „erzeugen". Ebenso sieht man unmittelbar, daß das Prinzip von der Konstanz der Vakuum-Lichtgeschwindigkeit eine Modifikation erfahren muß. Denn man erkennt leicht, daß die Bahn eines Lichtstrahles in bezug auf K' im allgemeinen eine krumme sein muß, wenn sich das Licht in bezug auf K geradlinig und mit bestimmter, konstanter Geschwindigkeit fortpflanzt.

§ 3. Das Raum-Zeit-Kontinuum. Forderung der allgemeinen Kovarianz für die die allgemeinen Naturgesetze ausdrückenden Gleichungen.

In der klassischen Mechanik sowie in der speziellen Relativitätstheorie haben die Koordinaten des Raumes und der

---

1) Daß das Gravitationsfeld diese Eigenschaft mit großer Genauigkeit besitzt, hat Eötvös experimentell bewiesen.

Zeit eine unmittelbare physikalische Bedeutung. Ein Punktereignis hat die X_1-Koordinate x_1, bedeutet: Die nach den Regeln der Euklidischen Geometrie mittels starrer Stäbe ermittelte Projektion des Punktereignisses auf die X_1-Achse wird erhalten, indem man einen bestimmten Stab, den Einheitsmaßstab, x_1 mal vom Anfangspunkt des Koordinatenkörpers auf der (positiven) X_1-Achse abträgt. Ein Punkt hat die X_4-Koordinate $x_4 = t$, bedeutet: Eine relativ zum Koordinatensystem ruhend angeordnete, mit dem Punktereignis räumlich (praktisch) zusammenfallende Einheitsuhr, welche nach bestimmten Vorschriften gerichtet ist, hat $x_4 = t$ Perioden zurückgelegt beim Eintreten des Punktereignisses.[1])

Diese Auffassung von Raum und Zeit schwebte den Physikern stets, wenn auch meist unbewußt, vor, wie aus der Rolle klar erkennbar ist, welche diese Begriffe in der messenden Physik spielen; diese Auffassung mußte der Leser auch der zweiten Betrachtung des letzten Paragraphen zugrunde legen, um mit diesen Ausführungen einen Sinn verbinden zu können. Aber wir wollen nun zeigen, daß man sie fallen lassen und durch eine allgemeinere ersetzen muß, um das Postulat der allgemeinen Relativität durchführen zu können, falls die spezielle Relativitätstheorie für den Grenzfall des Fehlens eines Gravitationsfeldes zutrifft.

Wir führen in einem Raume, der frei sei von Gravitationsfeldern, ein Galileisches Bezugssystem $K(x, y, z, t)$ ein, und außerdem ein relativ zu K gleichförmig rotierendes Koordinatensystem $K'(x', y', z'\,t')$. Die Anfangspunkte beider Systeme sowie deren Z-Achsen mögen dauernd zusammenfallen. Wir wollen zeigen, daß für eine Raum—Zeitmessung im System K' die obige Festsetzung für die physikalische Bedeutung von Längen und Zeiten nicht aufrecht erhalten werden kann. Aus Symmetriegründen ist klar, daß ein Kreis um den Anfangspunkt in der X-Y-Ebene von K zugleich als Kreis in der X'-Y'-Ebene von K' aufgefaßt werden kann. Wir denken uns nun Umfang und Durchmesser dieses Kreises mit einem (relativ

---

1) Die Konstatierbarkeit der „Gleichzeitigkeit" für räumlich unmittelbar benachbarte Ereignisse, oder — präziser gesagt — für das raumzeitliche unmittelbare Benachbartsein (Koinzidenz) nehmen wir an, ohne für diesen fundamentalen Begriff eine Definition zu geben.

zum Radius unendlich kleinen) Einheitsmaßstabe ausgemessen und den Quotienten beider Meßresultate gebildet. Würde man dieses Experiment mit einem relativ zum Galileischen System K ruhenden Maßstabe ausführen, so würde man als Quotienten die Zahl π erhalten. Das Resultat der mit einem relativ zu K' ruhenden Maßstabe ausgeführten Bestimmung würde eine Zahl sein, die größer ist als π. Man erkennt dies leicht, wenn man den ganzen Meßprozeß vom „ruhenden" System K aus beurteilt und berücksichtigt, daß der peripherisch angelegte Maßstab eine Lorentzverkürzung erleidet, der radial angelegte Maßstab aber nicht. Es gilt daher in bezug auf K' nicht die Euklidische Geometrie; der oben festgelegte Koordinatenbegriff, welcher die Gültigkeit der Euklidischen Geometrie voraussetzt, versagt also mit Bezug auf das System K'. Ebensowenig kann man in K' eine den physikalischen Bedürfnissen entsprechende Zeit einführen, welche durch relativ zu K' ruhende, gleich beschaffene Uhren angezeigt wird. Um dies einzusehen, denke man sich im Koordinatenursprung und an der Peripherie des Kreises je eine von zwei gleich beschaffenen Uhren angeordnet und vom „ruhenden" System K aus betrachtet. Nach einem bekannten Resultat der speziellen Relativitätstheorie geht — von K aus beurteilt — die auf der Kreisperipherie angeordnete Uhr langsamer als die im Anfangspunkt angeordnete Uhr, weil erstere Uhr bewegt ist, letztere aber nicht. Ein im gemeinsamen Koordinatenursprung befindlicher Beobachter, welcher auch die an der Peripherie befindliche Uhr mittels des Lichtes zu beobachten fähig wäre, würde also die an der Peripherie angeordnete Uhr langsamer gehen sehen als die neben ihm angeordnete Uhr. Da er sich nicht dazu entschließen wird, die Lichtgeschwindigkeit auf dem in Betracht kommenden Wege explizite von der Zeit abhängen zu lassen, wird er seine Beobachtung dahin interpretieren, daß die Uhr an der Peripherie „wirklich" langsamer gehe als die im Ursprung angeordnete. Er wird also nicht umhin können, die Zeit so zu definieren, daß die Ganggeschwindigkeit einer Uhr vom Orte abhängt.

Wir gelangen also zu dem Ergebnis: In der allgemeinen Relativitätstheorie können Raum- und Zeitgrößen nicht so definiert werden, daß räumliche Koordinatendifferenzen unmittelbar mit dem Einheitsmaßstab, zeitliche mit einer Normaluhr gemessen werden könnten.

Das bisherige Mittel, in das zeiträumliche Kontinuum in bestimmter Weise Koordinaten zu legen, versagt also, und es scheint sich auch kein *anderer* Weg darzubieten, der gestatten würde, der vierdimensionalen Welt Koordinatensysteme so anzupassen, daß bei ihrer Verwendung eine besonders einfache Formulierung der Naturgesetze zu erwarten wäre. Es bleibt daher nichts anderes übrig, als alle denkbaren[1]) Koordinatensysteme als für die Naturbeschreibung prinzipiell gleichberechtigt anzusehen. Dies kommt auf die Forderung hinaus:

Die allgemeinen Naturgesetze sind durch Gleichungen auszudrücken, die für alle Koordinatensysteme gelten, d. h. die beliebigen Substitutionen gegenüber kovariant (allgemein kovariant) sind.

Es ist klar, daß eine Physik, welche diesem Postulat genügt, dem allgemeinen Relativitätspostulat gerecht wird. Denn in *allen* Substitutionen sind jedenfalls auch diejenigen enthalten, welche allen Relativbewegungen der (dreidimensionalen) Koordinatensysteme entsprechen. Daß diese Forderung der allgemeinen Kovarianz, welche dem Raum und der Zeit den letzten Rest physikalischer Gegenständlichkeit nehmen, eine natürliche Forderung ist, geht aus folgender Überlegung hervor. Alle unsere zeiträumlichen Konstatierungen laufen stets auf die Bestimmung zeiträumlicher Koinzidenzen hinaus. Bestände beispielsweise das Geschehen nur in der Bewegung materieller Punkte, so wäre letzten Endes nichts beobachtbar als die Begegnungen zweier oder mehrerer dieser Punkte. Auch die Ergebnisse unserer Messungen sind nichts anderes als die Konstatierung derartiger Begegnungen materieller Punkte unserer Maßstäbe mit anderen materiellen Punkten bzw. Koinzidenzen zwischen Uhrzeigern, Zifferblattpunkten und ins Auge gefaßten, am gleichen Orte und zur gleichen Zeit stattfindenden Punktereignissen.

1.) Von gewissen Beschränkungen, welche der Forderung der eindeutigen Zuordnung und derjenigen der Stetigkeit entsprechen, wollen wir hier nicht sprechen.

Die Einführung eines Bezugssystems dient zu nichts anderem als zur leichteren Beschreibung der Gesamtheit solcher Koinzidenzen. Man ordnet der Welt vier zeiträumliche Variable x_1, x_2, x_3, x_4 zu, derart, daß jedem Punktereignis ein Wertesystem der Variablen $x_1 \ldots x_4$ entspricht. Zwei koinzidierenden Punktereignissen entspricht dasselbe Wertesystem der Variablen $x_1 \ldots x_4$; d. h. die Koinzidenz ist durch die Übereinstimmung der Koordinaten charakterisiert. Führt man statt der Variablen $x_1 \ldots x_4$ beliebige Funktionen derselben, x_1', x_2', x_3', x_4' als neues Koordinatensystem ein, so daß die Wertesysteme einander eindeutig zugeordnet sind, so ist die Gleichheit aller vier Koordinaten auch im neuen System der Ausdruck für die raumzeitliche Koinzidenz zweier Punktereignisse. Da sich alle unsere physikalischen Erfahrungen letzten Endes auf solche Koinzidenzen zurückführen lassen, ist zunächst kein Grund vorhanden, gewisse Koordinatensysteme vor anderen zu bevorzugen, d. h. wir gelangen zu der Forderung der allgemeinen Kovarianz.

§ 4. Beziehung der vier Koordinaten zu räumlichen und zeitlichen Meßergebnissen.
Analytischer Ausdruck für das Gravitationsfeld.

Es kommt mir in dieser Abhandlung nicht darauf an, die allgemeine Relativitätstheorie als ein möglichst einfaches logisches System mit einem Minimum von Axiomen darzustellen. Sondern es ist mein Hauptziel, diese Theorie so zu entwickeln, daß der Leser die psychologische Natürlichkeit des eingeschlagenen Weges empfindet und daß die zugrunde gelegten Voraussetzungen durch die Erfahrung möglichst gesichert erscheinen. In diesem Sinne sei nun die Voraussetzung eingeführt:

Für unendlich kleine vierdimensionale Gebiete ist die Relativitätstheorie im engeren Sinne bei passender Koordinatenwahl zutreffend.

Der Beschleunigungszustand des unendlich kleinen („örtlichen") Koordinatensystems ist hierbei so zu wählen, daß ein Gravitationsfeld nicht auftritt; dies ist für ein unendlich kleines Gebiet möglich. X_1, X_2, X_3 seien die räumlichen Koordinaten; X_4 die zugehörige, in geeignetem Maßstabe gemessene[1]) Zeitkoordinate. Diese Koordinaten haben, wenn ein starres Stäbchen als Einheitsmaßstab gegeben gedacht wird, bei gegebener Orientierung des Koordinatensystems eine unmittelbare physikalische Bedeutung im Sinne der speziellen Relativitätstheorie. Der Ausdruck

(1) $$ds^2 = -dX_1^2 - dX_2^2 - dX_3^2 + dX_4^2$$

hat dann nach der speziellen Relativitätstheorie einen von der Orientierung des lokalen Koordinatensystems unabhängigen, durch Raum—Zeitmessung ermittelbaren Wert. Wir nennen ds die Größe des zu den unendlich benachbarten Punkten des vierdimensionalen Raumes gehörigen Linienelementes. Ist das zu dem Element $(dX_1 \ldots dX_4)$ gehörige ds^2 positiv, so nennen wir mit Minkowski ersteres zeitartig, im entgegengesetzten Falle raumartig.

Zu dem betrachteten „Linienelement" bzw. zu den beiden unendlich benachbarten Punktereignissen gehören auch bestimmte Differentiale $dx_1 \ldots dx_4$ der vierdimensionalen Koordinaten des gewählten Bezugssystems. Ist dieses sowie ein „lokales" System obiger Art für die betrachtete Stelle gegeben, so werden sich hier die dX_ν durch bestimmte lineare homogene Ausdrücke der dx_σ darstellen lassen:

(2) $$dX_\nu = \sum_\sigma \alpha_{\nu\sigma} dx_\sigma.$$

Setzt man diese Ausdrücke in (1) ein, so erhält man

(3) $$ds^2 = \sum_{\sigma\tau} g_{\sigma\tau} dx_\sigma dx_\tau,$$

wobei die $g_{\sigma\tau}$ Funktionen der x_σ sein werden, die nicht mehr von der Orientierung und dem Bewegungszustand des „lokalen" Koordinatensystems abhängen können; denn ds^2 ist eine durch Maßstab-Uhrenmessung ermittelbare, zu den betrachteten, zeiträumlich unendlich benachbarten Punktereignissen gehörige, unabhängig von jeder besonderen Koordinatenwahl definierte Größe. Die $g_{\sigma\tau}$ sind hierbei so zu wählen, daß $g_{\sigma\tau} = g_{\tau\sigma}$ ist; die Summation ist über alle Werte von σ und τ zu erstrecken, so daß die Summe aus 4×4 Summanden besteht, von denen 12 paarweise gleich sind.

---

[1]) Die Zeiteinheit ist so zu wählen, daß die Vakuum-Lichtgeschwindigkeit — in dem „lokalen" Koordinatensystem gemessen — gleich 1 wird.

Der Fall der gewöhnlichen Relativitätstheorie geht aus dem hier Betrachteten hervor, falls es, vermöge des besonderen Verhaltens der $g_{\sigma\tau}$ in einem endlichen Gebiete, möglich ist, in diesem das Bezugssystem so zu wählen, daß die $g_{\sigma\tau}$ die konstanten Werte

(4) $$\left\{\begin{array}{cccc} -1 & 0 & 0 & 0 \\ 0 & -1 & 0 & 0 \\ 0 & 0 & -1 & 0 \\ 0 & 0 & 0 & +1 \end{array}\right.$$

annehmen. Wir werden später sehen, daß die Wahl solcher Koordinaten für endliche Gebiete im allgemeinen nicht möglich ist.

Aus den Betrachtungen der §§ 2 und 3 geht hervor, daß die Größen $g_{\sigma\tau}$ vom physikalischen Standpunkte aus als diejenigen Größen anzusehen sind, welche das Gravitationsfeld in bezug auf das gewählte Bezugssystem beschreiben. Nehmen wir nämlich zunächst an, es sei für ein gewisses betrachtetes vierdimensionales Gebiet bei geeigneter Wahl der Koordinaten die spezielle Relativitätstheorie gültig. Die $g_{\sigma\tau}$ haben dann die in (4) angegebenen Werte. Ein freier materieller Punkt bewegt sich dann bezüglich dieses Systems geradlinig gleichförmig. Führt man nun durch eine beliebige Substitution neue Raum—Zeitkoordinaten $x_1 \ldots x_4$ ein, so werden in diesem neuen System die $g_{\mu\nu}$ nicht mehr Konstante, sondern Raum—Zeitfunktionen sein. Gleichzeitig wird sich die Bewegung des freien Massenpunktes in den neuen Koordinaten als eine krummlinige, nicht gleichförmige, darstellen, wobei dies Bewegungsgesetz unabhängig sein wird von der Natur des bewegten Massenpunktes. Wir werden also diese Bewegung als eine solche unter dem Einfluß eines Gravitationsfeldes deuten. Wir sehen das Auftreten eines Gravitationsfeldes geknüpft an eine raumzeitliche Veränderlichkeit der $g_{\sigma\tau}$. Auch in dem allgemeinen Falle, daß wir nicht in einem endlichen Gebiete bei passender Koordinatenwahl die Gültigkeit der speziellen Relativitätstheorie herbeiführen können, werden wir an der Auffassung festzuhalten haben, daß die $g_{\sigma\tau}$ das Gravitationsfeld beschreiben.

Die Gravitation spielt also gemäß der allgemeinen Relativitätstheorie eine Ausnahmerolle gegenüber den übrigen, insbesondere den elektromagnetischen Kräften, indem die das Gravitationsfeld darstellenden 10 Funktionen $g_{\sigma\tau}$ zugleich die metrischen Eigenschaften des vierdimensionalen Meßraumes bestimmen.

B. Mathematische Hilfsmittel für die Aufstellung allgemein kovarianter Gleichungen.

Nachdem wir im vorigen gesehen haben, daß das allgemeine Relativitätspostulat zu der Forderung führt, daß die Gleichungssysteme der Physik beliebigen Substitutionen der Koordinaten $x_1 \ldots x_4$ gegenüber kovariant sein müssen, haben wir zu überlegen, wie derartige allgemein kovariante Gleichungen gewonnen werden können. Dieser rein mathematischen Aufgabe wenden wir uns jetzt zu; es wird sich dabei zeigen, daß bei deren Lösung die in Gleichung (3) angegebene Invariante ds eine fundamentale Rolle spielt, welche wir in Anlehnung an die Gausssche Flächentheorie als „Linienelement" bezeichnet haben.

Der Grundgedanke dieser allgemeinen Kovariantentheorie ist folgender. Es seien gewisse Dinge („Tensoren") mit Bezug auf jedes Koordinatensystem definiert durch eine Anzahl Raumfunktionen, welche die „Komponenten" des Tensors genannt werden. Es gibt dann gewisse Regeln, nach welchen diese Komponenten für ein neues Koordinatensystem berechnet werden, wenn sie für das ursprüngliche System bekannt sind, und wenn die beide Systeme verknüpfende Transformation bekannt ist. Die nachher als Tensoren bezeichneten Dinge sind ferner dadurch gekennzeichnet, daß die Transformationsgleichungen für ihre Komponenten linear und homogen sind. Demnach verschwinden sämtliche Komponenten im neuen System, wenn sie im ursprünglichen System sämtlich verschwinden. Wird also ein Naturgesetz durch das Nullsetzen aller Komponenten eines Tensors formuliert, so ist es allgemein kovariant; indem wir die Bildungsgesetze der Tensoren untersuchen, erlangen wir die Mittel zur Aufstellung allgemein kovarianter Gesetze.

§ 5. Kontravarianter und kovarianter Vierervektor.

Kontravarianter Vierervektor. Das Linienelement ist definiert durch die vier „Komponenten" dx_ν, deren Transformationsgesetz durch die Gleichung

$$(5) \qquad dx_\sigma' = \sum_\nu \frac{\partial x_\sigma'}{\partial x_\nu} dx_\nu$$

ausgedrückt wird. Die dx_σ' drücken sich linear und homogen durch die dx_ν aus; wir können diese Koordinatendifferentiale dx_ν daher als die Komponenten eines „Tensors" ansehen, den wir speziell als kontravarianten Vierervektor bezeichnen. Jedes Ding, was bezüglich des Koordinatensystems durch vier Größen A^ν definiert ist, die sich nach demselben Gesetz

$$(5a) \qquad A^{\sigma'} = \sum_\nu \frac{\partial x_\sigma'}{\partial x_\nu} A^\nu$$

transformieren, bezeichnen wir ebenfalls als kontravarianten Vierervektor. Aus (5a) folgt sogleich, daß die Summen $(A^\sigma \pm B^\sigma)$ ebenfalls Komponenten eines Vierervektors sind, wenn A^σ und B^σ es sind. Entsprechendes gilt für alle später als „Tensoren" einzuführenden Systeme (Regel von der Addition und Subtraktion der Tensoren).

Kovarianter Vierervektor. Vier Größen A_ν nennen wir die Komponenten eines kovarianten Vierervektors, wenn für jede beliebige Wahl des kontravarianten Vierervektors B^ν

$$(6) \qquad \sum_\nu A_\nu B^\nu = \text{Invariante.}$$

Aus dieser Definition folgt das Transformationsgesetz des kovarianten Vierervektors. Ersetzt man nämlich auf der rechten Seite der Gleichung

$$\sum_\sigma A_\sigma' B^{\sigma'} = \sum_\nu A_\nu B^\nu$$

B^ν durch den aus der Umkehrung der Gleichung (5a) folgenden Ausdruck

$$\sum_\sigma \frac{\partial x_\nu}{\partial x_\sigma'} B^{\sigma'},$$

so erhält man

$$\sum_\sigma B^{\sigma'} \sum_\nu \frac{\partial x_\nu}{\partial x_\sigma'} A_\nu = \sum_\sigma B^{\sigma'} A_\sigma'.$$

Hieraus folgt aber, weil in dieser Gleichung die $B^{\sigma'}$ unabhängig voneinander frei wählbar sind, das Transformationsgesetz

(7) $$A_\sigma' = \sum \frac{\partial x_\nu}{\partial x_\sigma'} A_\nu.$$

Bemerkung zur Vereinfachung der Schreibweise der Ausdrücke. Ein Blick auf die Gleichungen dieses Paragraphen zeigt, daß über Indizes, die zweimal unter einem Summenzeichen auftreten [z. B. der Index ν in (5)], stets summiert wird, und zwar *nur* über zweimal auftretende Indizes. Es ist deshalb möglich, ohne die Klarheit zu beeinträchtigen, die Summenzeichen wegzulassen. Dafür führen wir die Vorschrift ein: Tritt ein Index in einem Term eines Ausdruckes zweimal auf, so ist über ihn stets zu summieren, wenn nicht ausdrücklich das Gegenteil bemerkt ist.

Der Unterschied zwischen dem kovarianten und kontravarianten Vierervektor liegt in dem Transformationsgesetz [(7) bzw. (5)]. Beide Gebilde sind Tensoren im Sinne der obigen allgemeinen Bemerkung; hierin liegt ihre Bedeutung. Im Anschluß an Ricci und Levi-Civita wird der kontravariante Charakter durch oberen, der kovariante durch unteren Index bezeichnet.

§ 6. Tensoren zweiten und höheren Ranges.

Kontravarianter Tensor. Bilden wir sämtliche 16 Produkte $A^{\mu\nu}$ der Komponenten A^μ und B^ν zweier kontravarianten Vierervektoren

(8) $$A^{\mu\nu} = A^\mu B^\nu,$$

so erfüllt $A^{\mu\nu}$ gemäß (8) und (5a) das Transformationsgesetz

(9) $$A^{\sigma\tau'} = \frac{\partial x_\sigma'}{\partial x_\mu} \frac{\partial x_\tau'}{\partial x_\nu} A^{\mu\nu}.$$

Wir nennen ein Ding, das bezüglich eines jeden Bezugssystems durch 16 Größen (Funktionen) beschrieben wird, die das Transformationsgesetz (9) erfüllen, einen kontravarianten Tensor zweiten Ranges. Nicht jeder solcher Tensor läßt sich gemäß (8) aus zwei Vierervektoren bilden. Aber es ist leicht zu beweisen, daß sich 16 beliebig gegebene $A^{\mu\nu}$ darstellen lassen als die Summe der $A^\mu B^\nu$ von vier geeignet gewählten Paaren von Vierervektoren. Deshalb kann man beinahe alle

Sätze, die für den durch (9) definierten Tensor zweiten Ranges gelten, am einfachsten dadurch beweisen, daß man sie für spezielle Tensoren vom Typus (8) dartut.

Kontravarianter Tensor beliebigen Ranges. Es ist klar, daß man entsprechend (8) und (9) auch kontravariante Tensoren dritten und höheren Ranges definieren kann mit 4^3 usw. Komponenten. Ebenso erhellt aus (8) und (9), daß man in diesem Sinne den kontravarianten Vierervektor als kontravarianten Tensor ersten Ranges auffassen kann.

Kovarianter Tensor. Bildet man andererseits die 16 Produkte $A_{\mu\nu}$ der Komponenten zweier *kovarianter* Vierervektoren A_μ und B_ν

(10) $$A_{\mu\nu} = A_\mu B_\nu,$$

so gilt für diese das Transformationsgesetz

(11) $$A_{\sigma\tau}' = \frac{\partial x_\mu}{\partial x_\sigma'} \frac{\partial x_\nu}{\partial x_\tau'} A_{\mu\nu}.$$

Durch dieses Transformationsgesetz wird der kovariante Tensor zweiten Ranges definiert. Alle Bemerkungen, welche vorher über die kontravarianten Tensoren gemacht wurden, gelten auch für die kovarianten Tensoren.

Bemerkung. Es ist bequem, den Skalar (Invariante) sowohl als kontravarianten wie als kovarianten Tensor vom Range Null zu behandeln.

Gemischter Tensor. Man kann auch einen Tensor zweiten Ranges vom Typus

(12) $$A_\mu{}^\nu = A_\mu B^\nu$$

definieren, der bezüglich des Index μ kovariant, bezüglich des Index ν kontravariant ist. Sein Transformationsgesetz ist

(13) $$A_\sigma{}^{\tau'} = \frac{\partial x_\tau'}{\partial x_\beta} \frac{\partial x_\alpha}{\partial x_\sigma'} A_\alpha{}^\beta.$$

Natürlich gibt es gemischte Tensoren mit beliebig vielen Indizes kovarianten und beliebig vielen Indizes kontravarianten Charakters. Der kovariante und der kontravariante Tensor können als spezielle Fälle des gemischten angesehen werden.

Symmetrische Tensoren. Ein kontravarianter bzw. kovarianter Tensor zweiten oder höheren Ranges heißt *symmetrisch*, wenn zwei Komponenten, die durch Vertauschung irgend zweier Indizes auseinander hervorgehen, gleich sind. Der Tensor $A^{\mu\nu}$ bzw. $A_{\mu\nu}$ ist also symmetrisch, wenn für jede Kombination der Indizes

(14) $$A^{\mu\nu} = A^{\nu\mu},$$

bzw.

(14a) $$A_{\mu\nu} = A_{\nu\mu}$$

ist.

Es muß bewiesen werden, daß die so definierte Symmetrie eine vom Bezugssystem unabhängige Eigenschaft ist. (Aus (9) folgt in der Tat mit Rücksicht auf (14)

$$A^{\sigma\tau'} = \frac{\partial x_\sigma'}{\partial x_\mu}\frac{\partial x_\tau'}{\partial x_\nu} A^{\mu\nu} = \frac{\partial x_\sigma'}{\partial x_\mu}\frac{\partial x_\tau'}{\partial x_\nu} A^{\nu\mu} = \frac{\partial x_\tau'}{\partial x_\mu}\frac{\partial x_\sigma'}{\partial x_\nu} A^{\mu\nu} = A^{\tau\sigma'}.$$

Die vorletzte Gleichsetzung beruht auf der Vertauschung der Summationsindizes μ und ν (d. h. auf bloßer Änderung der Bezeichnungsweise).

Antisymmetrische Tensoren. Ein kontravarianter bzw. kovarianter Tenor zweiten, dritten oder vierten Ranges heißt antisymmetrisch, wenn zwei Komponenten, die durch Vertauschung irgend zweier Indizes auseinander hervorgehen, *entgegengesetzt gleich* sind. Der Tensor $A^{\mu\nu}$ bzw. $A_{\mu\nu}$ ist also antisymmetrisch, wenn stets

(15) $$A^{\mu\nu} = - A^{\nu\mu},$$

bzw.

(15a) $$A_{\mu\nu} = - A_{\nu\mu}$$

ist.

Von den 16 Komponenten $A^{\mu\nu}$ verschwinden die vier Komponenten $A^{\mu\mu}$; die übrigen sind paarweise entgegengesetzt gleich, so daß nur 6 numerisch verschiedene Komponenten vorhanden sind (Sechservektor). Ebenso sieht man, daß der antisymmetrische Tensor $A^{\mu\nu\sigma}$ (dritten Ranges) nur vier numerisch verschiedene Komponenten hat, der antisymmetrische Tensor $A^{\mu\nu\sigma\tau}$ nur eine einzige. Symmetrische Tensoren höheren als vierten Ranges gibt es in einem Kontinuum von vier Dimensionen nicht.

§ 7. Multiplikation der Tensoren.

Äußere Multiplikation der Tensoren. Man erhält aus den Komponenten eines Tensors vom Range z und eines solchen vom Range z' die Komponenten eines Tensors vom Range $z + z'$, indem man alle Komponenten des ersten mit allen Komponenten des zweiten paarweise multipliziert. So entstehen beispielsweise die Tensoren T aus den Tensoren A und B verschiedener Art

$$T_{\mu\nu\sigma} = A_{\mu\nu} B_\sigma,$$
$$T^{\alpha\beta\gamma\delta} = A^{\alpha\beta} B^{\gamma\delta},$$
$$T^{\gamma\delta}_{\alpha\beta} = A_{\alpha\beta} B^{\gamma\delta}.$$

Der Beweis des Tensorcharakters der T ergibt sich unmittelbar aus den Darstellungen (8), (10), (12) oder aus den Transformationsregeln (9), (11), (13). Die Gleichungen (8), (10), (12) sind selbst Beispiele äußerer Multiplikation (von Tensoren ersten Ranges).

„Verjüngung" eines gemischten Tensors. Aus jedem gemischten Tensor kann ein Tensor von einem um zwei kleineren Range gebildet werden, indem man einen Index kovarianten und einen Index kontravarianten Charakters gleichsetzt und nach diesem Index summiert („Verjüngung"). Man gewinnt so z. B. aus dem gemischten Tensor vierten Ranges $A^{\gamma\delta}_{\alpha\beta}$ den gemischten Tensor zweiten Ranges

$$A^\delta_\beta = A^{\alpha\delta}_{\alpha\beta} \left(= \sum_\alpha A^{\alpha\delta}_{\alpha\beta}\right)$$

und aus diesem, abermals durch Verjüngung, den Tensor nullten Ranges $A = A^\beta_\beta = A^{\alpha\beta}_{\alpha\beta}$.

Der Beweis dafür, daß das Ergebnis der Verjüngung wirklich Tensorcharakter besitzt, ergibt sich entweder aus der Tensordarstellung gemäß der Verallgemeinerung von (12) in Verbindung mit (6) oder aus der Verallgemeinerung von (13).

Innere und gemischte Multiplikation der Tensoren. Diese bestehen in der Kombination der äußeren Multiplikation mit der Verjüngung.

Beispiele. — Aus dem kovarianten Tensor zweiten Ranges $A_{\mu\nu}$ und dem kontravarianten Tensor ersten Ranges B^σ bilden wir durch äußere Multiplikation den gemischten Tensor

$$D^\sigma_{\mu\nu} = A_{\mu\nu} B^\sigma.$$

Durch Verjüngung nach den Indizes ν, σ entsteht der kovariante Vierervektor
$$D_\mu = D_{\mu\nu}^{\ \nu} = A_{\mu\nu} B^\nu.$$
Diesen bezeichnen wir auch als inneres Produkt der Tensoren $A_{\mu\nu}$ und B^σ. Analog bildet man aus den Tensoren $A_{\mu\nu}$ und $B^{\sigma\tau}$ durch äußere Multiplikation und zweimalige Verjüngung das innere Produkt $A_{\mu\nu} B^{\mu\nu}$. Durch äußere Produktbildung und einmalige Verjüngung erhält man aus $A_{\mu\nu}$ und $B^{\sigma\tau}$ den gemischten Tensor zweiten Ranges $D_\mu^\tau = A_{\mu\nu} B^{\nu\tau}$. Man kann diese Operation passend als eine gemischte bezeichnen; denn sie ist eine äußere bezüglich der Indizes μ und τ, eine innere bezüglich der Indizes ν und σ.

Wir beweisen nun einen Satz, der zum Nachweis des Tensorcharakters oft verwendbar ist. Nach dem soeben Dargelegten ist $A_{\mu\nu} B^{\mu\nu}$ ein Skalar, wenn $A_{\mu\nu}$ und $B^{\sigma\tau}$ Tensoren sind. Wir behaupten aber auch folgendes. Wenn $A_{\mu\nu} B^{\mu\nu}$ für jede Wahl *des Tensors* $B^{\mu\nu}$ eine Invariante ist, so hat $A_{\mu\nu}$ Tensorcharakter.

Beweis. — Es ist nach Voraussetzung für eine beliebige Substitution
$$A_{\sigma\tau}' B^{\sigma\tau\prime} = A_{\mu\nu} B^{\mu\nu}.$$

Nach der Umkehrung von (9) ist aber
$$B^{\mu\nu} = \frac{\partial x_\mu}{\partial x_\sigma'} \frac{\partial x_\nu}{\partial x_\tau'} B^{\sigma\tau\prime}.$$
Dies, eingesetzt in obige Gleichung, liefert:
$$\left(A_{\sigma\tau}' - \frac{\partial x_\mu}{\partial x_\sigma'} \frac{\partial x_\nu}{\partial x_\tau'} A_{\mu\nu}\right) B^{\sigma\tau\prime} = 0.$$
Dies kann bei beliebiger Wahl von $B^{\sigma\tau\prime}$ nur dann erfüllt sein, wenn die Klammer verschwindet, woraus mit Rücksicht auf (11) die Behauptung folgt.

Dieser Satz gilt entsprechend für Tensoren beliebigen Ranges und Charakters; der Beweis ist stets analog zu führen.

Der Satz läßt sich ebenso beweisen in der Form: Sind B^μ und C^ν beliebige Vektoren, und ist bei jeder Wahl derselben das innere Produkt
$$A_{\mu\nu} B^\mu C^\nu$$
ein Skalar, so ist $A_{\mu\nu}$ ein kovarianter Tensor. Dieser letztere Satz gilt auch dann noch, wenn nur die speziellere Aussage

zutrifft, daß bei beliebiger Wahl des Vierervektors B^μ das skalare Produkt
$$A_{\mu\nu} B^\mu B^\nu$$
ein Skalar ist, falls man außerdem weiß, daß $A_{\mu\nu}$ der Symmetriebedingung $A_{\mu\nu} = A_{\nu\mu}$ genügt. Denn auf dem vorhin angegebenen Wege beweist man den Tensorcharakter von $(A_{\mu\nu} + A_{\nu\mu})$, woraus dann wegen der Symmetrieeigenschaft der Tensorcharakter von $A_{\mu\nu}$ selbst folgt. Auch dieser Satz läßt sich leicht verallgemeinern auf den Fall kovarianter und kontravarianter Tensoren beliebigen Ranges.

Endlich folgt aus dem Bewiesenen der ebenfalls auf beliebige Tensoren zu verallgemeinernde Satz: Wenn die Größen $A_{\mu\nu} B^\nu$ bei beliebiger Wahl des Vierervektors B^ν einen Tensor ersten Ranges bilden, so ist $A_{\mu\nu}$ ein Tensor zweiten Ranges. Ist nämlich C^μ ein beliebiger Vierervektor, so ist wegen des Tensorcharakters $A_{\mu\nu} B^\nu$ das innere Produkt $A_{\mu\nu} C^\mu B^\nu$ bei beliebiger Wahl der beiden Vierervektoren C^μ und B^ν ein Skalar, woraus die Behauptung folgt.

§ 8. Einiges über den Fundamentaltensor der $g_{\mu\nu}$.

Der kovariante Fundamentaltensor. In dem invarianten Ausdruck des Quadrates des Linienelementes

$$ds^2 = g_{\mu\nu} dx_\mu dx_\nu$$

spielt dx_μ die Rolle eines beliebig wählbaren kontravarianten Vektors. Da ferner $g_{\mu\nu} = g_{\nu\mu}$, so folgt nach den Betrachtungen des letzten Paragraphen hieraus, daß $g_{\mu\nu}$ ein kovarianter Tensor zweiten Ranges ist. Wir nennen ihn „Fundamentaltensor". Im folgenden leiten wir einige Eigenschaften dieses Tensors ab, die zwar jedem Tensor zweiten Ranges eigen sind; aber die besondere Rolle des Fundamentaltensors in unserer Theorie, welche in der Besonderheit der Gravitationswirkungen ihren physikalischen Grund hat, bringt es mit sich, daß die zu entwickelnden Relationen nur bei dem Fundamentaltensor für uns von Bedeutung sind.

Der kontravariante Fundamentaltensor. Bildet man in dem Determinantenschema der $g_{\mu\nu}$ zu jedem $g_{\mu\nu}$ die Unterdeterminante und dividiert diese durch die Determinante $g = |g_{\mu\nu}|$ der $g_{\mu\nu}$, so erhält man gewisse Größen $g^{\mu\nu} (= g^{\nu\mu})$, von denen wir beweisen wollen, daß sie einen kontravarianten Tensor bilden.

Nach einem bekannten Determinantensatze ist

(16) $$g_{\mu\sigma} g^{\nu\sigma} = \delta_\mu^{\ \nu},$$

wobei das Zeichen $\delta_\mu^{\ \nu}$ 1 oder 0 bedeutet, je nachdem $\mu = \nu$ oder $\mu \!\mid\! \nu$ ist. Statt des obigen Ausdruckes für ds^2 können wir auch

$$g_{\mu\sigma} \delta_\nu^{\ \sigma} dx_\mu dx_\nu,$$

oder nach (16) auch

$$g_{\mu\sigma} g_{\nu\tau} g^{\sigma\tau} dx_\mu dx_\nu$$

schreiben. Nun bilden aber nach den Multiplikationsregeln des vorigen Paragraphen die Größen

$$d\xi_\sigma = g_{\mu\sigma} dx_\mu$$

einen kovarianten Vierervektor, und zwar (wegen der willkürlichen Wählbarkeit der dx_μ) einen beliebig wählbaren Vierervektor. Indem wir ihn in unseren Ausdruck einführen, erhalten wir

$$ds^2 = g^{\sigma\tau} d\xi_\sigma d\xi_\tau.$$

Da dies bei beliebiger Wahl des Vektors $d\xi_\sigma$ ein Skalar ist und $g^{\sigma\tau}$ nach seiner Definition in den Indizes σ und τ symmetrisch ist, folgt aus den Ergebnissen des vorigen Paragraphen, daß $g^{\sigma\tau}$ ein kontravarianter Tensor ist. Aus (16) folgt noch, daß auch $\delta_\mu^{\ \nu}$ ein Tensor ist, den wir den gemischten Fundamentaltensor nennen können.

Determinante des Fundamentaltensors. Nach dem Multiplikationssatz der Determinanten ist

$$|g_{\mu\alpha} g^{\alpha\nu}| = |g_{\mu\alpha}| |g^{\alpha\nu}|.$$

Andererseits ist

$$|g_{\mu\alpha} g^{\alpha\nu}| = |\delta_\mu^{\ \nu}| = 1.$$

Also folgt

(17) $$|g_{\mu\nu}| |g^{\mu\nu}| = 1.$$

Invariante des Volumens. Wir suchen zuerst das Transformationsgesetz der Determinante $g = |g_{\mu\nu}|$. Gemäß (11) ist

$$g' = \left| \frac{\partial x_\mu}{\partial x_\sigma'} \frac{\partial x_\nu}{\partial x_\tau'} g_{\mu\nu} \right|.$$

Hieraus folgt durch zweimalige Anwendung des Multiplikationssatzes der Determinanten

$$g' = \left|\frac{\partial x_\mu}{\partial x_\sigma'}\right| \left|\frac{\partial x_\nu}{\partial x_\tau'}\right| |g_{\mu\nu}| = \left|\frac{\partial x_\mu}{\partial x_\sigma'}\right|^2 g,$$

oder

$$\sqrt{g'} = \left|\frac{\partial x_\mu}{\partial x_\sigma'}\right| \sqrt{g}.$$

Andererseits ist das Gesetz der Transformation des Volumelementes

$$d\tau' = \int dx_1\, dx_2\, dx_3\, dx_4$$

nach dem bekannten Jakobischen Satze

$$d\tau' = \left|\frac{\partial x_\sigma'}{\partial x_\mu}\right| d\tau.$$

Durch Multiplikation der beiden letzten Gleichungen erhält man

(18) $$\sqrt{g'}\, d\tau' = \sqrt{g}\, d\tau.$$

Statt $\sqrt{g}$ wird im folgenden die Größe $\sqrt{-g}$ eingeführt, welche wegen des hyperbolischen Charakters des zeiträumlichen Kontinuums stets einen reellen Wert hat. Die Invariante $\sqrt{-g}\, d\tau$ ist gleich der Größe des im „örtlichen Bezugssystem" mit starren Maßstäben und Uhren im Sinne der speziellen Relativitätstheorie gemessenen vierdimensionalen Volumelementes.

Bemerkung über den Charakter des raumzeitlichen Kontinuums. Unsere Voraussetzung, daß im unendlich Kleinen stets die spezielle Relativitätstheorie gelte, bringt es mit sich, daß sich ds^2 immer gemäß (1) durch die reellen Größen $dX_1 \ldots dX_4$ ausdrücken läßt. Nennen wir $d\tau_0$ das „natürliche" Volumelement $dX_1\, dX_2\, dX_3\, dX_4$, so ist also

(18a) $$d\tau_0 = \sqrt{-g}\, d\tau.$$

Soll an einer Stelle des vierdimensionalen Kontinuums $\sqrt{-g}$ verschwinden, so bedeutet dies, daß hier einem endlichen Koordinatenvolumen ein unendlich kleines „natürliches" Volumen entspreche. Dies möge nirgends der Fall sein. Dann kann g sein Vorzeichen nicht ändern; wir werden im Sinne der speziellen Relativitätstheorie annehmen, daß g stets einen endlichen negativen Wert habe. Es ist dies eine Hypothese über die physikalische Natur des betrachteten Kontinuums und gleichzeitig eine Festsetzung über die Koordinatenwahl.

Ist aber $-g$ stets positiv und endlich, so liegt es nahe, die Koordinatenwahl a posteriori so zu treffen, daß diese Größe gleich 1 wird. Wir werden später sehen, daß durch eine solche Beschränkung der Koordinatenwahl eine bedeutende Vereinfachung der Naturgesetze erzielt werden kann. An Stelle von (18) tritt dann einfach

$$d\tau' = d\tau,$$

woraus mit Rücksicht auf Jakobis Satz folgt

(19) $$\left|\frac{\partial x_\sigma'}{\partial x_\mu}\right| = 1.$$

Bei dieser Koordinatenwahl sind also nur Substitutionen der Koordinaten von der Determinante 1 zulässig.

Es wäre aber irrtümlich, zu glauben, daß dieser Schritt einen partiellen Verzicht auf das allgemeine Relativitätspostulat bedeute. Wir fragen nicht: „Wie heißen die Naturgesetze, welche gegenüber allen Transformationen von der Determinante 1 kovariant sind?" Sondern wir fragen: „Wie heißen die *allgemein* kovarianten Naturgesetze?" Erst nachdem wir diese aufgestellt haben, vereinfachen wir ihren Ausdruck durch eine besondere Wahl des Bezugssystems.

Bildung neuer Tensoren vermittelst des Fundamentaltensors. Durch innere, äußere und gemischte Multiplikation eines Tensors mit dem Fundamentaltensor entstehen Tensoren anderen Charakters und Ranges.

Beispiele:

$$A^\mu = g^{\mu\sigma} A_\sigma,$$
$$A = g_{\mu\nu} A^{\mu\nu}.$$

Besonders sei auf folgende Bildungen hingewiesen:

$$A^{\mu\nu} = g^{\mu\alpha} g^{\nu\beta} A_{\alpha\beta},$$
$$A_{\mu\nu} = g_{\mu\alpha} g_{\nu\beta} A^{\alpha\beta}$$

(„Ergänzung" des kovarianten bzw. kontravarianten Tensors) und

$$B_{\mu\nu} = g_{\mu\nu} g^{\alpha\beta} A_{\alpha\beta}.$$

Wir nennen $B_{\mu\nu}$ den zu $A_{\mu\nu}$ gehörigen reduzierten Tensor. Analog

$$B^{\mu\nu} = g^{\mu\nu} g_{\alpha\beta} A^{\alpha\beta}.$$

Es sei bemerkt, daß $g^{\mu\nu}$ nichts anderes ist als die Ergänzung von $g_{\mu\nu}$. Denn man hat

$$g^{\mu\alpha} g^{\nu\beta} g_{\alpha\beta} = g^{\mu\alpha} \delta_\alpha^\nu = g^{\mu\nu}.$$

§ 9. Gleichung der geodätischen Linie (bzw. der Punktbewegung).

Da das „Linienelement" ds eine unabhängig vom Koordinatensystem definierte Größe ist, hat auch die zwischen zwei Punkten P_1 und P_2 des vierdimensionalen Kontinuums gezogene Linie, für welche $\int ds$ ein Extremum ist (geodätische Linie), eine von der Koordinatenwahl unabhängige Bedeutung. Ihre Gleichung ist

(20) $$\delta \left\{ \int_{P_1}^{P_2} ds \right\} = 0.$$

Aus dieser Gleichung findet man in bekannter Weise durch Ausführung der Variation vier totale Differentialgleichungen, welche diese geodätische Linie bestimmen; diese Ableitung soll der Vollständigkeit halber hier Platz finden. Es sei λ eine Funktion der Koordinaten x_ν; diese definiert eine Schar von Flächen, welche die gesuchte geodätische Linie sowie alle ihr unendlich benachbarten, durch die Punkte P_1 und P_2 gezogenen Linien schneiden. Jede solche Kurve kann dann dadurch gegeben gedacht werden, daß ihre Koordinaten x_ν in Funktion von λ ausgedrückt werden. Das Zeichen δ entspreche dem Übergang von einem Punkte der gesuchten geodätischen Linie zu demjenigen Punkte einer benachbarten Kurve, welcher zu dem nämlichen λ gehört. Dann läßt sich (20) durch

(20a) $$\begin{cases} \int_{\lambda_1}^{\lambda_2} \delta w \, d\lambda = 0 \\ w^2 = g_{\mu\nu} \dfrac{dx_\mu}{d\lambda} \dfrac{dx_\nu}{d\lambda} \end{cases}$$

ersetzen. Da aber

$$\delta w = \frac{1}{w} \left\{ \frac{1}{2} \frac{\partial g_{\mu\nu}}{\partial x_\sigma} \frac{dx_\mu}{d\lambda} \frac{dx_\nu}{d\lambda} \delta x_\sigma + g_{\mu\nu} \frac{dx_\mu}{d\lambda} \delta\left(\frac{dx_\nu}{d\lambda}\right) \right\},$$

so erhält man nach Einsetzen von δw in (20a) mit Rücksicht darauf, daß
$$\delta\left(\frac{d x_\nu}{d \lambda}\right) = \frac{d \delta x_\nu}{d \lambda},$$
nach partieller Integration

(20b)
$$\begin{cases} \int_{\lambda_1}^{\lambda_2} d\lambda\, \varkappa_\sigma\, \delta x_\sigma = 0 \\ \varkappa_\sigma = \frac{d}{d\lambda}\left\{\frac{g_{\mu\nu}}{w}\frac{dx_\mu}{\partial\lambda}\right\} - \frac{1}{2w}\frac{\partial g_{\mu\nu}}{\partial x_\sigma}\frac{dx_\mu}{d\lambda}\frac{dx_\nu}{d\lambda}. \end{cases}$$

Hieraus folgt wegen der freien Wählbarkeit der δx_σ das Verschwinden der $\varkappa_\sigma$. Also sind

(20c) $$\varkappa_\sigma = 0$$

die Gleichungen der geodätischen Linie. Ist auf der betrachteten geodätischen Linie nicht $ds = 0$, so können wir als Parameter λ die auf der geodätischen Linie gemessene „Bogenlänge" s wählen. Dann wird $w = 1$, und man erhält an Stelle von (20c)

$$g_{\mu\nu}\frac{d^2 x_\mu}{ds^2} + \frac{\partial g_{\mu\nu}}{\partial x_\sigma}\frac{dx_\sigma}{d\lambda}\frac{dx_\mu}{d\lambda} - \frac{1}{2}\frac{\partial g_{\mu\nu}}{\partial x_\sigma}\frac{dx_\mu}{d\lambda}\frac{dx_\nu}{d\lambda} = 0,$$

oder durch bloße Änderung der Bezeichnungsweise

(20d) $$g_{\alpha\sigma}\frac{d^2 x_\alpha}{ds^2} + \begin{bmatrix} \mu\,\nu \\ \sigma \end{bmatrix}\frac{dx_\mu}{ds}\frac{dx_\nu}{ds} = 0,$$

wobei nach Christoffel gesetzt ist

(21) $$\begin{bmatrix} \mu\,\nu \\ \sigma \end{bmatrix} = \frac{1}{2}\left(\frac{\partial g_{\mu\sigma}}{\partial x_\nu} + \frac{\partial g_{\nu\sigma}}{\partial x_\mu} - \frac{\partial g_{\mu\nu}}{\partial x_\sigma}\right).$$

Multipliziert man endlich (20d) mit $g^{\sigma\tau}$ (äußere Multiplikation bezüglich τ, innere bezüglich σ), so erhält man schließlich als endgültige Form der Gleichung der geodätischen Linie

(22) $$\frac{d^2 x_\tau}{ds^2} + \begin{Bmatrix} \mu\,\nu \\ \tau \end{Bmatrix}\frac{dx_\mu}{ds}\frac{dx_\nu}{ds} = 0.$$

Hierbei ist nach Christoffel gesetzt

(23) $$\begin{Bmatrix} \mu\,\nu \\ \tau \end{Bmatrix} = g^{\tau\alpha}\begin{bmatrix} \mu\,\nu \\ \alpha \end{bmatrix}.$$

§ 10. Die Bildung von Tensoren durch Differentiation.

Gestützt auf die Gleichung der geodätischen Linie können wir nun leicht die Gesetze ableiten, nach welchen durch Differentiation aus Tensoren neue Tensoren gebildet werden können.

Dadurch werden wir erst in den Stand gesetzt, allgemein kovariante Differentialgleichungen aufzustellen. Wir erreichen dies Ziel durch wiederholte Anwendung des folgenden einfachen Satzes.

Ist in unserem Kontinuum eine Kurve gegeben, deren Punkte durch die Bogendistanz s von einem Fixpunkt auf der Kurve charakterisiert sind, ist ferner φ eine invariante Raumfunktion, so ist auch $d\varphi/ds$ eine Invariante. Der Beweis liegt darin, daß sowohl $d\varphi$ als auch ds Invariante sind. Da

$$\frac{d\varphi}{ds} = \frac{\partial \varphi}{\partial x_\mu} \frac{dx_\mu}{ds},$$

so ist auch

$$\psi = \frac{\partial \varphi}{\partial x_\mu} \frac{dx_\mu}{ds}$$

eine Invariante, und zwar für alle Kurven, die von einem Punkte des Kontinuums ausgehen, d. h. für beliebige Wahl des Vektors der dx_μ. Daraus folgt unmittelbar, daß

(24) $$A_\mu = \frac{\partial \varphi}{\partial x_\mu}$$

ein kovarianter Vierervektor ist (Gradient von φ).

Nach unserem Satze ist ebenso der auf einer Kurve genommene Differentialquotient

$$\chi = \frac{d\psi}{ds}$$

eine Invariante. Durch Einsetzen von ψ erhalten wir zunächst

$$\chi = \frac{\partial^2 \varphi}{\partial x_\mu \partial x_\nu} \frac{dx_\mu}{ds} \frac{dx_\nu}{ds} + \frac{\partial \varphi}{\partial x_\mu} \frac{d^2 x_\mu}{ds^2}.$$

Hieraus läßt sich zunächst die Existenz eines Tensors nicht ableiten. Setzen wir nun aber fest, daß die Kurve, auf welcher wir differenziiert haben, eine geodätische Kurve sei, so erhalten wir nach (22) durch Ersetzen von $d^2 x_\nu/ds^2$:

$$\chi = \left\{ \frac{\partial^2 \varphi}{\partial x_\mu \partial x_\nu} - \begin{Bmatrix} \mu\nu \\ \tau \end{Bmatrix} \frac{\partial \varphi}{\partial x_\tau} \right\} \frac{dx_\mu}{ds} \frac{dx_\nu}{ds}.$$

Aus der Vertauschbarkeit der Differentiationen nach μ und ν und daraus, daß gemäß (23) und (21) die Klammer $\begin{Bmatrix} \mu\nu \\ \tau \end{Bmatrix}$ bezüglich μ und ν symmetrisch ist, folgt, daß der Klammerausdruck in μ und ν symmetrisch ist. Da man von einem Punkt des Kontinuums aus in beliebiger Richtung eine geodätische Linie ziehen kann, dx_μ/ds also ein Vierervektor mit freiem wählbarem Verhältnis der Komponenten ist, folgt nach den Ergebnissen des § 7, daß

(25) $$A_{\mu\nu} = \frac{\partial^2 \varphi}{\partial x_\mu \partial x_\nu} - \begin{Bmatrix}\mu\,\nu\\ \tau\end{Bmatrix} \frac{\partial \varphi}{\partial x_\tau}$$

ein kovarianter Tensor zweiten Ranges ist. Wir haben also das Ergebnis gewonnen: Aus dem kovarianten Tensor ersten Ranges

$$A_\mu = \frac{\partial \varphi}{\partial x_\mu}$$

können wir durch Differentiation einen kovarianten Tensor zweiten Ranges

(26) $$A_{\mu\nu} = \frac{\partial A_\mu}{\partial x_\nu} - \begin{Bmatrix}\mu\,\nu\\ \tau\end{Bmatrix} A_\tau$$

bilden. Wir nennen den Tensor $A_{\mu\nu}$ die „Erweiterung" des Tensors A_μ. Zunächst können wir leicht zeigen, daß diese Bildung auch dann auf einen Tensor führt, wenn der Vektor A_μ nicht als ein Gradient darstellbar ist. Um dies einzusehen, bemerken wir zunächst, daß

$$\psi \frac{\partial \varphi}{\partial x_\mu}$$

ein kovarianter Vierervektor ist, wenn ψ und φ Skalare sind. Dies ist auch der Fall für eine aus vier solchen Gliedern bestehende Summe

$$S_\mu = \psi^{(1)} \frac{\partial \varphi^{(1)}}{\partial x_\mu} + \cdot + \cdot + \psi^{(4)} \frac{\partial \varphi^{(4)}}{\partial x_\mu},$$

falls $\psi^{(1)} \varphi^{(1)} \ldots \psi^{(4)} \varphi^{(4)}$ Skalare sind. Nun ist aber klar, daß sich jeder kovariante Vierervektor in der Form S_μ darstellen läßt. Ist nämlich A_μ ein Vierervektor, dessen Komponenten beliebig gegebene Funktionen der x_ν sind, so hat man nur (bezüglich des gewählten Koordinatensystems) zu setzen

$$\begin{aligned}\psi^{(1)} &= A_1, & \varphi^{(1)} &= x_1,\\ \psi^{(2)} &= A_2, & \varphi^{(2)} &= x_2,\\ \psi^{(3)} &= A_3, & \varphi^{(3)} &= x_3,\\ \psi^{(4)} &= A_4, & \varphi^{(4)} &= x_4,\end{aligned}$$

um zu erreichen, daß S_μ gleich A_μ wird.

Um daher zu beweisen, daß $A_{\mu\nu}$ ein Tensor ist, wenn auf der rechten Seite für A_μ ein beliebiger kovarianter Vierervektor eingesetzt wird, brauchen wir nur zu zeigen, daß dies für den Vierervektor S_μ zutrifft. Für letzteres ist es aber, wie ein Blick auf die rechte Seite von (26) lehrt, hinreichend, den Nachweis für den Fall

$$A_\mu = \psi \frac{\partial \varphi}{\partial x_\mu}$$

zu führen. Es hat nun die mit ψ multiplizierte rechte Seite von (25)

$$\psi \frac{\partial^2 \varphi}{\partial x_\mu \partial x_\nu} - \begin{Bmatrix} \mu\nu \\ \tau \end{Bmatrix} \psi \frac{\partial \varphi}{\partial x_\tau}$$

Tensorcharakter. Ebenso ist

$$\frac{\partial \psi}{\partial x_\mu} \frac{\partial \varphi}{\partial x_\nu}$$

ein Tensor (äußeres Produkt zweier Vierervektoren). Durch Addition folgt der Tensorcharakter von

$$\frac{\partial}{\partial x_\nu} \left(\psi \frac{\partial \varphi}{\partial x_\mu} \right) - \begin{Bmatrix} \mu\nu \\ \tau \end{Bmatrix} \left(\psi \frac{\partial \varphi}{\partial x_\tau} \right).$$

Damit ist, wie ein Blick auf (26) lehrt, der verlangte Nachweis für den Vierervektor

$$\psi \frac{\partial \varphi}{\partial x_\mu},$$

und daher nach dem vorhin Bewiesenen für jeden beliebigen Vierervektor A_μ geführt. —

Mit Hilfe der Erweiterung des Vierervektors kann man leicht die „Erweiterung" eines kovarianten Tensors beliebigen Ranges definieren; diese Bildung ist eine Verallgemeinerung der Erweiterung des Vierervektors. Wir beschränken uns auf die Aufstellung der Erweiterung des Tensors zweiten Ranges, da dieser das Bildungsgesetz bereits klar übersehen läßt.

Wie bereits bemerkt, läßt sich jeder kovariante Tensor zweiten Ranges darstellen[1]) als eine Summe von Tensoren vom Typus $A_\mu B_\nu$. Es wird deshalb genügen, den Ausdruck der Erweiterung für einen solchen speziellen Tensor abzuleiten. Nach (26) haben die Ausdrücke

$$\frac{\partial A_\mu}{\partial x_\sigma} - \left\{{\sigma\,\mu \atop \tau}\right\} A_\tau,$$

$$\frac{\partial B_\nu}{\partial x_\sigma} - \left\{{\sigma\,\nu \atop \tau}\right\} B_\tau$$

Tensorcharakter. Durch äußere Multiplikation des ersten mit B_ν, des zweiten mir A_μ erhält man je einen Tensor dritten Ranges; deren Addition ergibt den Tensor dritten Ranges

(27) $$A_{\mu\nu\sigma} = \frac{\partial A_{\mu\nu}}{\partial x_\sigma} - \left\{{\sigma\,\mu \atop \tau}\right\} A_{\tau\nu} - \left\{{\sigma\,\nu \atop \tau}\right\} A_{\mu\tau},$$

wobei $A_{\mu\nu} = A_\mu B_\nu$ gesetzt ist. Da die rechte Seite von (27) linear und homogen ist bezüglich der $A_{\mu\nu}$ und deren ersten Ableitungen, führt dieses Bildungsgesetz nicht nur bei einem Tensor vom Typus $A_\mu B_\nu$, sondern auch bei einer Summe solcher Tensoren, d. h. bei einem beliebigen kovarianten Tensor zweiten Ranges, zu einem Tensor. Wir nennen $A_{\mu\nu\sigma}$ die Erweiterung des Tensors $A_{\mu\nu}$.

Es ist klar, daß (26) und (24) nur spezielle Fälle von (27) sind (Erweiterung des Tensors ersten bzw. nullten Ranges). Überhaupt lassen sich alle speziellen Bildungsgesetze von Tensoren auf (27) in Verbindung mit Tensormultiplikationen auffassen.

§ 11. Einige Spezialfälle von besonderer Bedeutung.

Einige den Fundamentaltensor betreffende Hilfssätze. Wir leiten zunächst einige im folgenden viel gebrauchte Hilfs-

---

[1]) Durch äußere Multiplikation der Vektoren mit den (beliebig gegebenen) Komponenten A_{11}, A_{12}, A_{13}, A_{14} bzw. 1, 0, 0, 0 entsteht ein Tensor mit den Komponenten

$$\begin{matrix} A_{11} & A_{12} & A_{13} & A_{14} \\ 0 & 0 & 0 & 0 \\ 0 & 0 & 0 & 0 \\ 0 & 0 & 0 & 0 \end{matrix}$$

Durch Addition von vier Tensoren von diesem Typus erhält man den Tensor $A_{\mu\nu}$ mit beliebig vorgeschriebenen Komponenten.

gleichungen ab. Nach der Regel von der Differentiation der Determinanten ist

(28) $$dg = g^{\mu\nu} g \, dg_{\mu\nu} = - g_{\mu\nu} g \, dg^{\mu\nu}.$$

Die letzte Form rechtfertigt sich durch die vorletzte, wenn man bedenkt, daß $g_{\mu\nu} g^{\mu'\nu} = \delta_\mu^{\mu'}$, daß also $g_{\mu\nu} g^{\mu\nu} = 4$, folglich

$$g_{\mu\nu} dg^{\mu\nu} + g^{\mu\nu} dg_{\mu\nu} = 0.$$

Aus (28) folgt

(29) $$\frac{1}{\sqrt{-g}} \frac{\partial \sqrt{-g}}{\partial x_\sigma} = \frac{1}{2} \frac{\partial \lg(-g)}{\partial x_\sigma} = \frac{1}{2} g^{\mu\nu} \frac{\partial g_{\mu\nu}}{\partial x_\sigma} = - \frac{1}{2} g_{\mu\nu} \frac{\partial g^{\mu\nu}}{\partial x_\sigma}.$$

Aus

$$g_{\mu\sigma} g^{\nu\sigma} = \delta_\mu^\nu$$

folgt ferner durch Differentiation

(30) $$\begin{cases} \text{bzw.} & g_{\mu\sigma} dg^{\nu\sigma} = - g^{\nu\sigma} dg_{\mu\sigma} \\ & g_{\mu\sigma} \frac{\partial g^{\nu\sigma}}{\partial x_\lambda} = - g^{\nu\sigma} \frac{\partial g_{\mu\sigma}}{\partial x_\lambda}. \end{cases}$$

Durch gemischte Multiplikation mit $g^{\sigma\tau}$ bzw. $g_{\nu\lambda}$ erhält man hieraus (bei geänderter Bezeichnungsweise der Indizes)

(31) $$\begin{cases} dg^{\mu\nu} = - g^{\mu\alpha} g^{\nu\beta} dg_{\alpha\beta}, \\ \dfrac{\partial g^{\mu\nu}}{\partial x_\sigma} = - g^{\mu\alpha} g^{\nu\beta} \dfrac{\partial g_{\alpha\beta}}{\partial x_\sigma} \end{cases}$$

bzw.

(32) $$\begin{cases} dg_{\mu\nu} = - g_{\mu\alpha} g_{\nu\beta} dg^{\alpha\beta} \\ \dfrac{\partial g_{\mu\nu}}{\partial x_\sigma} = - g_{\mu\alpha} g_{\nu\beta} \dfrac{\partial g^{\alpha\beta}}{\partial x_\sigma}. \end{cases}$$

Die Beziehung (31) erlaubt eine Umformung, von der wir ebenfalls öfter Gebrauch zu machen haben. Gemäß (21) ist

(33) $$\frac{\partial g_{\alpha\beta}}{\partial x_\sigma} = \begin{bmatrix} \alpha\ \sigma \\ \beta \end{bmatrix} + \begin{bmatrix} \beta\ \sigma \\ \alpha \end{bmatrix}.$$

Setzt man dies in die zweite der Formeln (31) ein, so erhält man mit Rücksicht auf (23)

(34) $$\frac{\partial g^{\mu\nu}}{\partial x_\sigma} = - \left(g^{\mu\tau} \begin{Bmatrix} \tau\ \sigma \\ \nu \end{Bmatrix} + g^{\nu\tau} \begin{Bmatrix} \tau\ \sigma \\ \mu \end{Bmatrix} \right).$$

Durch Substitution der rechten Seite von (34) in (29) ergibt sich

(29 a) $$\frac{1}{\sqrt{-g}} \frac{\partial \sqrt{-g}}{\partial x_\sigma} = \begin{Bmatrix} \mu\ \sigma \\ \mu \end{Bmatrix}.$$

Divergenz des kontravarianten Vierervektors. Multipliziert man (26) mit dem kontravarianten Fundamentaltensor $g^{\mu\nu}$ (innere Multiplikation), so nimmt die rechte Seite nach Umformung des ersten Gliedes zunächst die Form an

$$\frac{\partial}{\partial x_\nu}(g^{\mu\nu}A_\mu) - A_\mu \frac{\partial g^{\mu\nu}}{\partial x_\nu} - \frac{1}{2}g^{\tau a}\left(\frac{\partial g_{\mu a}}{\partial x_\nu} + \frac{\partial g_{\nu a}}{\partial x_\mu} - \frac{\partial g_{\mu\nu}}{\partial x_a}\right)g^{\mu\nu}A_\tau.$$

Das letzte Glied dieses Ausdruckes kann gemäß (31) und (29) in die Form

$$\frac{1}{2}\frac{\partial g^{\tau\nu}}{\partial x_\nu}A_\tau + \frac{1}{2}\frac{\partial g^{\tau\mu}}{\partial x_\mu}A_\tau + \frac{1}{\sqrt{-g}}\frac{\partial \sqrt{-g}}{\partial x_a}g^{\mu\nu}A_\tau.$$

gebracht werden. Da es auf die Benennung der Summationsindizes nicht ankommt, heben sich die beiden ersten Glieder dieses Ausdruckes gegen das zweite des obigen weg; das letzte läßt sich mit dem ersten des obigen Ausdruckes vereinigen. Setzt man noch

$$g^{\mu\nu}A_\mu = A^\nu,$$

wobei A^ν ebenso wie A_μ ein frei wählbarer Vektor ist, so erhält man endlich

(35) $$\Phi = \frac{1}{\sqrt{-g}}\frac{\partial}{\partial x_\nu}(\sqrt{-g}\,A^\nu).$$

Dieser Skalar ist die *Divergenz* des kontravarianten Vierervektors A^ν.

„Rotation" des (kovarianten) Vierervektors. Das zweite Glied in (26) ist in den Indizes μ und ν symmetrisch. Es ist deshalb $A_{\mu\nu} - A_{\nu\mu}$ ein besonders einfach gebauter (antisymmetrischer) Tensor. Man erhält

(36) $$B_{\mu\nu} = \frac{\partial A_\mu}{\partial x_\nu} - \frac{\partial A_\nu}{\partial x_\mu}.$$

Antisymmetrische Erweiterung eines Sechservektors. Wendet man (27) auf einen antisymmetrischen Tensor zweiten Ranges $A_{\mu\nu}$ an, bildet hierzu die beiden durch zyklische Vertauschung der Indizes μ, ν, σ entstehenden Gleichungen und addiert diese drei Gleichungen, so erhält man den Tensor dritten Ranges

(37) $$B_{\mu\nu\sigma} = A_{\mu\nu\sigma} + A_{\nu\sigma\mu} + A_{\sigma\mu\nu} = \frac{\partial A_{\mu\nu}}{\partial x_\sigma} + \frac{\partial A_{\nu\sigma}}{\partial x_\mu} + \frac{\partial A_{\sigma\mu}}{\partial x_\nu},$$

von welchem leicht zu beweisen ist, daß er antisymmetrisch ist.

Divergenz des Sechservektors. Multipliziert man (27) mit $g^{\mu a}g^{\nu\beta}$ (gemischte Multiplikation), so erhält man ebenfalls einen Tensor. Das erste Glied der rechten Seite von (27) kann man in der Form

$$\frac{\partial}{\partial x_\sigma}(g^{\mu\alpha} g^{\nu\beta} A_{\mu\nu}) - g^{\mu\alpha}\frac{\partial g^{\nu\beta}}{\partial x_\sigma} A_{\mu\nu} - g^{\nu\beta}\frac{\partial g^{\mu\alpha}}{\partial x_\sigma} A_{\mu\nu}$$

schreiben. Ersetzt man $g^{\mu\alpha} g^{\nu\beta} A_{\mu\nu\sigma}$ durch $A_\sigma^{\alpha\beta}$, $g^{\mu\alpha} g^{\nu\beta} A_{\mu\nu}$ durch $A^{\alpha\beta}$ und ersetzt man in dem umgeformten ersten Gliede

$$\frac{\partial g^{\nu\beta}}{\partial x_\sigma} \quad \text{und} \quad \frac{\partial g^{\mu\alpha}}{\partial x_\sigma}$$

vermittelst (34), so entsteht aus der rechten Seite von (27) ein siebengliedriger Ausdruck, von dem sich vier Glieder wegheben. Es bleibt übrig

(38) $$A_\sigma^{\alpha\beta} = \frac{\partial A^{\alpha\beta}}{\partial x_\sigma} + \begin{Bmatrix} \sigma\,\varkappa \\ \alpha \end{Bmatrix} A^{\varkappa\beta} + \begin{Bmatrix} \sigma\,\varkappa \\ \beta \end{Bmatrix} A^{\alpha\varkappa}.$$

Es ist dies der Ausdruck für die Erweiterung eines kontravarianten Tensors zweiten Ranges, der sich entsprechend auch für kontravariante Tensoren höheren und niedrigeren Ranges bilden läßt.

Wir merken an, daß sich auf analogem Wege auch die Erweiterung eines gemischten Tensors A_μ^α bilden läßt:

(39) $$A_{\mu\sigma}^\alpha = \frac{\partial A_\mu^\alpha}{\partial x_\sigma} - \begin{Bmatrix} \sigma\,\mu \\ \tau \end{Bmatrix} A_\tau^\alpha + \begin{Bmatrix} \sigma\,\tau \\ \alpha \end{Bmatrix} A_\mu^\tau.$$

Durch Verjüngung von (38) bezüglich der Indizes β und σ (innere Multiplikation mit δ_β^σ) erhält man den kontravarianten Vierervektor

$$A^\alpha = \frac{\partial A^{\alpha\beta}}{\partial x_\beta} + \begin{Bmatrix} \beta\,\varkappa \\ \beta \end{Bmatrix} A^{\alpha\varkappa} + \begin{Bmatrix} \beta\,\varkappa \\ \alpha \end{Bmatrix} A^{\varkappa\beta}.$$

Wegen der Symmetrie von $\begin{Bmatrix} \beta\,\varkappa \\ \alpha \end{Bmatrix}$ bezüglich der Indizes β und $\varkappa$ verschwindet das dritte Glied der rechten Seite, falls $A^{\alpha\beta}$ ein antisymmetrischer Tensor ist, was wir annehmen wollen; das zweite Glied läßt sich gemäß (29a) umformen. Man erhält also

(40) $$A^\alpha = \frac{1}{\sqrt{-g}}\frac{\partial(\sqrt{-g}\, A^{\alpha\beta})}{\partial x_\beta}.$$

Dies ist der Ausdruck der Divergenz eines kontravarianten Sechservektors.

Divergenz des gemischten Tensors zweiten Ranges. Bilden wir die Verjüngung von (39) bezüglich der Indizes α und σ, so erhalten wir mit Rücksicht auf (29a)

(41) $$\sqrt{-g}\,A_\mu = \frac{\partial(\sqrt{-g}\,A_\mu^\sigma)}{\partial x_\sigma} - \left\{{\sigma\,\mu \atop \tau}\right\}\sqrt{-g}\,A_\tau^\sigma.$$

Führt man im letzten Gliede den kontravarianten Tensor $A^{\varrho\sigma} = g^{\varrho\tau}A_\tau^\sigma$ ein, so nimmt es die Form an

$$-\left[{\sigma\,\mu \atop \varrho}\right]\sqrt{-g}\,A^{\varrho\sigma}.$$

Ist ferner der Tensor $A^{\varrho\sigma}$ ein symmetrischer, so reduziert sich dies auf

$$-\tfrac{1}{2}\sqrt{-g}\,\frac{\partial g_{\varrho\sigma}}{\partial x_\mu}A^{\varrho\sigma}.$$

Hätte man statt $A^{\varrho\sigma}$ den ebenfalls symmetrischen kovarianten Tensor $A_{\varrho\sigma} = g_{\varrho\alpha}g_{\sigma\beta}A^{\alpha\beta}$ eingeführt, so würde das letzte Glied vermöge (31) die Form

$$\tfrac{1}{2}\sqrt{-g}\,\frac{\partial g^{\varrho\sigma}}{\partial x_\mu}A_{\varrho\sigma}$$

annehmen. In dem betrachteten Symmetriefalle kann also (41) auch durch die beiden Formen

(41a) $$\sqrt{-g}\,A_\mu = \frac{\partial(\sqrt{-g}\,A_\mu^\sigma)}{\partial x_\sigma} - \frac{1}{2}\frac{\partial g_{\varrho\sigma}}{\partial x_\mu}\sqrt{-g}\,A^{\varrho\sigma}$$

und

(41b) $$\sqrt{-g}\,A_\mu = \frac{\partial(\sqrt{-g}\,A_\mu^\sigma)}{\partial x_\sigma} + \frac{1}{2}\frac{\partial g^{\varrho\sigma}}{\partial x_\mu}\sqrt{-g}\,A_{\sigma\varrho}$$

ersetzt werden, von denen wir im folgenden Gebrauch zu machen haben.

§ 12. Der Riemann-Christoffelsche Tensor.

Wir fragen nun nach denjenigen Tensoren, welche aus dem Fundamentaltensor der $g_{\mu\nu}$ *allein* durch Differentiation gewonnen werden können. Die Antwort scheint zunächst auf der Hand zu liegen. Man setzt in (27) statt des beliebig gegebenen Tensors $A_{\mu\nu}$ den Fundamentaltensor der $g_{\mu\nu}$ ein und erhält dadurch einen neuen Tensor, nämlich die Erweiterung des Fundamentaltensors. Man überzeugt sich jedoch leicht, daß diese letztere identisch verschwindet. Man gelangt jedoch auf folgendem Wege zum Ziel. Man setze in (27)

$$A_{\mu\nu} = \frac{\partial A_\mu}{\partial x_\nu} - \left\{{\mu\,\nu \atop \varrho}\right\}A_\varrho,$$

d. h. die Erweiterung des Vierervektors A_ν ein. Dann erhält man (bei etwas geänderter Benennung der Indizes) den Tensor dritten Ranges

$$A_{\mu\sigma\tau} = \frac{\partial^2 A_\mu}{\partial x_\sigma \partial x_\tau}$$
$$- \begin{Bmatrix} \mu\sigma \\ \varrho \end{Bmatrix} \frac{\partial A_\varrho}{\partial x_\tau} - \begin{Bmatrix} \mu\tau \\ \varrho \end{Bmatrix} \frac{\partial A_\varrho}{\partial x_\sigma} - \begin{Bmatrix} \sigma\tau \\ \varrho \end{Bmatrix} \frac{\partial A_\mu}{\partial x_\varrho}$$
$$+ \left[- \frac{\partial}{\partial x_\tau} \begin{Bmatrix} \mu\sigma \\ \varrho \end{Bmatrix} + \begin{Bmatrix} \mu\tau \\ \alpha \end{Bmatrix} \begin{Bmatrix} \alpha\sigma \\ \varrho \end{Bmatrix} + \begin{Bmatrix} \sigma\tau \\ \alpha \end{Bmatrix} \begin{Bmatrix} \alpha\mu \\ \varrho \end{Bmatrix} \right] A_\varrho.$$

Dieser Ausdruck ladet zur Bildung des Tensors $A_{\mu\sigma\tau} - A_{\mu\tau\sigma}$ ein. Denn dabei heben sich folgende Terme des Ausdruckes für $A_{\mu\sigma\tau}$ gegen solche von $A_{\mu\tau\sigma}$ weg: das erste Glied, das vierte Glied, sowie das dem letzten Term in der eckigen Klammer entsprechende Glied; denn alle diese sind in σ und τ symmetrisch. Gleiches gilt von der Summe des zweiten und dritten Gliedes. Wir erhalten also

(42) $$A_{\mu\sigma\tau} - A_{\mu\tau\sigma} = B^\varrho_{\mu\sigma\tau} A_\varrho,$$

(43) $$\begin{cases} B^\varrho_{\mu\sigma\tau} = - \frac{\partial}{\partial x_\tau} \begin{Bmatrix} \mu\sigma \\ \varrho \end{Bmatrix} + \frac{\partial}{\partial x_\sigma} \begin{Bmatrix} \mu\tau \\ \varrho \end{Bmatrix} \\ \quad - \begin{Bmatrix} \mu\sigma \\ \alpha \end{Bmatrix} \begin{Bmatrix} \alpha\tau \\ \varrho \end{Bmatrix} + \begin{Bmatrix} \mu\tau \\ \alpha \end{Bmatrix} \begin{Bmatrix} \alpha\sigma \\ \varrho \end{Bmatrix}. \end{cases}$$

Wesentlich ist an diesem Resultat, daß auf der rechten Seite von (42) nur die A_ϱ, aber nicht mehr ihre Ableitungen auftreten. Aus dem Tensorcharakter von $A_{\mu\sigma\tau} - A_{\mu\tau\sigma}$ in Verbindung damit, daß A_ϱ ein frei wählbarer Vierervektor ist, folgt, vermöge der Resultate des § 7, daß $B^\varrho_{\mu\sigma\tau}$ ein Tensor ist (Riemann-Christoffelscher Tensor).

Die mathematische Bedeutung dieses Tensors liegt im folgenden. Wenn das Kontinuum so beschaffen ist, daß es ein Koordinatensystem gibt, bezüglich dessen die $g_{\mu\nu}$ Konstanten sind, so verschwinden alle $B^\varrho_{\mu\sigma\tau}$. Wählt man statt des ursprünglichen Koordinatensystems ein beliebiges neues, so werden die auf letzteres bezogenen $g_{\mu\nu}$ nicht Konstanten sein. Der Tensorcharakter von $B^\varrho_{\mu\sigma\tau}$ bringt es aber mit sich, daß diese Komponenten auch in dem beliebig gewählten Bezugssystem sämtlich verschwinden. Das Verschwinden des Riemannschen Tensors ist also eine notwendige Bedingung dafür, daß durch geeignete Wahl des Bezugssystems die Konstanz der $g_{\mu\nu}$ herbeigeführt werden kann.[1]) In unserem Problem entspricht dies dem Falle, daß bei passender Wahl des Koordinatensystems in endlichen Gebieten die spezielle Relativitätstheorie gilt.

Durch Verjüngung von (43) bezüglich der Indizes τ und ϱ erhält man den kovarianten Tensor zweiten Ranges

$$(44) \quad \begin{cases} B_{\mu\nu} = R_{\mu\nu} + S_{\mu\nu} \\ R_{\mu\nu} = -\dfrac{\partial}{\partial x_\alpha}\begin{Bmatrix}\mu\,\nu\\\alpha\end{Bmatrix} + \begin{Bmatrix}\mu\,\alpha\\\beta\end{Bmatrix}\begin{Bmatrix}\nu\,\beta\\\alpha\end{Bmatrix} \\ S_{\mu\nu} = \dfrac{\partial \lg\sqrt{-g}}{\partial x_\mu\cdot\partial x_\nu} - \begin{Bmatrix}\mu\,\nu\\\alpha\end{Bmatrix}\dfrac{\partial \lg\sqrt{-g}}{\partial x_\alpha}. \end{cases}$$

Bemerkung über die Koordinatenwahl. Es ist schon in § 8 im Anschluß an Gleichung (18a) bemerkt worden, daß die Koordinatenwahl mit Vorteil so getroffen werden kann, daß $\sqrt{-g} = 1$ wird. Ein Blick auf die in den beiden letzten Paragraphen erlangten Gleichungen zeigt, daß durch eine solche Wahl die Bildungsgesetze der Tensoren eine bedeutende Vereinfachung erfahren. Besonders gilt dies für den soeben entwickelten Tensor $B_{\mu\nu}$, welcher in der darzulegenden Theorie eine fundamentale Rolle spielt. Die ins Auge gefaßte Spezialisierung der Koordinatenwahl bringt nämlich das Verschwinden von $S_{\mu\nu}$ mit sich, so daß sich der Tensor $B_{\mu\nu}$ auf $R_{\mu\nu}$ reduziert.

Ich will deshalb im folgenden alle Beziehungen in der vereinfachten Form angeben, welche die genannte Spezialisierung der Koordinatenwahl mit sich bringt. Es ist dann ein Leichtes, auf die *allgemein* kovarianten Gleichungen zurückzugreifen, falls dies in einem speziellen Falle erwünscht erscheint.

C. Theorie des Gravitationsfeldes.

§ 13. Bewegungsgleichung des materiellen Punktes im Gravitationsfeld.
Ausdruck für die Feldkomponenten der Gravitation.

Ein frei beweglicher, äußeren Kräften nicht unterworfener Körper bewegt sich nach der speziellen Relativitätstheorie geradlinig und gleichförmig. Dies gilt auch nach der allgemeinen

---

1) Die Mathematiker haben bewiesen, daß diese Bedingung auch eine *hinreichende* ist.

Relativitätstheorie für einen Teil des vierdimensionalen Raumes, in welchem das Koordinatensystem K_0 so wählbar und so gewählt ist, daß die $g_{\mu\nu}$ die in (4) gegebenen speziellen konstanten Werte haben.

Betrachten wir eben diese Bewegung von einem beliebig gewählten Koordinatensystem K_1 aus, so bewegt er sich von K_1 aus, beurteilt nach den Überlegungen des § 2 in einem Gravitationsfelde. Das Bewegungsgesetz mit Bezug auf K_1 ergibt sich leicht aus folgender Überlegung. Mit Bezug auf K_0 ist das Bewegungsgesetz eine vierdimensionale Gerade, also eine geodätische Linie. Da nun die geodätische Linie unabhängig vom Bezugssystem definiert ist, wird ihre Gleichung auch die Bewegungsgleichung des materiellen Punktes in bezug auf K_1 sein. Setzen wir

(45) $$\Gamma^{\tau}_{\mu\nu} = -\begin{Bmatrix}\mu\,\nu\\\tau\end{Bmatrix},$$

so lautet also die Gleichung der Punktbewegung in bezug auf K_1

(46) $$\frac{d^2 x_\tau}{ds^2} = \Gamma^{\tau}_{\mu\nu}\frac{dx_\mu}{ds}\frac{dx_\nu}{ds}.$$

Wir machen nun die sehr naheliegende Annahme, daß dieses allgemein kovariante Gleichungssystem die Bewegung des Punktes im Gravitationsfeld auch in dem Falle bestimmt, daß kein Bezugssystem K_0 existiert, bezüglich dessen in endlichen Räumen die spezielle Relativitätstheorie gilt. Zu dieser Annahme sind wir um so berechtigter, als (46) nur *erste* Ableitungen der $g_{\mu\nu}$ enthält, zwischen denen auch im Spezialfalle der Existenz von K_0 keine Beziehungen bestehen.[1])

Verschwinden die $\Gamma^{\tau}_{\mu\nu}$, so bewegt sich der Punkt geradlinig und gleichförmig; diese Größen bedingen also die Abweichung der Bewegung von der Gleichförmigkeit. Sie sind die Komponenten des Gravitationsfeldes.

§ 14. Die Feldgleichungen der Gravitation bei Abwesenheit von Materie.

Wir unterscheiden im folgenden zwischen „Gravitationsfeld" und „Materie", in dem Sinne, daß alles außer dem Gravitationsfeld als „Materie" bezeichnet wird, also nicht nur

---

1) Erst zwischen den zweiten (und ersten) Ableitungen bestehen gemäß § 12 die Beziehungen $B^{\varrho}_{\mu\sigma\tau} = 0$.

die „Materie" im üblichen Sinne, sondern auch das elektromagnetische Feld.

Unsere nächste Aufgabe ist es, die Feldgleichungen der Gravitation bei Abwesenheit von Materie aufzusuchen. Dabei verwenden wir wieder dieselbe Methode wie im vorigen Paragraphen bei der Aufstellung der Bewegungsgleichung des materiellen Punktes. Ein Spezialfall, in welchem die gesuchten Feldgleichungen jedenfalls erfüllt sein müssen, ist der der ursprünglichen Relativitätstheorie, in dem die $g_{\mu\nu}$ gewisse konstante Werte haben. Dies sei der Fall in einem gewissen endlichen Gebiete in bezug auf ein bestimmtes Koordinatensystem K_0. In bezug auf dies System verschwinden sämtliche Komponenten $B_{\mu\sigma\tau}^{\varrho}$ des Riemannschen Tensors [Gleichung (43)]. Diese verschwinden dann für das betrachtete Gebiet auch bezüglich jedes anderen Koordinatensystems.

Die gesuchten Gleichungen des materiefreien Gravitationsfeldes müssen also jedenfalls erfüllt sein, wenn alle $B_{\mu\sigma\tau}^{\varrho}$ verschwinden. Aber diese Bedingung ist jedenfalls eine zu weitgehende. Denn es ist klar, daß z. B. das von einem Massenpunkte in seiner Umgebung erzeugte Gravitationsfeld sicherlich durch keine Wahl des Koordinatensystems „wegtransformiert", d. h. auf den Fall konstanter $g_{\mu\nu}$ transformiert werden kann.

Deshalb liegt es nahe, für das materiefreie Gravitationsfeld das Verschwinden des aus dem Tensor $B_{\mu\sigma\tau}^{\varrho}$ abgeleiteten symmetrischen Tensors $B_{\mu\nu}$ zu verlangen. Man erhält so 10 Gleichungen für die 10 Größen $g_{\mu\nu}$, welche im speziellen erfüllt sind, wenn sämtliche $B_{\mu\sigma\tau}^{\varrho}$ verschwinden. Diese Gleichungen lauten mit Rücksicht auf (44) bei der von uns getroffenen Wahl für das Koordinatensystem für das materiefreie Feld

$$(47) \quad \begin{cases} \dfrac{\partial \Gamma_{\mu\nu}^{\alpha}}{\partial x_{\alpha}} + \Gamma_{\mu\beta}^{\alpha} \Gamma_{\nu\alpha}^{\beta} = 0 \\ \sqrt{-g} = 1. \end{cases}$$

Es muß darauf hingewiesen werden, daß der Wahl dieser Gleichungen ein Minimum von Willkür anhaftet. Denn es gibt außer $B_{\mu\nu}$ keinen Tensor zweiten Ranges, der aus den

$g_{\mu\nu}$ und deren Ableitungen gebildet ist, keine höheren als zweite Ableitungen enthält und in letzteren linear ist.[1])

Daß diese aus der Forderung der allgemeinen Relativität auf rein mathematischem Wege fließenden Gleichungen in Verbindung mit den Bewegungsgleichungen (46) in erster Näherung das Newtonsche Attraktionsgesetz, in zweiter Näherung die Erklärung der von Leverrier entdeckten (nach Anbringung der Störungskorrektionen übrigbleibenden) Perihelbewegung des Merkur liefern, muß nach meiner Ansicht von der physikalischen Richtigkeit der Theorie überzeugen.

§ 15. Hamiltonsche Funktion für das Gravitationsfeld, Impulsenergiesatz.

Um zu zeigen, daß die Feldgleichungen dem Impulsenergiesatz entsprechen, ist es am bequemsten, sie in folgender Hamiltonscher Form zu schreiben:

(47a)
$$\begin{cases} \delta \left\{ \int H d\tau \right\} = 0 \\ H = g^{\mu\nu} \Gamma^{\alpha}_{\mu\beta} \Gamma^{\beta}_{\nu\alpha} \\ \sqrt{-g} = 1. \end{cases}$$

Dabei verschwinden die Variationen an den Grenzen des betrachteten begrenzten vierdimensionalen Integrationsraumes.

Es ist zunächst zu zeigen, daß die Form (47a) den Gleichungen (47) äquivalent ist. Zu diesem Zweck betrachten wir H als Funktion der $g^{\mu\nu}$ und der

$$g^{\mu\nu}_{\sigma} \left(= \frac{\partial g^{\mu\nu}}{\partial x_{\sigma}} \right).$$

Dann ist zunächst

$$\delta H = \Gamma^{\alpha}_{\mu\beta} \Gamma^{\beta}_{\nu\alpha} \delta g^{\mu\nu} + 2 g^{\mu\nu} \Gamma^{\alpha}_{\mu\beta} \delta \Gamma^{\beta}_{\nu\alpha}$$
$$= - \Gamma^{\alpha}_{\mu\beta} \Gamma^{\beta}_{\nu\alpha} \delta g^{\mu\nu} + 2 \Gamma^{\alpha}_{\mu\beta} \delta \left(g^{\mu\nu} \Gamma^{\beta}_{\nu\alpha} \right).$$

Nun ist aber

$$\delta (g^{\mu\nu} \Gamma^{\beta}_{\nu\alpha}) = -\tfrac{1}{2} \delta \left[g^{\mu\nu} g^{\beta\lambda} \left(\frac{\partial g_{\nu\lambda}}{\partial x_{\alpha}} + \frac{\partial g_{\alpha\lambda}}{\partial x_{\nu}} - \frac{\partial g_{\alpha\nu}}{\partial x_{\lambda}} \right) \right].$$

---

[1]) Eigentlich läßt sich dies nur von dem Tensor $B_{\mu\nu} + \lambda g_{\mu\nu} (g^{\alpha\beta} B_{\alpha\beta})$ behaupten, wobei λ eine Konstante ist. Setzt man jedoch diesen $= 0$, so kommt man wieder zu den Gleichungen $B_{\mu\nu} = 0$.

805 Die aus den beiden letzten Termen der runden Klammer hervorgehenden Terme sind von verschiedenem Vorzeichen und gehen auseinander (da die Benennung der Summationsindizes belanglos ist) durch Vertauschung der Indizes μ und β hervor. Sie heben einander im Ausdruck für δH weg, weil sie mit der bezüglich der Indizes μ und β symmetrischen Größe $\Gamma^{\alpha}_{\mu\beta}$ multipliziert werden. Es bleibt also nur das erste Glied der runden Klammer zu berücksichtigen, so daß man mit Rücksicht auf (31) erhält

Es ist also
$$\delta H = -\Gamma^{\alpha}_{\mu\beta}\Gamma^{\beta}_{\nu\alpha}\delta g^{\mu\nu} - \Gamma^{\alpha}_{\mu\beta}\delta g^{\mu\beta}_{\alpha}.$$

(48)
$$\begin{cases} \dfrac{\partial H}{\partial g^{\mu\nu}} = -\Gamma^{\alpha}_{\mu\beta}\Gamma^{\beta}_{\nu\alpha} \\ \dfrac{\partial H}{\partial g^{\mu\nu}_{\sigma}} = \Gamma^{\sigma}_{\mu\nu}. \end{cases}$$

Die Ausführung der Variation in (47a) ergibt zunächst das Gleichungssystem

(47b)
$$\frac{\partial}{\partial x_{\alpha}}\left(\frac{\partial H}{\partial g^{\mu\nu}_{\alpha}}\right) - \frac{\partial H}{\partial g^{\mu\nu}} = 0,$$

welches wegen (48) mit (47) übereinstimmt, was zu beweisen war. — Multipliziert man (47b) mit $g^{\mu\nu}_{\sigma}$, so erhält man, weil

$$\frac{\partial g^{\mu\nu}_{\sigma}}{\partial x_{\alpha}} = \frac{\partial g^{\mu\nu}_{\alpha}}{\partial x_{\sigma}}$$

und folglich

$$g^{\mu\nu}_{\sigma}\frac{\partial}{\partial x_{\alpha}}\left(\frac{\partial H}{\partial g^{\mu\nu}_{\alpha}}\right) = \frac{\partial}{\partial x_{\alpha}}\left(g^{\mu\nu}_{\sigma}\frac{\partial H}{\partial g^{\mu\nu}_{\alpha}}\right) - \frac{\partial H}{\partial g^{\mu\nu}_{\alpha}}\frac{\partial g^{\mu\nu}_{\alpha}}{\partial x_{\sigma}}$$

die Gleichung

$$\frac{\partial}{\partial x_{\alpha}}\left(g^{\mu\nu}_{\sigma}\frac{\partial H}{\partial g^{\mu\nu}_{\alpha}}\right) - \frac{\partial H}{\partial x_{\sigma}} = 0$$

oder[1])

(49)
$$\begin{cases} \dfrac{\partial t^{\alpha}_{\sigma}}{\partial x_{\alpha}} = 0 \\ -2\varkappa t^{\alpha}_{\sigma} = g^{\mu\nu}_{\sigma}\dfrac{\partial H}{\partial g^{\mu\nu}_{\alpha}} - \delta^{\alpha}_{\sigma}H, \end{cases}$$

---

[1]) Der Grund der Einführung des Faktors $-2\varkappa$ wird später deutlich werden.

oder, wegen (48), der zweiten Gleichung (47) und (34)

(50) $\quad \varkappa\, t_\sigma^a = \tfrac{1}{2} \delta_\sigma^a g^{\mu\nu} \Gamma_{\mu\beta}^a \Gamma_{\nu a}^\beta - g^{\mu\nu} \Gamma_{\mu\beta}^a \Gamma_{\nu\sigma}^\beta$.

Es ist zu beachten, daß t_σ^a kein Tensor ist; dagegen gilt (49) für alle Koordinatensysteme, für welche $\sqrt{-g} = 1$ ist. Diese Gleichung drückt den Erhaltungssatz des Impulses und der Energie für das Gravitationsfeld aus. In der Tat liefert die Integration dieser Gleichung über ein *dreidimensionales* Volumen V die vier Gleichungen

(49a) $\quad \dfrac{d}{dx_4}\left\{\int t_\sigma^4\, dV\right\} = \int (t_\sigma^1 \alpha_1 + t_\sigma^2 \alpha_2 + t_\sigma^3 \alpha_3)\, dS$,

wobei $\alpha_1, \alpha_2, \alpha_3$ der Richtungskosinus der nach innen gerichteten Normale eines Flächenelementes der Begrenzung von der Größe dS (im Sinne der euklidischen Geometrie) bedeuten. Man erkennt hierin den Ausdruck der Erhaltungssätze in üblicher Fassung. Die Größen t_σ^a bezeichnen wir als die „Energiekomponenten" des Gravitationsfeldes.

Ich will nun die Gleichungen (47) noch in einer dritten Form angeben, die einer lebendigen Erfassung unseres Gegenstandes besonders dienlich ist. Durch Multiplikation der Feldgleichungen (47) mit $g^{\nu\sigma}$ ergeben sich diese in der „gemischten" Form. Beachtet man, daß

$$g^{\nu\sigma} \dfrac{\partial \Gamma_{\mu\nu}^a}{\partial x_a} = \dfrac{\partial}{\partial x_a}\left(g^{\nu\sigma} \Gamma_{\mu\nu}^a\right) - \dfrac{\partial g^{\nu\sigma}}{\partial x_a} \Gamma_{\mu\nu}^a,$$

welche Größe wegen (34) gleich

$$\dfrac{\partial}{\partial x_a}\left(g^{\nu\sigma} \Gamma_{\mu\nu}^a\right) - g^{\nu\beta} \Gamma_{a\beta}^\sigma \Gamma_{\mu\nu}^a - g^{\sigma\beta} \Gamma_{\beta a}^\nu \Gamma_{\mu\nu}^a,$$

oder (nach geänderter Benennung der Summationsindizes) gleich

$$\dfrac{\partial}{\partial x_a}\left(g^{\sigma\beta} \Gamma_{\mu\beta}^a\right) - g^{mn} \Gamma_{m\beta}^\sigma \Gamma_{n\mu}^\beta - g^{\nu\sigma} \Gamma_{\mu\beta}^a \Gamma_{\nu a}^\beta.$$

Das dritte Glied dieses Ausdrucks hebt sich weg gegen das aus dem zweiten Glied der Feldgleichungen (47) entstehende; an Stelle des zweiten Gliedes dieses Ausdruckes läßt sich nach Beziehung (50)

$$\varkappa\,(t_\mu^\sigma - \tfrac{1}{2}\delta_\mu^\sigma t)$$

setzen $(t = t_a^a)$. Man erhält also an Stelle der Gleichungen (47)

(51) $\quad \begin{cases} \dfrac{\partial}{\partial x_a}\left(g^{\sigma\beta} \Gamma_{\mu\beta}^a\right) = -\varkappa\,(t_\mu^\sigma - \tfrac{1}{2}\delta_\mu^\sigma t) \\ \sqrt{-g} = 1. \end{cases}$

§ 16. Allgemeine Fassung der Feldgleichungen der Gravitation.

Die im vorigen Paragraphen aufgestellten Feldgleichungen für materiefreie Räume sind mit der Feldgleichung

$$\Delta \varphi = 0$$

der Newtonschen Theorie zu vergleichen. Wir haben die Gleichungen aufzusuchen, welche der Poissonschen Gleichung

$$\Delta \varphi = 4 \pi \varkappa \varrho$$

entspricht, wobei ϱ die Dichte der Materie bedeutet.

Die spezielle Relativitätstheorie hat zu dem Ergebnis geführt, daß die träge Masse nichts anderes ist als Energie, welche ihren vollständigen mathematischen Ausdruck in einem symmetrischen Tensor zweiten Ranges, dem Energietensor, findet. Wir werden daher auch in der allgemeinen Relativitätstheorie einen Energietensor der Materie T_σ^a einzuführen haben, der wie die Energiekomponenten t_σ^a [Gleichungen (49) und (50)] des Gravitationsfeldes gemischten Charakter haben wird, aber zu einem symmetrischen kovarianten Tensor gehören wird[1]).

Wie dieser Energietensor (entsprechend der Dichte ϱ in der Poissonschen Gleichung) in die Feldgleichungen der Gravitation einzuführen ist, lehrt das Gleichungssystem (51). Betrachtet man nämlich ein vollständiges System (z. B. das Sonnensystem), so wird die Gesamtmasse des Systems, also auch seine gesamte gravitierende Wirkung, von der Gesamtenergie des Systems, also von der ponderablen und Gravitationsenergie zusammen, abhängen. Dies wird sich dadurch ausdrücken lassen, daß man in (51) an Stelle der Energiekomponenten t_μ^σ des Gravitationsfeldes allein die Summen $t_\mu^\sigma + T_\mu^\sigma$ der Energiekomponenten von Materie und Gravitationsfeld einführt. Man erhält so statt (51) die Tensorgleichung

$$(52) \quad \begin{cases} \dfrac{\partial}{\partial x_\alpha} \left(g^{\sigma\beta} \Gamma_{\mu\beta}^\alpha \right) = - \varkappa \left[(t_\mu^\sigma + T_\mu^\sigma) - \tfrac{1}{2} \delta_\mu^\sigma (t + T) \right] \\ \sqrt{-g} = 1, \end{cases}$$

wobei $T = T_\mu^\mu$ gesetzt ist (Lauescher Skalar). Dies sind die gesuchten allgemeinen Feldgleichungen der Gravitation in ge-

---

1) $g_{\sigma\tau} T_\sigma^a = T_{\sigma\tau}$ und $g^{\sigma\beta} T_\sigma^a = T^{\alpha\beta}$ sollen symmetrische Tensoren sein.

mischter Form. An Stelle von (47) ergibt sich daraus rückwärts das System

(53)
$$\begin{cases} \dfrac{\partial \Gamma_{\mu\nu}^{\alpha}}{\partial x_{\alpha}} + \Gamma_{\mu\beta}^{\alpha}\, \Gamma_{\nu\alpha}^{\beta} = - \varkappa (T_{\mu\nu} - \tfrac{1}{2} g_{\mu\nu} T), \\ \sqrt{-g} = 1. \end{cases}$$

Es muß zugegeben werden, daß diese Einführung des Energietensors der Materie durch das Relativitätspostulat allein nicht gerechtfertigt wird; deshalb haben wir sie im vorigen aus der Forderung abgeleitet, daß die Energie des Gravitationsfeldes in gleicher Weise gravitierend wirken soll, wie jegliche Energie anderer Art. Der stärkste Grund für die Wahl der vorstehenden Gleichungen liegt aber darin, daß sie zur Folge haben, daß für die Komponenten der Totalenergie Erhaltungsgleichungen (des Impulses und der Energie) gelten, welche den Gleichungen (49) und (49a) genau entsprechen. Dies soll im folgenden dargetan werden.

§ 17. Die Erhaltungssätze im allgemeinen Falle.

Die Gleichung (52) ist leicht so umzuformen, daß auf der rechten Seite das zweite Glied wegfällt. Man verjünge (52) nach den Indizes μ und σ und subtrahiere die so erhaltene, mit $\tfrac{1}{2} \delta_{\mu}^{\sigma}$ multiplizierte Gleichung von (52). Es ergibt sich

(52a) $\quad \dfrac{\partial}{\partial x_{\alpha}} \left(g^{\sigma\beta}\, \Gamma_{\mu\beta}^{\alpha} - \tfrac{1}{2} \delta_{\mu}^{\sigma}\, g^{\lambda\beta}\, \Gamma_{\lambda\beta}^{\alpha} \right) = - \varkappa (t_{\mu}^{\sigma} + T_{\mu}^{\sigma}).$

An dieser Gleichung bilden wir die Operation $\partial/\partial x_{\sigma}$. Es ist

$$\dfrac{\partial^2}{\partial x_{\alpha}\, \partial x_{\sigma}} (g^{\sigma\beta}\, \Gamma_{\mu\beta}^{\alpha})$$
$$= - \dfrac{1}{2} \dfrac{\partial^2}{\partial x_{\alpha}\, \partial x_{\sigma}} \left[g^{\sigma\beta}\, g^{\alpha\lambda} \left(\dfrac{\partial g_{\mu\lambda}}{\partial x_{\beta}} + \dfrac{\partial g_{\beta\lambda}}{\partial x_{\mu}} - \dfrac{\partial g_{\mu\beta}}{\partial x_{\lambda}} \right) \right].$$

Das erste und das dritte Glied der runden Klammer liefern Beiträge, die einander wegheben, wie man erkennt, wenn man im Beitrage des dritten Gliedes die Summationsindizes α und σ einerseits, β und λ andererseits vertauscht. Das zweite Glied läßt sich nach (31) umformen, so daß man erhält

(54) $\quad \dfrac{\partial^2}{\partial x_{\alpha}\, \partial x_{\sigma}} (g^{\sigma\beta}\, \Gamma_{\mu\beta}^{\alpha}) = \dfrac{1}{2} \dfrac{\partial^3 g^{\alpha\beta}}{\partial x_{\alpha}\, \partial x_{\beta}\, \partial x_{\mu}}.$

Das zweite Glied der linken Seite von (52a) liefert zunächst

$$- \dfrac{1}{2} \dfrac{\partial^2}{\partial x_{\alpha}\, \partial x_{\mu}} (g^{\lambda\beta}\, \Gamma_{\lambda\beta}^{\alpha})$$

oder

$$\frac{1}{4} \frac{\partial^2}{\partial x_\alpha \partial x_\mu} \left[g^{\lambda\beta} g^{\alpha\delta} \left(\frac{\partial g_{\delta\lambda}}{\partial x_\beta} + \frac{\partial g_{\delta\beta}}{\partial x_\lambda} - \frac{\partial g_{\lambda\beta}}{\partial x_\delta} \right) \right].$$

Das vom letzten Glied der runden Klammer herrührende Glied verschwindet wegen (29) bei der von uns getroffenen Koordinatenwahl. Die beiden anderen lassen sich zusammenfassen und liefern wegen (31) zusammen

$$-\frac{1}{2} \frac{\partial^3 g^{\alpha\beta}}{\partial x_\alpha \partial x_\beta \partial x_\mu},$$

so daß mit Rücksicht auf (54) die Identität

(55) $$\frac{\partial^2}{\partial x_\alpha \partial x_\sigma} \left(g^{\sigma\beta} \Gamma^\alpha_{\mu\beta} - \tfrac{1}{2} \delta_\mu^{\ \sigma} g^{\lambda\beta} \Gamma^\alpha_{\lambda\beta} \right) \equiv 0$$

besteht. Aus (55) und (52a) folgt

(56) $$\frac{\partial (t_\mu^{\ \sigma} + T_\mu^{\ \sigma})}{\partial x_\sigma} = 0.$$

Aus unseren Feldgleichungen der Gravitation geht also hervor, daß den Erhaltungssätzen des Impulses und der Energie Genüge geleistet ist. Man sieht dies am einfachsten nach der Betrachtung ein, die zu Gleichung (49a) führt; nur hat man hier an Stelle der Energiekomponenten $t_\mu^{\ \sigma}$ des Gravitationsfeldes die Gesamtenergiekomponenten von Materie und Gravitationsfeld einzuführen.

§ 18. Der Impulsenergiesatz für die Materie als Folge der Feldgleichungen.

Multipliziert man (53) mit $\partial g^{\mu\nu}/\partial x_\sigma$, so erhält man auf dem in § 15 eingeschlagenen Wege mit Rücksicht auf das Verschwinden von

$$g_{\mu\nu} \frac{\partial g^{\mu\nu}}{\partial x_\sigma}$$

die Gleichung

$$\frac{\partial t_\sigma^{\ \alpha}}{\partial x_\alpha} + \frac{1}{2} \frac{\partial g^{\mu\nu}}{\partial x_\sigma} T_{\mu\nu} = 0,$$

oder mit Rücksicht auf (56)

(57) $$\frac{\partial T_\sigma^{\ \alpha}}{\partial x_\alpha} + \frac{1}{2} \frac{\partial g^{\mu\nu}}{\partial x_\sigma} T_{\mu\nu} = 0.$$

Ein Vergleich mit (41b) zeigt, daß diese Gleichung bei der getroffenen Wahl für das Koordinatensystem nichts anderes aussagt als das Verschwinden der Divergenz des Tensors der Energiekomponenten der Materie. Physikalisch zeigt das Auftreten des zweiten Gliedes der linken Seite, daß für die Materie allein Erhaltungssätze des Impulses und der Energie im eigentlichen Sinne nicht, bzw. nur dann gelten, wenn die $g^{\mu\nu}$ konstant sind, d. h. wenn die Feldstärken der Gravitation verschwinden. Dies zweite Glied ist ein Ausdruck für Impuls bzw. Energie, welche pro Volumen und Zeiteinheit vom Gravitationsfelde auf die Materie übertragen werden. Dies tritt noch klarer hervor, wenn man statt (57) im Sinne von (41) schreibt

(57a) $$\frac{\partial T_\sigma^\alpha}{\partial x_\alpha} = - \Gamma_{\sigma\beta}^\alpha T_\alpha^\beta.$$

Die rechte Seite drückt die energetische Einwirkung des Gravitationsfeldes auf die Materie aus.

Die Feldgleichungen der Gravitation enthalten also gleichzeitig vier Bedingungen, welchen der materielle Vorgang zu genügen hat. Sie liefern die Gleichungen des materiellen Vorganges vollständig, wenn letzterer durch vier voneinander unabhängige Differentialgleichungen charakterisierbar ist.[1])

D. Die „materiellen" Vorgänge.

Die unter B entwickelten mathematischen Hilfsmittel setzen uns ohne weiteres in den Stand, die physikalischen Gesetze der Materie (Hydrodynamik, Maxwellsche Elektrodynamik), wie sie in der speziellen Relativitätstheorie formuliert vorliegen, so zu verallgemeinern, daß sie in die allgemeine Relativitätstheorie hineinpassen. Dabei ergibt das allgemeine Relativitätsprinzip zwar keine weitere Einschränkung der Möglichkeiten; aber es lehrt den Einfluß des Gravitationsfeldes auf alle Prozesse exakt kennen, ohne daß irgendwelche neue Hypothese eingeführt werden müßte.

Diese Sachlage bringt es mit sich, daß über die physikalische Natur der Materie (im engeren Sinne) nicht notwendig bestimmte Voraussetzungen eingeführt werden müssen. Insbesondere kann die Frage offen bleiben, ob die Theorie des elektromagnetischen Feldes und des Gravitationsfeldes zu-

---

1) Vgl. hierüber D. Hilbert, Nachr. d. K. Gesellsch. d. Wiss. zu Göttingen, Math.-phys. Klasse. p. 3. 1915.

sammen eine hinreichende Basis für die Theorie der Materie liefern oder nicht. Das allgemeine Relativitätspostulat kann uns hierüber im Prinzip nichts lehren. Es muß sich bei dem Ausbau der Theorie zeigen, ob Elektromagnetik und Gravitationslehre zusammen leisten können, was ersterer allein nicht gelingen will.

§ 19. Eulersche Gleichungen für reibungslose adiabatische Flüssigkeiten.

Es seien p und ϱ zwei Skalare, von denen wir ersteren als den „Druck", letzteren als die „Dichte" einer Flüssigkeit bezeichnen; zwischen ihnen bestehe eine Gleichung. Der kontravariante symmetrische Tensor

$$(58) \qquad T^{\alpha\beta} = - g^{\alpha\beta} p + \varrho \frac{dx_\alpha}{ds} \frac{dx_\beta}{ds}$$

sei der kontravariante Energietensor der Flüssigkeit. Zu ihm gehört der kovariante Tensor

$$(58\,\mathrm{a}) \qquad T_{\mu\nu} = - g_{\mu\nu} p + g_{\mu\alpha} \frac{dx_\alpha}{ds} g_{\nu\beta} \frac{dx_\beta}{ds} \varrho \, ,$$

sowie der gemischte Tensor[1])

$$(58\,\mathrm{b}) \qquad T_\sigma^{\ \alpha} = - \delta_\sigma^{\ \alpha} p + g_{\sigma\beta} \frac{dx_\beta}{ds} \frac{dx_\alpha}{ds} \varrho \, .$$

Setzt man die rechte Seite von (58 b) in (57 a) ein, so erhält man die Eulerschen hydrodynamischen Gleichungen der allgemeinen Relativitätstheorie. Diese lösen das Bewegungsproblem im Prinzip vollständig; denn die vier Gleichungen (57 a) zusammen mit der gegebenen Gleichung zwischen p und ϱ und der Gleichung

$$g_{\alpha\beta} \frac{dx_\alpha}{ds} \frac{dx_\beta}{ds} = 1$$

genügen bei gegebenen $g_{\alpha\beta}$ zur Bestimmung der 6 Unbekannten

$$p, \ \varrho, \ \frac{dx_1}{ds}, \ \frac{dx_2}{ds}, \ \frac{dx_3}{ds}, \ \frac{dx_4}{ds} \, .$$

---

[1]) Für einen mitbewegten Beobachter, der im unendlich Kleinen ein Bezugssystem im Sinne der speziellen Relativitätstheorie benutzt, ist die Energiedichte $T_4^{\ 4}$ gleich $\varrho - p$. Hierin liegt die Definition von ϱ. Es ist also ϱ nicht konstant für eine inkompressible Flüssigkeit.

Sind auch die $g_{\mu\nu}$ unbekannt, so kommen hierzu noch die Gleichungen (53). Dies sind 11 Gleichungen zur Bestimmung der 10 Funktionen $g_{\mu\nu}$, so daß diese überbestimmt scheinen. Es ist indessen zu beachten, daß die Gleichungen (57a) in den Gleichungen (53) bereits enthalten sind, so daß letztere nur mehr 7 unabhöngige Gleichungen repräsentieren. Diese Unbestimmtheit hat ihren guten Grund darin, daß die weitgehende Freiheit in der Wahl der Koordinaten es mit sich bringt, daß das Problem mathematisch in solchem Grade unbestimmt bleibt, daß drei der Raumfunktionen beliebig gewählt werden können.[1])

§ 20. Maxwellsche elektromagnetische Feldgleichungen für das Vakuum.

Es seien φ_ν die Komponenten eines kovarianten Vierervektors, des Vierervektors des elektromagnetischen Potentials. Aus ihnen bilden wir gemäß (36) die Komponenten $F_{\varrho\sigma}$ des kovarianten Sechservektors des elektromagnetischen Feldes gemäß dem Gleichungssystem

$$(59) \qquad F_{\varrho\sigma} = \frac{\partial \varphi_\varrho}{\partial x_\sigma} - \frac{\partial \varphi_\sigma}{\partial x_\varrho}.$$

Aus (59) folgt, daß das Gleichungssystem

$$(60) \qquad \frac{\partial F_{\varrho\sigma}}{\partial x_\tau} + \frac{\partial F_{\sigma\tau}}{\partial x_\varrho} + \frac{\partial F_{\tau\varrho}}{\partial x_\sigma} = 0$$

erfüllt ist, dessen linke Seite gemäß (37) ein antisymmetrischer Tensor dritten Ranges ist. Das System (60) enthält also im wesentlichen 4 Gleichungen, die ausgeschrieben wie folgt lauten:

$$(60\,\mathrm{a}) \quad \begin{cases} \dfrac{\partial F_{23}}{\partial x_4} + \dfrac{\partial F_{34}}{\partial x_2} + \dfrac{\partial F_{42}}{\partial x_3} = 0 \\[4pt] \dfrac{\partial F_{34}}{\partial x_1} + \dfrac{\partial F_{41}}{\partial x_3} + \dfrac{\partial F_{13}}{\partial x_4} = 0 \\[4pt] \dfrac{\partial F_{41}}{\partial x_2} + \dfrac{\partial F_{12}}{\partial x_4} + \dfrac{\partial F_{24}}{\partial x_1} = 0 \\[4pt] \dfrac{\partial F_{12}}{\partial x_3} + \dfrac{\partial F_{23}}{\partial x_1} + \dfrac{\partial F_{31}}{\partial x_2} = 0. \end{cases}$$

---

[1]) Bei Verzicht auf die Koordinatenwahl gemäß $g = -1$ blieben *vier* Raumfunktionen frei wählbar, entsprechend den vier willkürlichen Funktionen, über die man bei der Koordinatenwahl frei verfügen kann.

Dieses Gleichungssystem entspricht dem zweiten Gleichungssystem Maxwells. Man erkennt dies sofort, indem man setzt

(61) $\quad\begin{cases} F_{23} = \mathfrak{h}_x & F_{14} = \mathfrak{e}_x \\ F_{31} = \mathfrak{h}_y & F_{24} = \mathfrak{e}_y \\ F_{12} = \mathfrak{h}_z & F_{34} = \mathfrak{e}_z \end{cases}$

Dann kann man statt (60a) in üblicher Schreibweise der dreidimensionalen Vektoranalyse setzen

(60b) $\quad\begin{cases} \dfrac{\partial \mathfrak{h}}{\partial t} + \operatorname{rot} \mathfrak{e} = 0 \\ \operatorname{div} \mathfrak{h} = 0. \end{cases}$

Das erste Maxwellsche System erhalten wir durch Verallgemeinerung der von Minkowski angegebenen Form. Wir führen den zu $F_{\alpha\beta}$ gehörigen kontravarianten Sechservektor

(62) $\quad F^{\mu\nu} = g^{\mu\alpha} g^{\nu\beta} F_{\alpha\beta}$

ein sowie den kontravarianten Vierervektor J^μ der elektrischen Vakuumstromdichte; dann kann man das mit Rücksicht auf (40) gegenüber beliebigen Substitutionen von der Determinante 1 (gemäß der von uns getroffenen Koordinatenwahl) invariante Gleichungssystem ansetzen:

(63) $\quad \dfrac{\partial F^{\mu\nu}}{\partial x_\nu} = J^\mu.$

Setzt man nämlich

(64) $\quad\begin{cases} F^{23} = \mathfrak{h}_x' & F^{14} = -\mathfrak{e}_x' \\ F^{31} = \mathfrak{h}_y' & F^{24} = -\mathfrak{e}_y' \\ F^{12} = \mathfrak{h}_z' & F^{34} = -\mathfrak{e}_z', \end{cases}$

welche Größen im Spezialfall der speziellen Relativitätstheorie den Größen $\mathfrak{h}_x \ldots \mathfrak{e}_z$ gleich sind, und außerdem

$$J^1 = \mathfrak{i}_x, \quad J^2 = \mathfrak{i}_y, \quad J^3 = \mathfrak{i}_z, \quad J^4 = \varrho,$$

so erhält man an Stelle von (63)

(63a) $\quad\begin{cases} \operatorname{rot} \mathfrak{h}' - \dfrac{\partial \mathfrak{e}'}{\partial t} = \mathfrak{i} \\ \operatorname{div} \mathfrak{e}' = \varrho. \end{cases}$

Die Gleichungen (60), (62) und (63) bilden also die Verallgemeinerung der Maxwellschen Feldgleichungen des

Vakuums bei der von uns bezüglich der Koordinatenwahl getroffenen Festsetzung.

Die Energiekomponenten des elektromagnetischen Feldes.
Wir bilden das innere Produkt
(65) $$\varkappa_\sigma = F_{\sigma\mu} J^\mu.$$
Seine Komponenten lauten gemäß (61) in dreidimensionaler Schreibweise

(65a)
$$\begin{cases} \varkappa_1 = \varrho\, \mathfrak{e}_x + [\mathfrak{i},\, \mathfrak{h}]_x \\ \cdots \cdots \cdots \\ \cdots \cdots \cdots \\ \varkappa_4 = -(\mathfrak{i},\, \mathfrak{e}). \end{cases}$$

Es ist $\varkappa_\sigma$ ein kovarianter Vierervektor, dessen Komponenten gleich sind dem negativen Impuls bzw. der Energie, welche pro Zeit- und Volumeinheit auf das elektromagnetische Feld von den elektrischen Massen übertragen werden. Sind die elektrischen Massen frei, d. h. unter dem alleinigen Einfluß des elektromagnetischen Feldes, so wird der kovariante Vierervektor $\varkappa_\sigma$ verschwinden.

Um die Energiekomponenten T_σ^ν des elektromagnetischen Feldes zu erhalten, brauchen wir nur der Gleichung $\varkappa_\sigma = 0$ die Gestalt der Gleichung (57) zu geben. Aus (63) und (65) ergibt sich zunächst

$$\varkappa_\sigma = F_{\sigma\mu} \frac{\partial F^{\mu\nu}}{\partial x_\nu} = \frac{\partial}{\partial x_\nu}(F_{\sigma\mu} F^{\mu\nu}) - F^{\mu\nu}\frac{\partial F_{\sigma\mu}}{\partial x_\nu}.$$

Das zweite Glied der rechten Seite gestattet vermöge (60) die Umformung

$$F^{\mu\nu}\frac{\partial F_{\sigma\mu}}{\partial x_\nu} = -\frac{1}{2} F^{\mu\nu}\frac{\partial F_{\mu\nu}}{\partial x_\sigma} = -\frac{1}{2} g^{\mu\alpha} g^{\nu\beta} F_{\alpha\beta}\frac{\partial F_{\mu\nu}}{\partial x_\sigma},$$

welch letzterer Ausdruck aus Symmetriegründen auch in der Form

$$-\frac{1}{4}\left[g^{\mu\alpha} g^{\nu\beta} F_{\alpha\beta}\frac{\partial F_{\mu\nu}}{\partial x_\sigma} + g^{\mu\alpha} g^{\nu\beta}\frac{\partial F_{\alpha\beta}}{\partial x_\sigma} F_{\mu\nu} \right]$$

geschrieben werden kann. Dafür aber läßt sich setzen

$$-\frac{1}{4}\frac{\partial}{\partial x_\sigma}(g^{\mu\alpha} g^{\nu\beta} F_{\alpha\beta} F_{\mu\nu}) + \frac{1}{4} F_{\alpha\beta} F_{\mu\nu}\frac{\partial}{\partial x_\sigma}(g^{\mu\alpha} g^{\nu\beta}).$$

Das erste dieser Glieder lautet in kürzerer Schreibweise

$$-\frac{1}{4}\frac{\partial}{\partial x_\sigma}(F^{\mu\nu} F_{\mu\nu}),$$

das zweite ergibt nach Ausführung der Differentiation nach einiger Umformung

$$-\frac{1}{2} F^{\mu\tau} F_{\mu\nu} g^{\nu\varrho} \frac{\partial g_{\sigma\tau}}{\partial x_\sigma}.$$

Nimmt man alle drei berechneten Glieder zusammen, so erhält man die Relation

(66) $$\varkappa_\sigma = \frac{\partial T_\sigma{}^\nu}{\partial x_\nu} - \frac{1}{2} g^{\tau\mu} \frac{\partial g_{\mu\nu}}{\partial x_\sigma} T_\tau^{\prime\nu},$$

wobei

(66a) $$T_\sigma^{\prime\nu} = -F_{\sigma\alpha} F^{\nu\alpha} + \frac{1}{4} \delta_\sigma^\nu F_{\alpha\beta} F^{\alpha\beta}.$$

Die Gleichung (66) ist für verschwindendes $\varkappa_\sigma$ wegen (30) mit (57) bzw. (57a) gleichwertig. Es sind also die $T_\sigma{}^\nu$ die Energiekomponenten des elektromagnetischen Feldes. Mit Hilfe von (61) und (64) zeigt man leicht, daß diese Energiekomponenten des elektromagnetischen Feldes im Falle der speziellen Relativitätstheorie die wohlbekannten Maxwell-Pointingschen Ausdrücke ergeben.

Wir haben nun die allgemeinsten Gesetze abgeleitet, welchen das Gravitationsfeld und die Materie genügen, indem wir uns konsequent eines Koordinatensystems bedienten, für welches $\sqrt{-g} = 1$ wird. Wir erzielten dadurch eine erhebliche Vereinfachung der Formeln und Rechnungen, ohne daß wir auf die Forderung der allgemeinen Kovarianz verzichtet hätten: denn wir fanden unsere Gleichungen durch Spezialisierung des Koordinatensystems aus allgemein kovarianten Gleichungen.

Immerhin ist die Frage nicht ohne formales Interesse, ob bei entsprechend verallgemeinerter Definition der Energiekomponenten des Gravitationsfeldes und der Materie auch ohne Spezialisierung des Koordinatensystems Erhaltungssätze von der Gestalt der Gleichung (56) sowie Feldgleichungen der Gravitation von der Art der Gleichungen (52) bzw. (52a) gelten, derart, daß links eine Divergenz (im gewöhnlichen Sinne), rechts die Summe der Energiekomponenten der Materie und der Gravitation steht. Ich habe gefunden, daß beides in der Tat der Fall ist. Doch glaube ich, daß sich eine Mitteilung meiner ziemlich umfangreichen Betrachtungen über diesen Gegenstand nicht lohnen würde, da doch etwas sachlich Neues dabei nicht herauskommt.

E. § 21. Newtons Theorie als erste Näherung.

Wie schon mehrfach erwähnt, ist die spezielle Relativitätstheorie als Spezialfall der allgemeinen dadurch charakterisiert, daß die $g_{\mu\nu}$ die konstanten Werte (4) haben. Dies bedeutet nach dem Vorherigen eine völlige Vernachlässigung der Gravitationswirkungen. Eine der Wirklichkeit näher liegende Approximation erhalten wir, indem wir den Fall betrachten, daß die $g_{\mu\nu}$ von den Werten (4) nur um (gegen 1) kleine Größen abweichen, wobei wir kleine Größen zweiten und höheren Grades vernachlässigen. (Erster Gesichtspunkt der Approximation.)

Ferner soll angenommen werden, daß in dem betrachteten zeiträumlichen Gebiete die $g_{\mu\nu}$ im räumlich Unendlichen bei passender Wahl der Koordinaten den Werten (4) zustreben; d. h. wir betrachten Gravitationsfelder, welche als ausschließlich durch im Endlichen befindliche Materie erzeugt betrachtet werden können.

Man könnte annehmen, daß diese Vernachlässigungen auf Newtons Theorie hinführen müßten. Indessen bedarf es hierfür noch der approximativen Behandlung der Grundgleichungen nach einem zweiten Gesichtspunkte. Wir fassen die Bewegung eines Massenpunktes gemäß den Gleichungen (46) ins Auge. Im Falle der speziellen Relativitätstheorie können die Komponenten

$$\frac{dx_1}{ds}, \frac{dx_2}{ds}, \frac{dx_3}{ds}$$

beliebige Werte annehmen; dies bedeutet, daß beliebige Geschwindigkeiten

$$v = \sqrt{\frac{dx_1^2}{dx_4} + \frac{dx_2^2}{dx_4} + \frac{dx_3^2}{dx_4}}$$

auftreten können, die kleiner sind als die Vakuumlichtgeschwindigkeit ($v < 1$). Will man sich auf den fast ausschließlich der Erfahrung sich darbietenden Fall beschränken, daß v gegen die Lichtgeschwindigkeit klein ist, so bedeutet dies, daß die Komponenten

$$\frac{dx_1}{ds}, \frac{dx_2}{ds}, \frac{dx_3}{ds}$$

als kleine Größen zu behandeln sind, während dx_4/ds bis auf Größen zweiter Ordnung gleich 1 ist (zweiter Gesichtspunkt der Approximation).

Nun beachten wir, daß nach dem ersten Gesichtspunkte der Approximation die Größen $\Gamma^\tau_{\mu\nu}$ alle kleine Größen mindestens erster Ordnung sind. Ein Blick auf (46) lehrt also, daß in dieser Gleichung nach dem zweiten Gesichtspunkt der Approximation nur Glieder zu berücksichtigen sind, für welche $\mu = \nu = 4$ ist. Bei Beschränkung auf Glieder niedrigster Ordnung erhält man an Stelle von (46) zunächst die Gleichungen

$$\frac{d^2 x_\tau}{dt^2} = \Gamma^\tau_{44},$$

wobei $ds = dx_4 = dt$ gesetzt ist, oder unter Beschränkung auf Glieder, die nach dem ersten Gesichtspunkte der Approximation erster Ordnung sind:

$$\frac{d^2 x_\tau}{dt^2} = \begin{bmatrix} 44 \\ \tau \end{bmatrix} (\tau = 1, 2, 3)$$

$$\frac{d^2 x_4}{dt^2} = -\begin{bmatrix} 44 \\ 4 \end{bmatrix}.$$

Setzt man außerdem voraus, daß das Gravitationsfeld ein quasi statisches sei, indem man sich auf den Fall beschränkt, daß die das Gravitationsfeld erzeugende Materie nur langsam (im Vergleich mit der Fortpflanzungsgeschwindigkeit des Lichtes) bewegt ist, so kann man auf der rechten Seite Ableitungen nach der Zeit neben solchen nach den örtlichen Koordinaten vernachlässigen, so daß man erhält

(67) $$\frac{d^2 x_\tau}{dt^2} = -\frac{1}{2}\frac{\partial g_{44}}{\partial x_\tau} (\tau = 1, 2, 3).$$

Dies ist die Bewegungsgleichung des materiellen Punktes nach Newtons Theorie, wobei $g_{44}/2$ die Rolle des Gravitationspotentiales spielt. Das Merkwürdige an diesem Resultat ist, daß nur die Komponente g_{44} des Fundamentaltensors allein in erster Näherung die Bewegung des materiellen Punktes bestimmt.

Wir wenden uns nun zu den Feldgleichungen (53). Dabei ist zu berücksichtigen, daß der Energietensor der „Materie" fast ausschließlich durch die Dichte ϱ der Materie im engeren Sinne bestimmt wird, d. h. durch das zweite Glied der rechten Seite von (58) [bzw. (58a) oder (58b)]. Bildet man die uns interessierende Näherung, so verschwinden alle Komponenten bis auf die Komponente

$$T_{44} = \varrho = T.$$

Auf der linken Seite von (53) ist das zweite Glied klein von zweiter Ordnung; das erste liefert in der uns interessierenden Näherung

$$+ \frac{\partial}{\partial x_1}\begin{bmatrix}\mu\,\nu\\1\end{bmatrix} + \frac{\partial}{\partial x_2}\begin{bmatrix}\mu\,\nu\\2\end{bmatrix} + \frac{\partial}{\partial x_3}\begin{bmatrix}\mu\,\nu\\3\end{bmatrix} - \frac{\partial}{\partial x_4}\begin{bmatrix}\mu\,\nu\\4\end{bmatrix}.$$

Dies liefert für $\mu = \nu = 4$ bei Weglassung von nach der Zeit differenzierten Gliedern

$$-\frac{1}{2}\left(\frac{\partial^2 g_{44}}{\partial x_1^2} + \frac{\partial^2 g_{44}}{\partial x_2^2} + \frac{\partial^2 g_{44}}{\partial x_3^2}\right) = -\tfrac{1}{2}\varDelta g_{44}.$$

Die letzte der Gleichungen (53) liefert also

(68) $$\varDelta g_{44} = \varkappa\varrho.$$

Die Gleichungen (67) und (68) zusammen sind äquivalent dem Newtonschen Gravitationsgesetz.

Für das Gravitationspotential ergibt sich nach (67) und (68) der Ausdruck

(68a) $$-\frac{\varkappa}{8\pi}\int\frac{\varrho\,d\tau}{r},$$

während Newtons Theorie bei der von uns gewählten Zeiteinheit

$$-\frac{K}{c^2}\int\frac{\varrho\,d\tau}{r}$$

ergibt, wobei K die gewöhnlich als Gravitationskonstante bezeichnete Konstante $6{,}7 \cdot 10^{-8}$ bedeutet. Durch Vergleich ergibt sich

(69) $$\varkappa = \frac{8\pi K}{c^2} = 1{,}87\cdot 10^{-27}.$$

§ 22. Verhalten von Massstäben und Uhren im statischen Gravitationsfelde. Krümmung der Lichtstrahlen. Perihelbewegung der Planetenbahnen.

Um die Newtonsche Theorie als erste Näherung zu erhalten, brauchten wir von den 10 Komponenten des Gravitationspotentials $g_{\mu\nu}$ nur g_{44} zu berechnen, da nur diese Komponente in die erste Näherung (67) der Bewegungsgleichung des materiellen Punktes im Gravitationsfelde eingeht. Man sieht indessen schon daraus, daß noch andere Komponenten der $g_{\mu\nu}$ von den in (4) angegebenen Werten in erster Näherung abweichen müssen, daß letzteres durch die Bedingung $g = -1$ verlangt wird.

819 Für einen im Anfangspunkt des Koordinatensystems befindlichen felderzeugenden Massenpunkt erhält man in erster Näherung die radialsymmetrische Lösung

(70) $\begin{cases} g_{\varrho\sigma} = -\delta_{\varrho\sigma} - \alpha \dfrac{x_\varrho x_\sigma}{r^3} & (\varrho \text{ und } \sigma \text{ zwischen 1 und 3}) \\ g_{\varrho 4} = g_{4\varrho} = 0 & (\varrho \text{ zwischen 1 und 3}) \\ g_{44} = 1 - \dfrac{\alpha}{r} \, . \end{cases}$

$\delta_{\varrho\sigma}$ ist dabei 1 bzw. 0, je nachdem $\varrho = \sigma$ oder $\varrho \, \sigma$, r ist die Größe

$$+ \sqrt{x_1^2 + x_2^2 + x_3^2} \, .$$

Dabei ist wegen (68a)

(70a) $$\alpha = \frac{\varkappa M}{8\pi},$$

wenn mit M die felderzeugende Masse bezeichnet wird. Daß durch diese Lösung die Feldgleichungen (außerhalb der Masse) in erster Näherung erfüllt werden, ist leicht zu verifizieren.

Wir untersuchen nun die Beeinflussung, welche die metrischen Eigenschaften des Raumes durch das Feld der Masse M erfahren. Stets gilt zwischen den „lokal" (§ 4) gemessenen Längen und Zeiten ds einerseits und den Koordinatendifferenzen dx_ν andererseits die Beziehung

$$ds^2 = g_{\mu\nu} \, dx_\mu \, dx_\nu \, .$$

Für einen „parallel" der x-Achse gelegten Einheitsmaßstab wäre beispielsweise zu setzen

$$ds^2 = -1; \quad dx_2 = dx_3 = dx_4 = 0 \, ,$$

also

$$-1 = g_{11} \, dx_1^2 \, .$$

Liegt der Einheitsmaßstab außerdem auf der x-Achse, so ergibt die erste der Gleichungen (70)

$$g_{11} = -\left(1 + \frac{\alpha}{r}\right) \, .$$

Aus beiden Relationen folgt in erster Näherung genau

(71) $$dx = 1 - \frac{\alpha}{2r} \, .$$

Der Einheitsmaßstab erscheint also mit Bezug auf das Koordinatensystem in dem gefundenen Betrage durch das Vorhandensein des Gravitationsfeldes verkürzt, wenn er radial angelegt wird.

Analog erhält man seine Koordinatenlänge in tangentialer Richtung, indem man beispielsweise setzt

$$ds^2 = -1; \quad dx_1 = dx_3 = dx_4 = 0; \quad x_1 = r, \quad x_2 = x_3 = 0.$$

Es ergibt sich

(71a) $$-1 = g_{22}\, dx_2^2 = -dx_2^2.$$

Bei tangentialer Stellung hat also das Gravitationsfeld des Massenpunktes keinen Einfluß auf die Stablänge.

Es gilt also die Euklidische Geometrie im Gravitationsfelde nicht einmal in erster Näherung, falls man einen und denselben Stab unabhängig von seinem Ort und seiner Orientierung als Realisierung derselben Strecke auffassen will. Allerdings zeigt ein Blick auf (70a) und (69), daß die zu erwartenden Abweichungen viel zu gering sind, um sich bei der Vermessung der Erdoberfläche bemerkbar machen zu können.

Es werde ferner die auf die Zeitkoordinate untersuchte Ganggeschwindigkeit einer Einheitsuhr untersucht, welche in einem statischen Gravitationsfelde ruhend angeordnet ist. Hier gilt für eine Uhrperiode

$$ds = 1; \quad dx_1 = dx_2 = dx_3 = 0.$$

Also ist

$$1 = g_{44}\, dx_4^2;$$

$$dx_4 = \frac{1}{\sqrt{g_{44}}} = \frac{1}{\sqrt{1+(g_{44}-1)}} = 1 - \frac{g_{44}-1}{2}$$

oder

(72) $$dx_4 = 1 + \frac{\varkappa}{8\pi}\int \frac{\varrho\, d\tau}{r}.$$

Die Uhr läuft also langsamer, wenn sie in der Nähe ponderabler Massen aufgestellt ist. Es folgt daraus, daß die Spektrallinien von der Oberfläche großer Sterne zu uns gelangenden Lichtes nach dem roten Spektralende verschoben erscheinen müssen.[1]

---

[1] Für das Bestehen eines derartigen Effektes sprechen nach E. Freundlich spektrale Beobachtungen an Fixsternen bestimmter Typen. Eine endgültige Prüfung dieser Konsequenz steht indes noch aus.

821 Wir untersuchen ferner den Gang der Lichtstrahlen im statischen Gravitationsfeld. Gemäß der speziellen Relativitätstheorie ist die Lichtgeschwindigkeit durch die Gleichung

$$-dx_1^2 - dx_2^2 - dx_3^2 + dx_4^2 = 0$$

gegeben, also gemäß der allgemeinen Relativitätstheorie durch die Gleichung

(73) $$ds^2 = g_{\mu\nu} dx_\mu dx_\nu = 0.$$

Ist die Richtung, d. h. das Verhältnis $dx_1 : dx_2 : dx_3$ gegeben, so liefert die Gleichung (73) die Größen

$$\frac{dx_1}{dx_4}, \quad \frac{dx_2}{dx_4}, \quad \frac{dx_3}{dx_4}$$

und somit die Geschwindigkeit

$$\sqrt{\left(\frac{dx_1}{dx_4}\right)^2 + \left(\frac{dx_2}{dx_4}\right)^2 + \left(\frac{dx_3}{dx_4}\right)^2} = \gamma,$$

im Sinne der Euklidischen Geometrie definiert. Man erkennt leicht, daß die Lichtstrahlen gekrümmt verlaufen müssen mit Bezug auf das Koordinatensystem, falls die $g_{\mu\nu}$ nicht konstant sind. Ist n eine Richtung senkrecht zur Lichtfortpflanzung, so ergibt das Huggenssche Prinzip, daß der Lichtstrahl [in der Ebene (γ, n) betrachtet] die Krümmung $-\partial\gamma/\partial n$ besitzt.

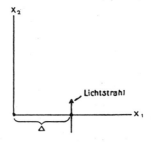

Wir untersuchen die Krümmung, welche ein Lichtstrahl erleidet, der im Abstand $\varDelta$ an einer Masse M vorbeigeht. Wählt man das Koordinatensystem gemäß der vorstehenden Skizze, so ist die gesamte Biegung B des Lichtstrahles (positiv gerechnet, wenn sie nach dem Ursprung hin konkav ist) in genügender Näherung gegeben durch

$$B = \int_{-\infty}^{+\infty} \frac{\partial \gamma}{\partial x_1} dx_2,$$

während (73) und (70) ergeben

$$\gamma = \sqrt{-\frac{g_{44}}{g_{22}}} = 1 + \frac{\alpha}{2r}\left(1 + \frac{x_2^2}{r^2}\right).$$

Die Ausrechnung ergibt

(74) $$B = \frac{2\alpha}{\varDelta} = \frac{\varkappa M}{4\pi \varDelta}.$$

Ein an der Sonne vorbeigehender Lichtstrahl erfährt demnach eine Biegung von 1,7″, ein am Planeten Jupiter vorbeigehender eine solche von etwa 0,02″.

Berechnet man das Gravitationsfeld um eine Größenordnung genauer, und ebenso mit entsprechender Genauigkeit die Bahnbewegung eines materiellen Punktes von relativ unendlich kleiner Masse, so erhält man gegenüber den Kepler-Newtonschen Gesetzen der Planetenbewegung eine Abweichung von folgender Art. Die Bahnellipse eines Planeten erfährt in Richtung der Bahnbewegung eine langsame Drehung vom Betrage

(75) $$\varepsilon = 24\pi^3 \frac{a^2}{T^2 c^2 (1-e^2)}$$

pro Umlauf. In dieser Formel bedeutet a die große Halbachse, c die Lichtgeschwindigkeit in üblichem Maße, e die Exzentrizität, T die Umlaufszeit in Sekunden.[1]

Die Rechnung ergibt für den Planeten Merkur eine Drehung der Bahn um 43″ pro Jahrhundert, genau entsprechend der Konstatierung der Astronomen (Leverrier); diese fanden nämlich einen durch Störungen der übrigen Planeten nicht erklärbaren Rest der Perihelbewegung dieses Planeten von der angegebenen Größe.

---

[1] Bezüglich der Rechnung verweise ich auf die Originalabhandlungen A. Einstein, Sitzungsber. d. Preuß. Akad. d. Wiss. 47. p. 831. 1915. — K. Schwarzschild, Sitzungsber. d. Preuß. Akad. d. Wiss. 7. p. 189. 1916.

Abhandlung [10]
Lense-like action of a star by deviation of light in the gravitational field
Albert Einstein, Science **84**, 506-507 (1936)

Some time ago, R. W. Mandl paid me a visit and asked me to publish the results of a little calculation, which I had made at his request. This note complies with his wish.

The light coming from a star A traverses the gravitational field of another star B, whose radius is R_0. Let there be an observer at a distance D from B and at a distance x, small compared with D, from the extended central line $\overline{AB}$. According to the general theory of relativity, let α_0 be the deviation of the light ray passing the star B at a distance R_0 from its center.

For the sake of simplicity, let us assume that $\overline{AB}$ is large, compared with the distance D of the observer from the deviating star B. We also neglect the eclipse (geometrical obscuration) by the star B, which indeed is negligible in all practically important cases. To permit this, D has to be very large compared to the radius R_0 of the deviating star.

It follows from the law of deviation that an observer situated exactly on the extension of the central line $\overline{AB}$ will perceive, instead of a point-like star A, a luminius circle of the angular radius β around the center of B, where

$$\beta = \sqrt{\alpha_0 \frac{R_0}{D}}.$$

It should be noted that this angular diameter β does not decrease like $1/D$, but like $1/\sqrt{D}$, as the distance D increases.

Of course, there is no hope of observing this phenomenon directly. First, we shall scarcely ever approach closely enough to such a central line. Second, the angle β will defy the resolving power of our instruments. For, α_0 being of the order of magnitude of one second of arc, the angle R_0/D, under which the deviating star B is seen, is much smaller. Therefore, the light coming from the luminous circle can not be distinguished by an observer as geometrically different from that coming from the star B, but simply will manifest itself as increased apparent brightness of B.

The same will happen, if the observer is situated at a small distance x from the extended central line $\overline{AB}$. But then the observer will see A as two point-like light-sources, which are deviated from the true geometrical position of A by the angle β, approximately.

The apparent brightness of A will be increased by the lens-like action of the gravitational field of B in the ratio q. This q will be considerably larger than unity only if x is so small that the observed positions of A and B coincide, within the resolving power of our instruments. Simple geometric considerations lead to the expression

$$q = \frac{l}{x} \cdot \frac{1 + \frac{x^2}{2l^2}}{\sqrt{1 + \frac{x^2}{4l^2}}},$$

where

$$l = \sqrt{\alpha_0 D R_0}.$$

If we are interested mainly in the case $q \gg 1$, the formula

$$q = \frac{l}{x}$$

is a sufficient approximation, since $\frac{x^2}{l^2}$ may be neglected. Even in the most favorable cases the length l is only a few light-seconds, and x must be small compared with this, if an appreciable increase of the apparent brightness of A is to be produced by the lens-like action of B.

Therefore, there is no great chance of observing this phenomenon, even if dazzling by the light of the much nearer star B is disregarded. This apparent amplification of q by the lens-like action of the star B is a most curious effect, not so much for its becoming infinite, with x vanishing, but since with increasing distance D of the observer not only does it not decrease, but even increases proportionally to $\sqrt{D}$.

Albert Einstein

Institute for Advanced Study,
Princeton, N. J.

Abhandlung [11]
On gravitational waves
Albert Einstein und Nathan Rosen,
Journal of the Franklin Institute **223**, 43-54 (1937)

ABSTRACT.

The rigorous solution for cylindrical gravitational waves is given. For the convenience of the reader the theory of gravitational waves and their production, already known in principle, is given in the first part of this paper. After encountering relationships which cast doubt on the existence of *rigorous* solutions for undulatory gravitational fields, we investigate rigorously the case of cylindrical gravitational waves. It turns out that rigorous solutions exist and that the problem reduces to the usual cylindrical waves in euclidean space.

I. APPROXIMATE SOLUTION OF THE PROBLEM OF PLANE WAVES AND THE PRODUCTION OF GRAVITATIONAL WAVES.

It is well known that the approximate method of integration of the gravitational equations of the general relativity theory leads to the existence of gravitational waves. The method used is as follows: We start with the equations

$$R_{\mu\nu} - \tfrac{1}{2} g_{\mu\nu} R = - T_{\mu\nu}. \tag{1}$$

We consider that the $g_{\mu\nu}$ are replaced by the expressions

$$g_{\mu\nu} = \delta_{\mu\nu} + \gamma_{\mu\nu}, \tag{2}$$

where

$$\delta_{\mu\nu} = 1 \quad \text{if} \quad \mu = \nu,$$
$$= 0 \quad \text{if} \quad \mu \neq \nu,$$

provided we take the time coördinate imaginary, as was done by Minkowski. It is assumed that the $\gamma_{\mu\nu}$ are small, i.e. that the gravitational field is weak. In the equations the $\gamma_{\mu\nu}$ and their derivatives will occur in various powers. If the $\gamma_{\mu\nu}$ are everywhere sufficiently small compared to unity one obtains a first-approximation solution of the equations by neglecting in (1) the higher powers of the $\gamma_{\mu\nu}$ (and their derivatives) compared with the lower ones. If one introduces further the $\bar{\gamma}_{\mu\nu}$ instead of the $\gamma_{\mu\nu}$ by the relations

$$\bar{\gamma}_{\mu\nu} = \gamma_{\mu\nu} - \tfrac{1}{2}\delta_{\mu\nu}\gamma_{\alpha\alpha},$$

then (1) assumes the form

$$\bar{\gamma}_{\mu\nu,\,\alpha\alpha} - \bar{\gamma}_{\mu\nu,\,\alpha\nu} - \bar{\gamma}_{\nu\alpha,\,\alpha\mu} + \bar{\gamma}_{\alpha\alpha,\,\mu\nu} = -2T_{\mu\nu}. \quad (3)$$

The specialization contained in (2) is conserved if one performs an infinitesimal transformation on the coördinates:

$$x_\mu' = x_\mu + \xi^\mu, \quad (4)$$

where the ξ^μ are infinitely small but otherwise arbitrary functions. One can therefore prescribe four of the $\bar{\gamma}_{\mu\nu}$ or four conditions which the $\bar{\gamma}_{\mu\nu}$ must satisfy besides the equations (3); this amounts to a specialization of the coördinate system chosen to describe the field. We choose the coördinate system in the usual way by demanding that

$$\bar{\gamma}_{\mu\alpha,\,\alpha} = 0. \quad (5)$$

It is readily verified that these four conditions are compatible with the approximate gravitational equations provided the divergence $T_{\mu\alpha,\,\alpha}$ of $T_{\mu\nu}$ vanishes, which must be assumed according to the special theory of relativity.

It turns out however that these conditions do not completely fix the coördinate system. If $\gamma_{\mu\nu}$ are solutions of (2) and (5), then the $\gamma_{\mu\nu}'$ after a transformation of the type (4)

$$\gamma_{\mu\nu}' = \gamma_{\mu\nu} + \xi^\mu_{,\nu} + \xi^\nu_{,\mu} \quad (6)$$

are also solutions, provided the ξ^μ satisfy the conditions

$$[\xi^\mu_{,\nu} + \xi^\nu_{,\mu} - \tfrac{1}{2}\delta_{\mu\nu}(\xi^\alpha_{,\alpha} + \xi^\alpha_{,\alpha})]_{,\nu} = 0,$$

or

$$\xi^\mu_{,\alpha\alpha} = 0. \quad (7)$$

If a γ-field can be made to vanish by the addition of terms like those in (6), i.e., by means of an infinitesimal transformation, then the gravitational field being described is only an apparent field.

With reference to (2), the gravitational equations for empty space can be written in the form

$$\left.\begin{aligned}\bar{\gamma}_{\mu\nu,\,\alpha\alpha} &= 0. \\ \gamma_{\mu\alpha,\,\alpha} &= 0.\end{aligned}\right\} \tag{8}$$

One obtains plane gravitational waves which move in the direction of the positive x_1-axis by taking the $\bar{\gamma}_{\mu\nu}$ of the form $\varphi(x_1 + ix_4)(= \varphi(x_1 - t))$, where these $\bar{\gamma}_{\mu\nu}$ must further satisfy the conditions

$$\left.\begin{aligned}\bar{\gamma}_{11} + i\bar{\gamma}_{14} &= 0, \\ \bar{\gamma}_{41} + i\bar{\gamma}_{44} &= 0, \\ \bar{\gamma}_{21} + i\bar{\gamma}_{24} &= 0, \\ \bar{\gamma}_{31} + i\bar{\gamma}_{34} &= 0.\end{aligned}\right\} \tag{9}$$

One can accordingly subdivide the most general (progressing) plane gravitational waves into three types:
(*a*) pure longitudinal waves,

only $\bar{\gamma}_{11}$, $\bar{\gamma}_{14}$, $\bar{\gamma}_{44}$ different from zero,

(*b*) half longitudinal, half transverse waves,

only $\bar{\gamma}_{21}$ and $\bar{\gamma}_{24}$, or only $\bar{\gamma}_{31}$ and $\bar{\gamma}_{34}$ different from zero,

(*c*) pure transverse waves,

only $\bar{\gamma}_{22}$, $\bar{\gamma}_{23}$, $\bar{\gamma}_{33}$ are different from zero.

On the basis of the previous remarks it can next be shown that every wave of type (*a*) or of type (*b*) is an apparent field, that is, it can be obtained by an infinitesimal transformation from the euclidean field ($\bar{\gamma}_{\mu\nu} = \gamma_{\mu\nu} = 0$).

We carry out the proof in the example of a wave of type (*a*). According to (9) one must set, if φ is a suitable function of the argument $x_1 + ix_4$,

$$\bar{\gamma}_{11} = \varphi, \quad \bar{\gamma}_{14} = i\varphi, \quad \bar{\gamma}_{44} = -\varphi,$$

hence also

$$\gamma_{11} = \varphi, \quad \gamma_{14} = i\varphi, \quad \gamma_{44} = -\varphi.$$

If one now chooses ξ' and ξ^4 (with $\xi^2 = \xi^3 = 0$) so that
$$\xi^1 = \chi(x_1 + ix_4), \qquad \xi^4 = i\chi(x_1 + ix_4),$$
then one has
$$\xi^1{}_{,1} + \xi'{}_{,1} = 2\chi', \quad \xi^1{}_{,4} + \xi^4{}_{,1} = 2i\chi', \quad \xi^4{}_{,4} + \xi^4{}_{,4} = -2\chi'.$$
These agree with the values given above for $\gamma_{11}, \gamma_{14}, \gamma_{44}$ if one chooses $\chi' = \tfrac{1}{2}\varphi$. Hence it is shown that these waves are apparent. An analogous proof can be carried out for the waves of type (b).

Furthermore we wish to show that also type (c) contains apparent fields, namely, those in which $\bar\gamma_{22} = \bar\gamma_{33} \neq 0$, $\bar\gamma_{23} = 0$. The corresponding $\gamma_{\mu\nu}$ are $\gamma_{11} = \gamma_{44} \neq 0$, all others vanishing. Such a wave can be obtained by taking $\xi' = \chi$, $\xi^4 = -i\chi$, i.e. by an infinitesimal transformation from the euclidean space. Accordingly there remain as real waves only the two pure transverse types, the non-vanishing components of which are

$$\gamma_{22} = -\gamma_{33}, \qquad (c_1)$$
or
$$\gamma_{23}. \qquad (c_2)$$

It follows however from the transformation law for tensors that these two types can be transformed into each other by a spatial rotation of the coördinate system about the x_1-axis through the angle $\pi/4$. They represent merely the decomposition into components of the pure transverse wave (the only one which has a real significance). Type c_1 is characterized by the fact that its components do not change under the transformations

$$x_2' = -x_2, \quad x_1' = x_1, \quad x_3' = x_3, \quad x_4' = x_4,$$
or
$$x_3' = -x_3, \quad x_1' = x_1, \quad x_2' = x_2, \quad x_4' = x_4,$$

in contrast to c_2, i.e. c_1 is symmetrical with respect to the x_1–x_2-plane and the x_1–x_3-plane.

We now investigate the generation of waves, as it follows from the approximate (linearized) gravitational equations. The system of the equations to be integrated is

$$\left.\begin{array}{c}\bar{\gamma}_{\mu\nu,\,\alpha\alpha} = -\,2T_{\mu\nu},\\ \bar{\gamma}_{\mu\alpha,\,\alpha} = 0.\end{array}\right\} \quad (10)$$

Let us suppose that a physical system described by $T_{\mu\nu}$ is found in the neighborhood of the origin of coördinates. The γ-field is then determined mathematically in a similar way to that in which an electromagnetic field is determined through an electrical current system. The usual solution is the one given by retarded potentials

$$\bar{\gamma}_{\mu\nu} = \frac{1}{2\pi}\int \frac{[T_{\mu\nu}]_{(t-r)}}{r}\,d\nu. \quad (11)$$

Here r signifies the spatial distance of the point in question from a volume-element, $t = x_4/i$, the time in question.

If one considers the material system as being in a volume having dimensions small compared to r_0, the distance of our point from the origin, and also small compared to the wavelengths of the radiation produced, then r can be replaced by r_0, and one obtains

$$\bar{\gamma}_{\mu\nu} = \frac{1}{2\pi r_0}\int [T_{\mu\nu}]_{(t-r_0)}\,d\nu,$$

or

$$\bar{\gamma}_{\mu\nu} = \frac{1}{2\pi r_0}\bigl[\int T_{\mu\nu}\,d\nu\bigr]_{(t-r_0)}. \quad (12)$$

The $\bar{\gamma}_{\mu\nu}$ are more and more closely approximated by a plane wave the greater one takes r_0. If one chooses the point in question in the neighborhood of the x_1-axis, the wave normal is parallel to the x_1 direction and only the components $\bar{\gamma}_{22}$, $\bar{\gamma}_{23}$, $\bar{\gamma}_{33}$ correspond to an actual gravitational wave according to the preceding. The corresponding integrals (12) for a system producing the wave and consisting of masses in motion relative to one another have directly no simple significance. We notice however that T_{44} denotes the (negatively taken) energy density which in the case of slow motion is practically equal to the mass density in the sense of ordinary mechanics. As will be shown, the above integrals can be expressed through this quantity. This can be done because of the existence of the energy-momentum equations of the physical system:

$$T_{\mu\alpha,\,\alpha} = 0. \tag{13}$$

If one multiplies the second of these with x_2 and the fourth with $\tfrac{1}{2}x_2^2$ and integrates over the whole system, one obtains two integral relations, which on being combined yield

$$\int T_{22}dv = \frac{1}{2}\frac{\partial^2}{\partial x_4^2}\int x_2^2 T_{44}dv. \tag{13a}$$

Analogously one obtains

$$\int T_{33}dv = \frac{1}{2}\frac{\partial^2}{\partial x_4^2}\int x_3^2 T_{44}dv,$$

$$\int T_{23}dv = \frac{1}{2}\frac{\partial^2}{\partial x_4^2}\int x_2 x_3 T_{44}dv.$$

One sees from this that the time-derivatives of the moments of inertia determine the emission of the gravitational waves, provided the whole method of application of the approximation-equations is really justified. In particular one also sees that the case of waves symmetrical with respect to the x_1–x_2 and x_1–x_3 planes could be realized by means of elastic oscillations of a material system which has the same symmetry properties. For example, one might have two equal masses which are joined by an elastic spring and oscillate toward each other in a direction parallel to the x_3-axis.

From consideration of energy relationship it has been concluded that such a system, in sending out gravitational waves, must send out energy which reacts by damping the motion. Nevertheless, one can think of the case of vibration free from damping if one imagines that, besides the waves emitted by the system, there is present a second concentric wave-field which is propagated inward and brings to the system as much energy as the outgoing waves remove. This leads to an undamped mechanical process which is imbedded in a system of standing waves.

Mathematically this is connected with the following considerations, clearly pointed out in past years by Ritz and Tetrode. The integration of the wave-equation

$$\Box \varphi = -4\pi\rho$$

by the *retarded* potential

$$\varphi = \int \frac{[\rho]_{(t-r)}}{r} dv$$

is mathematically not the only possibility. One can also do it with

$$\varphi = \int \frac{[\rho]_{(t+r)}}{r} dv,$$

i.e. by means of the "advanced" potential, or by a mixture of the two, for example,

$$\varphi = \frac{1}{2} \int \frac{[\rho]_{(t+r)} + [\rho]_{(t-r)}}{r} dv.$$

The last possibility corresponds to the case without damping, in which a standing wave is present.

It is to be remarked that one can think of waves generated as described above which approximate plane waves as closely as desired. One can obtain them, for example, through a limit-process by considering the wave-source to be removed further and further from the point in question and at the same time the oscillating moment of inertia of the former increased in proportion.

II. RIGOROUS SOLUTION FOR CYLINDRICAL WAVES.

We choose the coördinates x_1, x_2 in the meridian plane in such a way that $x_1 = 0$ is the axis of rotation and x_2 runs from o to infinity. Let x_3 be an angle coördinate specifying the position of the meridian plane. Also, let the field be symmetrical about every plane $x_2 = $ const. and about every meridian plane. The required symmetry leads to the vanishing of all components $g_{\mu\nu}$ which contain one and only one index 2; the same holds for the index 3. In such a gravitational field only

$$g_{11}, \quad g_{22}, \quad g_{33}, \quad g_{44}, \quad g_{14}$$

can be different from zero. For convenience we now take all the coördinates real. One can further transform the coördinates x_1, x_4 so that two conditions are satisfied. As such we take

$$\left.\begin{aligned} g_{14} &= 0, \\ g_{11} &= -g_{44}. \end{aligned}\right\} \quad (14)$$

It can be easily shown that this can be done without introducing any singularities.

We now write

$$\left.\begin{aligned} -g_{11} &= g_{44} = A, \\ -g_{22} &= B, \\ -g_{33} &= C, \end{aligned}\right\} \quad (15)$$

where $A, B, C > 0$. In terms of these quantities one calculates that

$$\left. \begin{aligned} 2\left(R_{11} - \frac{1}{2}g_{11}R\right) &= \frac{B_{44}}{B} + \frac{C_{44}}{C} - \frac{1}{2}\left[\frac{B_4^2}{B^2} + \frac{C_4^2}{C^2}\right. \\ &\quad - \frac{B_4 C_4}{BC} + \frac{A_4}{A}\left(\frac{B_4}{B} + \frac{C_4}{C}\right) \\ &\quad \left. + \frac{B_1 C_1}{BC} + \frac{A_1}{A}\left(\frac{B_1}{B} + \frac{C_1}{C}\right)\right], \\ \frac{2A}{B}\left(R_{22} - \frac{1}{2}g_{22}R\right) &= \frac{A_{44}}{A} + \frac{C_{44}}{C} - \frac{A_{11}}{A} - \frac{C_{11}}{C} \\ &\quad + \frac{1}{2}\left[\frac{C_1^2}{C^2} - \frac{C_4^2}{C^2}\right. \\ &\quad \left. + \frac{2A_1^2}{A^2} - \frac{2A_4^2}{A^2}\right], \\ \frac{2A}{C}\left(R_{33} - \frac{1}{2}g_{33}R\right) &= \frac{A_{44}}{A} + \frac{B_{44}}{B} - \frac{A_{11}}{A} - \frac{B_{11}}{B} \\ &\quad + \frac{1}{2}\left[\frac{2A_1^2}{A^2} - \frac{2A_4^2}{A^2}\right. \\ &\quad \left. + \frac{B_1^2}{B^2} - \frac{B_4^2}{B^2}\right], \end{aligned} \right\} \quad (16)$$

$$2\left(R_{44} - \frac{1}{2}g_{44}R\right) = \frac{B_{11}}{B} + \frac{C_{11}}{C} - \frac{1}{2}\left[\frac{B_1^2}{B^2} + \frac{C_1^2}{C^2}\right.$$
$$- \frac{B_1 C_1}{BC} + \frac{A_1}{A}\left(\frac{B_1}{B} + \frac{C_1}{C}\right)$$
$$\left. + \frac{B_4 C_4}{BC} + \frac{A_4}{A}\left(\frac{B_4}{B} + \frac{C_4}{C}\right)\right],$$

$$2R_{14} = \frac{B_{14}}{B} + \frac{C_{14}}{C} - \frac{1}{2}\left[\frac{B_1 B_4}{B^2} + \frac{C_1 C_4}{C^2}\right.$$
$$+ \frac{A_4}{A}\left(\frac{B_1}{B} + \frac{C_1}{C}\right)$$
$$\left. + \frac{A_1}{A}\left(\frac{B_4}{B} + \frac{C_4}{C}\right)\right]$$

where subscripts in the right-hand members denote differentiation. If we take as field equations these expressions set equal to zero, replace the second and third by their sum and difference, and introduce as new variables

$$\left.\begin{array}{l}\alpha = \log A, \\ \beta = \tfrac{1}{2}\log (B/C), \\ \gamma = \tfrac{1}{2}\log (BC),\end{array}\right\} \tag{15a}$$

we get

$$2\gamma_{44} + \tfrac{1}{2}[\beta_4^2 + 3\gamma_4^2 + \beta_1^2 - \gamma_1^2 - 2\alpha_1\gamma_1 - 2\alpha_4\gamma_4] = 0, \tag{17}$$
$$2(\alpha_{11} - \alpha_{44}) + 2\gamma_{11} - 2\gamma_{44} + [\beta_1^2 + \gamma_1^2 - \beta_4^2 - \gamma_4^2] = 0, \tag{18}$$
$$\beta_{11} - \beta_{44} + [\beta_1\gamma_1 - \beta_4\gamma_4] = 0, \tag{19}$$
$$2\gamma_{11} + \tfrac{1}{2}[\beta_1^2 + 3\gamma_1^2 + \beta_4^2 - \gamma_4^2 - 2\alpha_1\gamma_1 - 2\alpha_4\gamma_4] = 0, \tag{20}$$
$$2\gamma_{14} + [\beta_1\beta_4 + \gamma_1\gamma_4 - 2\alpha_1\gamma_4 - 2\alpha_4\gamma_1] = 0. \tag{21}$$

The first and fourth equations of this group give

$$\gamma_{11} - \gamma_{44} + (\gamma_1^2 - \gamma_4^2) = 0. \tag{22}$$

The substitution

$$\gamma = \log \sigma, \qquad \sigma = (BC)^{\frac{1}{2}}, \tag{23}$$

leads to the wave equation

$$\sigma_{11} - \sigma_{44} = 0, \tag{24}$$

which has the solution

$$\sigma = f(x_1 + x_4) + g(x_1 - x_4), \tag{25}$$

where f and g are arbitrary functions. Eq. (18) reduces to

$$\alpha_{11} - \alpha_{44} + \tfrac{1}{2}(\beta_1{}^2 - \beta_4{}^2 + \gamma_4{}^2 - \gamma_1{}^2) = 0. \tag{18a}$$

Equation (17) then shows that γ cannot vanish everywhere.

We must now see whether there exist undulatory processes for which γ does not vanish. We note that such an undulatory process is represented, in the first approximation, by an undulatory β, that is by a β-function which, so far as its dependence on x_1 and also its dependence on x_4 is concerned, possesses maxima and minima; we must expect this also for a rigorous solution. We know about γ that $e^\gamma = \sigma$ satisfies the wave equation (24) and therefore takes the form (25). From this, however, the undulatory nature of this quantity does not necessarily follow. We shall in fact show that γ can have no minima.

Such a minimum would imply that the functions f and g in (25) have minima. At a point (x_1, x_4) where this were the case we should have $\gamma_1 = \gamma_4 = 0$, $\gamma_{11} \geqq 0$, $\gamma_{44} \geqq 0$. But by (17) and (20) this is impossible. Therefore γ has no minima, that is it is not undulatory but behaves, at least in a region of space arbitrarily extended in one direction, monotonically. We shall now consider such a region of space.

It is useful to see what sort of transformations of x_1 and x_4 leave our system of equations (14) invariant. For this invariance it is necessary and sufficient that the transformation satisfy the equations

$$\left.\begin{aligned}\frac{\partial \bar{x}_1}{\partial x_1} &= \frac{\partial \bar{x}_4}{\partial x_4}, \\ \frac{\partial \bar{x}_1}{\partial x_4} &= \frac{\partial \bar{x}_4}{\partial x_1},\end{aligned}\right\} \tag{26}$$

Thus we may arbitrarily choose $\bar{x}_1(x_1, x_4)$ to satisfy the equation

$$\frac{\partial^2 \bar{x}_1}{\partial x_1^2} - \frac{\partial^2 \bar{x}_1}{\partial x_4^2} = 0 \qquad (26a)$$

and then (26) will determine the corresponding $\bar{x}_4$. Since e^γ is invariant under this transformation and also satisfies the wave equation, there exists a transformation where $\bar{x}_1$ is respectively equal or proportional to e^γ. In the *new* coördinate system we have

$$e^\gamma = ax_1$$

or
$$\gamma = \log a + \log x_1. \qquad (27)$$

If we insert this expression for γ in (17)–(27) the equations reduce to the equivalent system

$$\beta_{11} - \beta_{44} + \frac{1}{x_1}\beta_1 = 0, \qquad (28)$$

$$\alpha_1 = \tfrac{1}{2}x_1(\beta_1^2 + \beta_4^2) - \frac{1}{2x_1}, \qquad (29)$$

and
$$\alpha_4 = x_1 \beta_1 \beta_4. \qquad (30)$$

53 Equation (28) is the equation for cylindrical waves in a three-dimensional space, if x_1 denotes the distance from the axis of rotation. The equations (29) and (30) determine, for given β, the function α up to an (arbitrary) additive constant, while, by (27), γ is already determined.

In order that the waves may be regarded as waves in a euclidean space these equations must be satisfied by the euclidean space when the field is independent of x_4. This field is represented by

$$A = 1; \qquad B = 1; \qquad C = x_1^2,$$

if we denote the angle about the axis of rotation by x_3. These relations correspond to

$$\alpha = 0, \qquad \beta = -\log x_1, \qquad \gamma = \log x_1,$$

and from this we see that the equations (27)–(30) are in fact satisfied.

We have still to investigate whether *stationary* waves exist, that is waves which are purely periodic in the time.

For β it is at once clear that such solutions exist. Although it is not essential, we shall now consider the case where the variation of β with time is sinusoidal. Here β has the form

$$\beta = X_0 + X_1 \sin \omega x_4 + X_2 \cos \omega x_4,$$

where X_0, X_1, X_2 are functions of x_1 alone. From (30) it then follows that α is periodic if and only if the integral

$$\int \beta_1 \beta_4 dx_4$$

taken over a whole number of periods vanishes.

In the case of a stationary oscillation, which is represented by

$$\beta = X_0 + X_1 \sin \omega x_4,$$

this condition is actually fulfilled since

$$\int \beta_1 \beta_4 dx_4 = \int (X_0' + X_1' \sin \omega x_4) \omega X_1 \cos \omega x_4 dx_4 = 0.$$

On the other hand, in the general case, which includes the case of progressive waves, we obtain for this integral the value

$$\tfrac{1}{2}(X_1 X_2' - X_2 X_1') \omega T,$$

where T is the interval of time over which the integral is taken. This does not vanish, in general. At distances x_1 from $x_1 = 0$ great compared with the wave-lengths, a progressive wave can be represented with good approximation in a domain containing many waves by

$$\beta = X_0 + a \sin \omega(x_4 - x_1),$$

where a is a constant (which, to be sure, is a substitute for a function depending weakly on x_1). In this case $X_1 = a \cos \omega x_1$, $X_2 = -a \sin \omega x_1$, so that the integral can be (approximately) represented by $-\tfrac{1}{2} a \omega^2 T$, and thus cannot vanish and always has the same sign. Progressive waves therefore produce a secular change in the metric.

This is related to the fact that the waves transport energy, which is bound up with a systematic change in time of a gravitating mass localized in the axis $x = 0$.

Note.—The second part of this paper was considerably altered by me after the departure of Mr. Rosen for Russia since we had originally interpreted our formula results erroneously. I wish to thank my colleague Professor Robertson for his friendly assistance in the clarification of the original error. I thank also Mr. Hoffmann for kind assistance in translation.

A. EINSTEIN.

Abhandlung [12]
Generalized theory of gravitation
Albert Einstein, Reviews of modern Physics **20**, 35-39 (1948)

IN the following we shall give a new presentation of the generalized theory of gravitation, which constitutes a certain progress in clarity as compared to the previous presentations.* It is our aim to achieve a theory of the total field by a generalization of the concepts and methods of the relativistic theory of gravitation.

1. THE FIELD STRUCTURE

The theory of gravitation represents the field by a symmetric tensor g_{ik}, i.e., $g_{ik} = g_{ki} (i, k = 1, \cdots, 4)$, where the g_{ik} are real functions of $x_1, \cdots, x_4$.

In the generalized theory the total field is represented by a Hermitian tensor. The symmetry property of the (complex) g_{ik} is

$$g_{ik} = \overline{g_{ki}}.$$

---

* A. Einstein, "A generalization of the relativistic theory of gravitation," Ann. Math. **46** (1945); A. Einstein and E. G. Straus, "A generalization of the relativistic theory of gravitation II," Ann. Math. **47** (1946).

If we decompose g_{ik} into its real and imaginary components, then the former is a symmetric tensor ($g_{\underline{ik}}$), the latter an antisymmetric tensor ($g_{\underset{\vee}{ik}}$). The g_{ik} are still functions of the real variables $x_1, \cdots, x_4$.

The formally natural character of this generalization of the symmetric tensor becomes particularly noticeable by the following consideration: From the covariant vector A_i one can form through multiplication the particular symmetric covariant tensor $A_i A_k$. From such tensors every symmetric tensor of rank 2 can be obtained through summation with real coefficients:

$$g_{ik} = \sum_\alpha c_\alpha A_{\alpha i} A_{\alpha k}.$$

In an analogous manner we form from a complex vector A_i the special Hermitian tensor $A_i \overline{A_k}$ (remains fixed if we interchange i and k and take the complex conjugate). We then get the representation of a general Hermitian tensor of rank 2,

$$g_{ik} = \sum_\alpha c_\alpha A_{\alpha i} \overline{A_{\alpha k}},$$

where the c_α are again real constants.

The determinant $g = |g_{ik}| (\neq 0)$ is real.
Proof:

$$|g_{ik}| = |g_{ki}| = |\overline{g_{ik}}| = \overline{|g_{ik}|}.$$

We can associate a contravariant g^{ik} to the covariant g_{ik} just as in the case of real fields by setting

$$g_{is}g^{ls} = \delta_i{}^l \quad (\text{or} \quad g_{si}g^{sl} = \delta_i{}^l),$$

where $\delta_i{}^l$ is the Kronecker tensor. Here the order of indices is important and, for example, $g_{is}g^{sl}$ does *not* equal $\delta_i{}^l$. In the following the tensor density $\mathfrak{g}^{ik} = g^{ik}(g)^{\frac{1}{2}}$ plays an important role.

From a group theoretical point of view the introduction of a Hermitian tensor is somewhat arbitrary, since both individual additive components g_{ik} and $g_{i\underline{k}}$ have tensor character. However, this flaw is somewhat ameliorated by the fact that, just as in the case of real fields, there is a natural way of associating parallel translations to the Hermitian g_{ik}; this is the main basis for the claim that the introduction of a Hermitian g_{ik} is natural.

2. INFINITESIMAL PARALLEL TRANSLATIONS, ABSOLUTE DIFFERENTIATION AND CURVATURE

In the theory of real fields we give the infinitesimal parallel translation of a vector A^i or A_i by

$$\left.\begin{aligned} \delta A^i &= -\Gamma^i{}_{st} A^s dx^t \\ \delta A_i &= \Gamma^s{}_{it} A_s dx_t \end{aligned}\right\} \quad (1)$$

with a corresponding introduction of infinitesimal parallel translations for tensors of higher rank.

The second equation of (1) is connected with the first by the demand that

$$0 = \delta(\delta^k{}_i) = (\delta^s{}_i \Gamma^k{}_{sl} - \delta^k{}_s \Gamma^s{}_{il}) dx^l.$$

From (1) we get in the well-known manner the tensor character of

$$dA^i - \delta A^i = \left(\frac{\partial A^i}{\partial x_l} + A^s \Gamma^i{}_{sl} \right) dx^l,$$

which yields the concept of covariant differentiation

$$\left. \begin{array}{l} A^i{}_{;l} = \dfrac{\partial A^i}{\partial x_l} + A^s \Gamma^i{}_{sl} \\[2mm] A_{i;l} = \dfrac{\partial A_i}{\partial x_l} - A_s \Gamma^s{}_{il} \end{array} \right\}. \qquad (2)$$

In order to obtain the covariant derivative of g_{ik} we write

$$A_{i;l} = \frac{\partial A_i}{\partial x_l} - A_s \Gamma^s{}_{il},$$

$$A_{k;l} = \frac{\partial A_k}{\partial x_l} - A_s \Gamma^s{}_{kl},$$

multiplying the first equation by A_k, the second by A_i and adding we get

$$A_i A_{k;l} + A_k A_{i;l} = (A_i A_k)_{;l}$$
$$= (A_i A_k)_{,l} - (A_s A_k) \Gamma^s{}_{il} - (A_i A_s) \Gamma^s{}_{kl},$$

and since g_{ik} can be constructed as the sum of such special tensors we get

$$g_{ik;l} = g_{ik,l} - g_{sk}\Gamma^s{}_{il} - g_{is}\Gamma^s{}_{kl}.$$

The Γ are now determined from the g and their first derivatives by the demand that the absolute derivative of the g_{ik} vanish

$$0 = g_{ik;l} - g_{sk}\Gamma^s{}_{il} - g_{is}\Gamma^s{}_{kl}. \qquad (3)$$

However, since the g_{ik} are symmetric, these are only 40 equations for the 64 Γ. In order to complete the determination of the Γ one uses the only possible invariant algebraic condition, namely, the condition of symmetry

$$\Gamma^l{}_{ik} = \Gamma^l{}_{ki}. \qquad (4)$$

We now transfer this development to the complex case by defining parallel translation as in (1). However, this gives rise to a certain complication, since if we start from the translation of a complex vector,

$$\delta A^i = \Gamma^s{}_{il} A_s dx^l,$$

where the Γ will, in general, also be complex, and pass to the complex conjugate of this equation

$$\overline{\delta A_i} = \overline{\Gamma^s{}_{il} A_s} dx^l,$$

then we see that we have there an equation which also defines a parallel translation, but this parallel translation may differ from the first. We define then two kinds of parallel translation

$$\delta A^i_+ = -\Gamma^i{}_{st} A^s dx^t$$
$$\delta A_{i\atop +} = \Gamma^s{}_{it} A_s dx^t \qquad (1a)$$

and

$$\delta A^i_- = -\overline{\Gamma^i{}_{st}} A^s dx^t$$
$$\delta A_{i\atop -} = \overline{\Gamma^s{}_{it}} A_s dx^t \qquad (1b)$$

and, correspondingly, two kinds of covariant differentiation $A^i_+{}_{;t}$, $A_{i\atop +}{}_{;t}$, and $A^i_-{}_{;t}$, $A_{i\atop -}{}_{,t}$ as in (2). From (1a) and (1b) we get

$$\delta \overline{A^i_-} = \overline{\delta A^i_+} \quad \text{and} \quad \delta \overline{A^i_+} = \overline{\delta A^i_-}$$

In order that conjugate vectors have conjugate translations and derivatives it is necessary upon passage to the conjugate to change the character of translation or of differentiation, i.e., *to pass to the conjugate* Γ. In order to obtain the covariant derivative of a Hermitian tensor we write in analogy to the real case:

$$A_{i\atop +}{}_{;l} = \frac{\partial A_i}{\partial x_l} - A_s \Gamma^s{}_{il},$$

$$\overline{A_{k\atop -}}{}_{;l} = \frac{\partial \overline{A_k}}{\partial x_l} - \overline{A_s} \overline{\Gamma^s{}_{kl}}.$$

From this we get as before

$$A_i \overline{A_{k\atop -}}{}_{;l} + \overline{A_k} A_{i\atop +}{}_{;l} = (A_i \overline{A_k})_{;l}$$
$$= (A_i \overline{A_k})_{,l} - (A_s \overline{A_k}) \Gamma^s{}_{il} - (A_i \overline{A_s}) \overline{\Gamma^s{}_{kl}},$$

and since g_{ik} can be constructed as the sum of such special tensors we get

$$g_{i\underset{+\,-}{k}\,;l} = g_{ik,\,l} - g_{sk}\Gamma^s{}_{il} - g_{is}\overline{\Gamma^s{}_{kl}}.$$

The analog to (3) is the requirement that this absolute derivative vanish

$$0 = g_{i\underset{+\,-}{k}\,;l} = g_{ik,\,l} - g_{sk}\Gamma^s{}_{il} - g_{is}\overline{\Gamma^s{}_{kl}}. \tag{3a}$$

These equations are Hermitian in the indices i, k (go into themselves if we interchange i, k and pass to the conjugate complex) and therefore again do not suffice to determine the complex Γ. In analogy to (4) we have as the only possible invariant algebraic determination the condition of Hermiticity

$$\Gamma^l{}_{ik} = \overline{\Gamma^l{}_{ki}}. \tag{4a}$$

Instead of (3a) we can then write

$$0 = g_{i\underset{+\,-}{k}\,;l} = g_{ik,\,l} - g_{sk}\Gamma^s{}_{il} - g_{is}\Gamma^s{}_{lk}, \tag{3b}$$

which implies both (3a) and (4a).

Absolute differentiation of vector densities. If we multiply (3b) by $\tfrac{1}{2}g^{ik}$ and sum over i and k, then we get the vector equation

$$\frac{1}{(g)^{\frac{1}{2}}}\frac{\partial (g)^{\frac{1}{2}}}{\partial x_l} - \tfrac{1}{2}(\Gamma^a{}_{al} + \Gamma^a{}_{la}) = 0,$$

or shorter

$$\frac{\partial (g)^{\frac{1}{2}}}{\partial x_l} - (g)^{\frac{1}{2}}\Gamma^a{}_{\underset{-}{l}a} = 0. \tag{3c}$$

$(g)^{\frac{1}{2}}$ is a scalar density, the left side of (3c) is a vector density. The latter will also hold if $(g)^{\frac{1}{2}}$ is replaced by an arbitrary scalar density ρ. We may therefore introduce as the absolute derivative of a scalar density ρ:

$$\rho_{;l} = \rho_{,l} - \rho \Gamma^a{}_{la}. \tag{5}$$

This permits us to introduce absolute differentiation of tensor densities.

Example: If we multiply the right side of the equation

$$A^i_{+;l} = A^i{}_{,l} + A^s \Gamma^i{}_{sl}$$

by a scalar density ρ, then we get the tensor density

$$(\rho A^i)_{,l} + (\rho A^s)\Gamma^i{}_{sl} - A^i \rho_{,l}$$

or, after introducing the vector density $\mathfrak{A}^i = \rho A^i$

$$\mathfrak{A}^i{}_{,l} + \mathfrak{A}^s \Gamma^i{}_{sl} - \mathfrak{A}^i \frac{\rho_{,l}}{\rho},$$

or according to (5)

$$(\mathfrak{A}^i{}_{,l} + \mathfrak{A}^s \Gamma^i{}_{sl} - \mathfrak{A}^i \Gamma^a{}_{la}) - \mathfrak{A}^i \rho_{;l}.$$

Since the last term is a tensor density, the term in brackets is also a tensor density which we may define as the absolute derivative $\mathfrak{A}^i_{+;l}$ of a vector density $\mathfrak{A}^i$:

$$\mathfrak{A}^i_{+;l} = \mathfrak{A}^i{}_{,l} + \mathfrak{A}^s \Gamma^i{}_{sl} - \mathfrak{A}^i \Gamma^a{}_{la}. \tag{6}$$

In an analogous manner we may define the absolute derivatives of arbitrary tensor densities.

They differ from the absolute derivative of the tensor by a last term like $-\mathfrak{A}^i\Gamma^a{}_{la}$.

Just as in the case of real fields we can bring (3a) into a contravariant form; however, we have to be careful about the order of indices. We obtain the equivalent equations

$$0 = g^{ik}_{+\;-;l} = g^{ik}{}_{,l} + g^{sk}\Gamma^i{}_{sl} + g^{is}\Gamma^k{}_{ls} \qquad (3d)$$

or, after introducing the contravariant tensor density, $\mathfrak{g}^{ik} = g^{ik}(g)^{\frac{1}{2}}$

$$0 = \mathfrak{g}^{ik}_{+\;-;l} = \mathfrak{g}^{ik}{}_{,l} + \mathfrak{g}^{sk}\Gamma^i{}_{sl} + \mathfrak{g}^{is}\Gamma^k{}_{ls} - \mathfrak{g}^{ik}\Gamma^s{}_{ls}. \qquad (3e)$$

The Eqs. (3a), (3d), and (3e) are equivalent.

Curvature: The change which a vector undergoes upon parallel translation around the boundary curve of an infinitesimal element of area has vector character. This leads to the formation of a curvature tensor also in the case of our generalized field. We have here the choice whether to use a "+" translation or a "−" translation; however, the results of the two translations are conjugate complex, so that it suffices to consider *one* form.

We obtain the tensor

$$R^i{}_{klm} = \Gamma^i{}_{kl,m} - \Gamma^i{}_{km,l} - \Gamma^i{}_{al}\Gamma^a{}_{km} + \Gamma^i{}_{am}\Gamma^a{}_{kl}, \qquad (7)$$

and the corresponding contracted tensor (contraction with respect to i and m)

$$R^*{}_{kl} = \Gamma^a{}_{kl,a} - \Gamma^a{}_{ka,l} - \Gamma^a{}_{kb}\Gamma^b{}_{al} + \Gamma^a{}_{kl}\Gamma^b{}_{ab}. \qquad (8)$$

There also exists a non-vanishing contraction with respect to i and k which yields the tensor

$$\Gamma^a{}_{al,m} - \Gamma^a{}_{am,l}. \qquad (9)$$

However, we shall not use this tensor as we shall justify later. The tensor $R^*{}_{kl}$ is not Hermitian. We form the Hermitian tensor $R_{ik} = \frac{1}{2}(R^*{}_{ik} + \overline{R^*{}_{ki}})$. We thus get

$$R_{ik} = \Gamma^a{}_{ik,a} - \tfrac{1}{2}(\Gamma^a{}_{ia,k} + \Gamma^a{}_{ak,i})$$
$$- \Gamma^a{}_{ib}\Gamma^b{}_{ak} + \Gamma^a{}_{ik}\Gamma^b{}_{ab}. \qquad (8a)$$

3. HAMILTONIAN PRINCIPLE. FIELD EQUATIONS

In the case of the real symmetric field one obtains the field equations most simply in the following manner. We use as Hamilton function the scalar density

$$\mathfrak{H} = \mathfrak{g}^{ik} R_{ik}. \qquad (10)$$

If we vary the volume integral of $\mathfrak{H}$ independently with respect to Γ and $\mathfrak{g}$, then (in the case of real fields) variation with respect to Γ yields Eq. (3), and variation with respect to $\mathfrak{g}$ yields the equations $R_{ik} = 0$. If we apply the same method to our case of a complex field (where $\mathfrak{H}$ is still real) then we see a complication, since the variation with respect to Γ does not immediately yield Eq. (3a), which we wish to keep in any case. The variation with respect to Γ yields

$$-\{\mathfrak{g}^{ik}{}_{,a}+\mathfrak{g}^{sk}\Gamma^{i}{}_{sa}+\mathfrak{g}^{is}\Gamma^{k}{}_{as}-\mathfrak{g}^{ik}\Gamma^{b}{}_{\underline{ab}}\}$$

$$+\tfrac{1}{2}\{\mathfrak{g}^{is}{}_{,s}+\mathfrak{g}^{st}\Gamma^{i}{}_{st}-\mathfrak{g}^{is}\Gamma^{a}{}_{\underline{s}a}\}\delta_{a}{}^{k}$$

$$+\tfrac{1}{2}\{\mathfrak{g}^{sk}{}_{,s}+\mathfrak{g}^{st}\Gamma^{k}{}_{st}+\mathfrak{g}^{sk}\Gamma^{a}{}_{\underline{s}a}\}\delta_{a}{}^{i}$$

$$+\tfrac{1}{2}\{\mathfrak{g}^{is}\Gamma^{a}{}_{\underline{s}a}\delta_{a}{}^{k}-\mathfrak{g}^{sk}\Gamma^{a}{}_{\underline{s}a}\delta_{a}{}^{i}\}. \quad (11)$$

The first bracket is $\mathfrak{g}^{ik}_{+-;a}$; the second and third brackets are contractions of this quantity. If there were no fourth bracket then (11) would imply the vanishing of $\mathfrak{g}^{ik}_{+-;a}$, that is, (3a). However, this would require the vanishing of $\Gamma^{a}{}_{\underline{s}\mathit{9}}$ to which demand we have no right for the time being.

We can resolve this difficulty in the following manner. We form the imaginary part of (11):

$$-\mathfrak{g}^{ik}_{\underline{v}}{}_{,a}-\mathfrak{g}^{sk}_{-}\Gamma^{i}{}_{sa}-\mathfrak{g}^{sk}_{\underline{v}}\Gamma^{i}{}_{\underline{s}a}$$

$$-\mathfrak{g}^{is}_{-}\Gamma^{k}{}_{as}-\mathfrak{g}^{is}_{\underline{v}}\Gamma^{k}{}_{\underline{a}s}+\mathfrak{g}^{ik}_{\underline{v}}\Gamma^{b}{}_{ab}$$

$$+\tfrac{1}{2}\mathfrak{g}^{is}_{\underline{v}}{}_{,s}\delta_{a}{}^{k}+\tfrac{1}{2}\mathfrak{g}^{sk}_{\underline{v}}{}_{,s}\delta_{a}{}^{i}=0.$$

If we contract this equation with respect to k and a we get

$$\tfrac{1}{2}\mathfrak{g}^{is}_{\underline{v}}{}_{,s}+\mathfrak{g}^{is}_{-}\Gamma^{a}{}_{\underline{s}a}=0. \quad (11\mathrm{a})$$

From this we can deduce that the necessary and sufficient** condition for the vanishing of the $\Gamma^{s}{}_{\underline{a}\mathit{9}}$ is the vanishing of $\mathfrak{g}^{is}_{\underline{v}}{}_{,s}$. In order to satisfy this *identically* it suffices to assume

$$\mathfrak{g}^{is}_{\underline{v}}=\mathfrak{g}^{ist}{}_{,t}, \quad (12)$$

** This holds for all points if we demand that the Γ be continuous and determined uniquely by the equations (3b); because then the determinant $|\mathfrak{g}^{is}_{-}|$ can vanish nowhere.

where $\mathfrak{g}^{ist}$ is a tensor density which is antisymmetric in all three indices. That is, we require that $\mathfrak{g}^{ik}_{\vee}$ be derived from a "vector potential." We therefore substitute in the Hamilton function

$$\mathfrak{g}^{ik} = \mathfrak{g}^{ik}_{-} + \mathfrak{g}^{ikl}{}_{,l} \qquad (13)$$

and vary independently with respect to the Γ, $\mathfrak{g}^{ik}_{-}$ and $\mathfrak{g}^{ikl}$. The variation with respect to the Γ then yields (3a), as we have shown. The variation with respect to the other quantities yields the equations

$$R_{ik} = 0, \qquad (14)$$

$$R_{ik,l} + R_{kl,i} + R_{li,k} = 0. \qquad (15)$$

In addition, we have the equations

$$\mathfrak{g}^{ik}_{-\ ;l} = 0 \quad \text{or} \quad g_{ik\,;l} = 0, \qquad (3a)$$

$$\Gamma^{s}{}_{is} = 0, \qquad (16)$$

$$\mathfrak{g}^{is}_{\vee}{}_{,s} = 0 \quad \text{or} \quad \mathfrak{g}^{is}_{\vee} = \mathfrak{g}^{ist}{}_{,t}. \qquad (17)$$

Considering (3a), each of the systems (16), (17) implies the other; this is proven by showing that (3a) implies the equation

$$\mathfrak{g}^{is}_{\vee}{}_{,s} - \mathfrak{g}^{is}_{-}\Gamma^{t}{}_{st} = 0.$$

The system of field equations is therefore not weakened if we omit (17).

This is worth mentioning also for the following reason. While in the given derivation of the equations, special emphasis is given to the density $\mathfrak{g}^{ik}$

rather than to the tensor g_{ik} (or g^{ik}), the resulting system itself is free of such discrimination.

We now see that because of (16) the tensor (9) reduces to $\Gamma^a{}_{al,m} - \Gamma^a{}_{am,l}$, which vanishes because of Eq. (3c).

The derivation used here has the advantage, as compared to the previous one, that the Hamiltonian principle used is one without side conditions. This behavior is the same as that encountered in a (specially relativistic) derivation of Maxwell's equations from a variational principle. There (for imaginary time coordinate) the Hamiltonian function is $\mathfrak{H} = \varphi_{\underset{\sim}{ik}} \varphi_{\underset{\sim}{ik}}$. If we set here $\varphi_{\underset{\sim}{ik}} = \varphi_{i,k} - \varphi_{k,i}$ and vary with respect to the φ_i, then we get the one system of equations ($\varphi_{\underset{\sim}{ik},k} = 0$) directly, the other through elimination of the φ_i. This method corresponds to the one used above. One may, however, avoid the introduction of the potentials φ_i and instead adjoin the system of equations

$$\varphi_{\underset{\sim}{ik},l} + \varphi_{\underset{\sim}{kl},i} + \varphi_{\underset{\sim}{li},k} = 0$$

as side conditions for the $\varphi_{\underset{\sim}{ik}}$ in the variation. This corresponds to the treatment of $\mathfrak{g}^{\underset{\sim}{is}}{}_{,s} = 0$ as side condition for the variation in the previous paper. The side condition $\Gamma^s{}_{\underset{\sim}{ij}} = 0$ which was introduced there could have been omitted.

REMARKS

In order to preserve the special character of locally space-like and time-like directions it is essential that the index of inertia of $g_{ik}dx^i dx^k$

be the same everywhere, i.e., that the determinant $|g_{ik}|$ vanish nowhere. This can indeed be deduced from the requirement that the Γ-field be finite and determined everywhere by Eq. (3a). My assistant has given the following simple proof of this:

If the determinant $|g_{ik}|$ should vanish in a point P then there would exist a vector ξ^s different from 0, such that $g_{is}\xi^s = 0$. We now consider the real part of Eq. (3a):

$$g_{ik,l} - g_{sk}\Gamma^s{}_{il} - g_{is}\Gamma^s{}_{lk} - g_{sk}\Gamma^s{}_{il} - g_{is}\Gamma^s{}_{lk} = 0.$$

If we multiply this equation (at the point P) by $\xi^i \xi^k \xi^l$ and sum over i, k, l, then the second and third terms vanish by definition of ξ, and the fourth and fifth because of the antisymmetry of the Γ. There exists, therefore, a linear combination of Eq. (3a) which does not contain the Γ. Hence at such a point the Γ either become infinite or not completely determined, in contradiction to our requirement.

Concerning the physical interpretation we remark that the antisymmetric density $\mathfrak{g}^{ikl}$ plays the role of an electromagnetic vector potential, the tensor $g_{ij,l} + g_{kj,i} + g_{lj,k}$ the role of current density. The latter quantity is the "complement" of a contravariant vector density with (identically) vanishing divergence.

Above we have used complex fields. However, there exists a theoretical possibility in which the g_{ik} and $\Gamma^l{}_{ik}$ are real though not symmetric. Thus one can obtain a theory which in its final formulas corresponds, except for certain signs, to the one developed above. E. Schrödinger, too, has based his affine theory (i.e., based on the Γ as fundamental field quantities) on real fields. I therefore wish to give here some formal reasons for the preferability of complex fields.

A Hermitian tensor g_{ik} can be constructed additively from vectors according to the scheme $g_{ik} = \sum_\alpha c\, A_i\, \overline{A_k}$. The essential fact here is that with the use of *one* complex vector A_i one can construct the Hermitian tensor $A_i \overline{A_k}$ through multiplication, which is a close analogy to the case of symmetric real fields. A non-symmetric real tensor cannot be constructed from vectors in such close analogy.

We now consider translation quantities $\Gamma^l{}_{ik}$ which are not symmetric in the lower indices. To them we have in both the real and the complex cases the adjoined ("conjugate") translation quantities $\tilde{\Gamma}^l{}_{ik} = \Gamma^l{}_{ki}$. In the complex case we have associated with the parallel translation of a vector

$$\delta A^i = -\Gamma^i{}_{st} A^s dx^t$$

the parallel translation of its conjugate complex vector

$$\delta \overline{A^i} = -\overline{\Gamma^i{}_{st}} \overline{A^s} dx^t.$$

Hence in the case of complex fields the adjoined translation corresponds to adjoined objects, while in the case of real fields there is no such adjoined object.

„Raffiniert ist der Herrgott ..."
Albert Einstein.

Eine wissenschaftliche Biographie von Abraham Pais

Aus dem Amerikanischen übersetzt von Roman U. Sexl,
Ernst Streeruwitz und Helmut Kühnelt.
1986. XIV, 602 Seiten mit 8 Tafeln. Gebunden DM 98,–
ISBN 3-528-08560-6

Angesichts der überragenden Bedeutung Albert Einsteins für Physik, Philosophie und Politik unserer Zeit ist es überraschend, daß es bisher keine wissenschaftliche Biographie gab, die seinem Werk in vollem Umfang gerecht werden konnte. Abraham Pais, Physiker und Wissenschaftshistoriker, Kollege und Gesprächspartner Einsteins in Princeton, hat diese Aufgabe in grandioser Weise gemeistert und wurde dafür mit dem Pulitzer-Preis ausgezeichnet. Pais konnte dabei nicht nur auf hunderte wissenschaftliche Artikel zurückgreifen, sondern erstmals auch auf das Einstein-Archiv in Princeton, wo er tausende Briefe, Notizen und Arbeitsunterlagen verwertete. Einstein hat aber nicht nur ein umfangreiches wissenschaftliches Opus hinterlassen. Auch seine Schriften über politische Fragen und den Frieden umfassen hundert Seiten. Seine Verstrickung in die Politik dieses Jahrhunderts und das beginnende Atomzeitalter, seine Erfahrungen, seine Gedanken und sein soziales Umfeld sind daher in dieser wissenschaftlichen Biographie nicht ausgespart.

Bei der Übersetzung aus dem Amerikanischen wurde die saloppe und trotzdem exakte Sprache des Originals beibehalten. Hunderte von Originalzitaten wurden mit den Quellen im Einstein-Archiv verglichen und erscheinen hier erstmals in deutscher Sprache. Dies verleiht dieser Biographie dokumentarischen Charakter.

Verlag Vieweg · Postfach 58 29 · D-6200 Wiesbaden 1

Über die spezielle und die allgemeine Relativitätstheorie

von Albert Einstein

23. Auflage 1988. X, 118 Seiten mit 4 Abbildungen
(Facetten der Physik, Bd. 26; begr. von Roman U. Sexl)
Kartoniert DM 24,80
ISBN 3-528-16059-4

„Das vorliegende Büchlein soll solchen eine möglichst exakte Einsicht in die Relativitätstheorie vermitteln, die sich vom allgemein wissenschaftlichen, philosophischen Standpunkt für die Theorie interessieren, ohne den mathematischen Apparat der theoretischen Physik zu beherrschen. Die Lektüre setzt etwa Maturitätsbildung und – trotz der Kürze des Büchleins – ziemlich viel Geduld und Willenskraft beim Leser voraus. Der Verfasser hat sich die größte Mühe gegeben, die Hauptgedanken möglichst deutlich und einfach vorzubringen, im ganzen in solcher Reihenfolge und in solchem Zusammenhang wie sie tatsächlich entstanden sind. Im Interesse der Deutlichkeit erschien es mir unvermeidlich, mich oft zu wiederholen, ohne auf die Eleganz der Darstellung die geringste Rücksicht zu nehmen; ich hielt mich gewissenhaft an die Vorschrift des genialen Theoretikers L. Boltzmann, man solle die Eleganz Sache der Schneider und Schuster sein lassen."

Albert Einstein
(Aus dem Vorwort)

Verlag Vieweg · Postfach 58 29 · D-6200 Wiesbaden 1